Hinrich Franke

Das QM-System
nach DIN EN ISO 9001

D1722224

Das QM-System nach DIN EN ISO 9001

und DIN EN ISO 13485 für Medizinprodukte.
Hilfen zur Darlegung und zum Risikomanagement

Dipl.-Kfm., Dipl.-Ing. (FH) Hinrich Franke

4., durchgesehene Auflage

Bibliografische Information Der Deutschen Bibliothek

Die Deutsche Bibliothek verzeichnet diese Publikation
in der Deutschen Nationalbibliografie;
detaillierte bibliografische Daten sind im Internet über
http://www.dnb.de abrufbar.

Bibliographic Information published by Die Deutsche Bibliothek

Die Deutsche Bibliothek lists this publication
in the Deutsche Nationalbibliografie;
detailed bibliographic data are available on the internet at
http://www.dnb.de

ISBN 978-3-8169-3306-9

4., durchgesehene Auflage 2016
3., völlig neu bearbeitete und erweiterte Auflage 2012
2., erweiterte Auflage 2005
1. Auflage 2000

Bei der Erstellung des Buches wurde mit großer Sorgfalt vorgegangen; trotzdem lassen sich Fehler
nie vollständig ausschließen. Verlag und Autoren können für fehlerhafte Angaben und deren Folgen
weder eine juristische Verantwortung noch irgendeine Haftung übernehmen.
Für Verbesserungsvorschläge und Hinweise auf Fehler sind Verlag und Autoren dankbar.

Inhaltsverzeichnis

Einführung:
Der erfolgreiche Unsinn mit der ISO 9001

Es ist in Deutschland keine Benummerung einer Norm bekannter als die der DIN EN ISO 9001. Der Bekanntheitsgrad des Inhalts der Norm ist jedoch im Vergleich zu dem der Benummerung äußerst gering.

Es wird in Deutschland auch keine andere Norm geben, zu der so viel fragwürdige Literatur entstanden ist. Als Phänomen ist bemerkenswert, dass - von ganz wenigen Ausnahmen abgesehen - alle Autoren Ziel und Zweck der Darlegungsnorm ISO 9001 völlig verdrehen und den Inhalt, d.h. die Darlegungsforderungen, dem Leser vorenthalten.

Die Konsequenz ist, dass es wohl keine andere Norm gibt, mit der man in der Wirtschaft, in Verbänden und Kammern, an Hochschulen und Weiterbildungsinstituten so widersinnig und zweckwidrig, ja sogar skrupellos umgeht, wie mit der ISO 9001, Qualitätsmanagementsysteme-Anforderungen.

Der Unsinn mit der Norm und Richtigstellungen dazu werden im Hauptabschnitt 1 behandelt. Hier sollen nur Irreführungen mit ihren häufigen Folgen angesprochen werden:

- Immer wieder ist davon die Rede, „ein QM-System nach ISO 9001 einzuführen". Dadurch wird der Eindruck vermittelt, das QM-System sei in der ISO 9001 beschrieben.
  Wer den Normtext liest, wird enttäuscht sein, denn er wird in der Norm nirgends einen Hinweis finden, wie man ein QM-System nach ISO einführen könnte.
- Die ISO 9001 wird als Qualitätsnorm gehandelt. Deswegen muss jede Organisation, die überleben will, Qualität nach ISO produzieren.
  Wer den Normtext versucht zu lesen, um herauszufinden, wie man ISO-Qualität produzieren könnte, wird nach dem Studium nur weniger Seiten die Norm verärgert beiseite legen, denn die ISO 9001 hat mit der Qualität von Produkten so viel gemein wie ein lila Rindvieh mit Ostern.
- Auch die neue Ausgabe der ISO 9001 wird als besonders erfolgversprechendes Management-Instrument zur Unternehmensführung gepriesen. Es muss ein Wundermittel sein, denn man kann häufig den Erfolg im Unternehmen tatsächlich belegen!
  Wer den Normtext nach Hinweisen auf Erfolgsmethoden und ihre Anwendung durchsucht, wird auch hier nichts dazu finden und einigermaßen irritiert sein.
- Der ratsuchende Laie in Sachen Qualitätsmanagement wird in der Fachliteratur und auf Weiterbildungsveranstaltungen häufig mit Phrasen und ungerechtfertigten Anpreisungen zur ISO vollgestopft und kann den Unsinn nicht erkennen, weil er die ISO nicht gelesen oder auch nicht verstanden hat.

Was den Unsinn betrifft, stellen sich zwangsläufig zwei Fragen:

- Können sich so viele Autoren und Dozenten so irren?
- Wie kann man aus Darlegungsforderungen der Norm derart vorzügliche Eigenschaften und Wirkungen herauslesen, die beim besten Willen und auch mit viel Phantasie dort nicht zu finden sind?

Die Antwort auf die erste Frage ist eindeutig: Ja, sie müssen sich irren oder phantasieren!

Die Antwort auf die zweite Frage ist unsicher, denn sie beruht auf zwei schlimmen Vermutungen:

1. Diese Autoren und Dozenten haben die ISO 9001 kaum gelesen und schon gar nicht verstanden.
2. Diese Autoren und Dozenten haben sich offensichtlich nicht ernsthaft mit Qualitätsmanagement auseinandergesetzt.

Was den Erfolg des Unsinns betrifft, drängt sich die dritte Frage auf:

Warum wird die ISO 9001 überall als Erfolgsgeschichte verbreitet?

Denn eines ist nicht zu bestreiten: Organisationen, die ihr QM-System nach den Forderungen der Norm dargelegt haben, können zumeist auf eine ganze Reihe beachtlicher Erfolge verweisen!

Die Antwort beruht wiederum auf Vermutungen: Es wurde aus nicht erklärbaren Gründen Ziel und Wirkung so verdreht, dass die Darlegungsnorm ISO 9001 zu einem Erfolgsrezept für schlecht organisierte Unternehmen wurde, wie sich leicht zeigen lässt.

- Jede Organisation muss schon immer Qualitätsmanagement betrieben haben, sonst hätte sie bis heute nicht überlebt. Wenn sie sich jetzt mit der Darlegung des QM-Systems befasst und sich auf die Zertifizierung vorbereitet, muss sie sich nicht nur zwangsläufig mit den Darlegungsforderungen der ISO 9001 auseinandersetzen, sondern auch eine wesentliche Bedingung erfüllen:

  Sie muss fähige Prozesse organisieren, denn Schwachstellen lassen sich nur schwer zertifizieren.

  Der oft messbare Erfolg, der unsinnigerweise auf die „Einführung eines QM-Systems nach ISO 9001" zurückgeführt wird, ist meist alleine mit der systematischen Verbesserung der Prozesse zu erklären.

- Bei der Beschäftigung mit Schwachstellen wird man feststellen, dass die Fehlerkosten in der Größenordnung des Gewinns vor Steuern anfallen oder dass sie etwa 30% vom Umsatz ausmachen. Diese Erkenntnis ist für viele Geschäftsleitungen so bedeutsam, dass die wichtigsten Prozesse umgehend verbessert werden und die Organisation damit profitabler funktioniert.

  Auch hier beruht der Erfolg auf dem Bemühen, die Prozesse effizienter und effektiver zu machen. Die ISO ist dabei weder Methode noch Werkzeug.

  Der Norm nach soll dargelegt werden, was man plant und verwirklicht, um Qualität zu erzielen und um Qualitätsmanagement effizienter zu machen. Die Behauptung oder Anpreisung, die ISO 9001 sei ein hervorragendes Führungsinstrument zur Verbesserung von Prozessen, ist somit auch hier blanker Unsinn! Aber ein erfolgreicher.

- Es gibt aber auch noch weitere Erfolge zu vermelden:
Unter den Annahmen, dass eine Zertifizierung im Durchschnitt DM 20.000 koste-
te und dass 1994 bis 2001 insgesamt 90.000 Unternehmen zertifiziert und rezer-
tifiziert wurden, kann man von einem Umsatz der Zertifizierer von etwa 14 Milliar-
den Deutsche Mark ausgehen. Finanziell ist das doch ein schöner Erfolgt, für die
Zertifizierer. Und die Berater, manchmal eher Scharlatane, sind dabei auch ganz
gut gefahren.

Ärgerlich ist für die Wirtschaft, dass die Organisationen zur Zukunftssicherung durch
systematisches Qualitätsmanagement über viel zu kostspielige ISO-Umwege gezwungen werden. Ärgerlich ist das, weil Industrie und Handwerk in Deutschland Wissen und Methoden zum Qualitätsmanagement schon vor mindestens 40 Jahren hät-
ten nutzen können. Aber damals hat „Qualitätskontrolle" nach Meinung der meisten
Unternehmensleitungen ausgereicht. Nun humpelt man den Zertifizierern mit frag-
würdigen Begründungen hinterher und hofft, dass die Einführung eines QM-Systems
nach DIN EN ISO 9001 die erfolgbringende Strategie für die Zukunft ist.

Und wenn das nichts nützt, versuchen wir es mit SPC und Six-Sigma. Das sind zwar
„olle Kamellen" - die Grundlagen dazu wurden schon 1922 von Karl Daeves entwickelt - aber nun sind sie neu und schön verpackt. Das muss zum Erfolg führen!

Oder nehmen wir QFD, Benchmarking oder irgendwelche Management-Philoso-
phien, die kaum jemand verständlich erklären kann. Traurig macht in all dem Mana-
gement-Gewusel, dass man heute kaum mehr zwischen politischen Schwätzern und
seriösen Fachleuten unterscheiden kann.

Dieses Buch hat zum Ziel, jenen in der Praxis zu helfen, denen von ihren Chefs mal
eben die Funktion des Qualitätsmanagement-Beauftragten oktroyiert wurde und die
Aufgabe, „ein Handbuch zu schreiben".

Sie dürfen vielleicht einen Kurzlehrgang bei der IHK besuchen und sollen dann die
gesamte QM-Dokumentation erarbeiten und im Unternehmen verwirklichen.
Bravo, so einfach geht das! Damit das Vorhaben gelingen kann, rate ich den QM-Beauftragten, von der Geschäftsleitung und allen Führungskräften zu verlangen, zumindest die Einleitung zu diesem Buch und die Hauptabschnitte 1 und 2 mit dem Willen
zu lesen, das dort Geschriebene auch zu verstehen. Oder haben sie wieder mal keine Zeit?

Im nachfolgenden Hauptabschnitt 1 versuche ich zu erklären und zu begründen,
warum es das vielzitierte QM-System nach ISO 9001 nicht geben kann.

Dennoch habe ich mir den werbewirksamen Unsinn vom QM-System nach ISO zu-
nutze gemacht und diesem Buch diesen irreführenden Titel gegeben.

Deswegen bitte ich den Leser um Nachsicht! Schließlich nehme ich den erfolgreichen Unsinn mit der ISO 9001 so ernst, dass ich ihn in dieser dritten Auflage um den
gefährlichen Unsinn mit der ISO 13485 erweitert habe.

Seit 2003 existiert eine einigermaßen aktuelle Darlegungsnorm für Medizinprodukte:
DIN EN ISO 13485, Qualitätsmanagementsysteme - Anforderungen für regulatorische Zwecke.

Diese Norm ist mit ISO 9001, Ausgabe 2000, fast identisch, doch als Darlegungsnorm eine Ausnahme, denn sie ist nur bei QM-Systemen für Medizinprodukte anzuwenden, also nur bei einem Teil der Produkte des rechtlich geregelten Bereichs. Wogegen die QM-Systeme zur Planung und Herstellung aller anderen Produkte des rechtlich geregelten Bereichs nach ISO 9001 darzulegen sind.

Diese besondere Darlegungsnorm für QM-Systeme von MP-Herstellern in die dritte Auflage einzubeziehen, drängte sich mir geradezu auf, weil ich bei Zertifizierungsprojekten einiger MP-Hersteller Merkwürdiges erlebte: Die QM-Systeme wurden zwar von Benannten Stellen normkonform auditiert, aber zu den „grundlegenden Anforderungen" der RL 93/42/EWG wurde nicht eine Auditfrage gestellt!

Diese bedeutsame Erfahrung mit ISO 13485 ist wahrscheinlich ohne Einschränkung auch bei vielen anderen Produkten des rechtlich geregelten Bereichs zu erwarten. Und genau in diesem Rechtsbereich sind gesetzlich bedingt QM-Systeme nach ISO 9001 darzulegen.

Das bedeutet für viele Hersteller des geregelten Bereichs, deren Produkte meist einer niederen Gefahrenklasse angehören: Sie sind zwar normkonform von einer Benannten Stelle auditiert und zertifiziert, verstoßen aber oft gegen das Recht der Technik, weil sie gesetzliche und gesetzlich bedingte Forderungen bezüglich Sicherheit nicht erfüllen!

Diese Situation hielte ich für unrealistisch, hätte ich sie nicht mehrfach erlebt. Im Nachhinein lässt sie sich sogar erklären (siehe 1.4 und 1.5).

Da ich mir nicht vorstellen kann, als Einziger auf eine fatale Zufälligkeit gestoßen zu sein, gehe ich von einem „Fehler im System" aus, der bisher weitgehend unbemerkt blieb.

Um ihn und seine Ursachen zu beseitigen, würden erfahrungsgemäß Jahre vergehen. Deswegen ist eine Strategie für MP-Hersteller empfehlenswert, die einigermaßen verlässlich dafür sorgt, vorhersehbare Konflikte mit dem MP-Recht zu vermeiden: In den Hauptabschnitten 4 bis 8 sind die Arbeitshilfen, die auf die Erfüllung gesetzlicher und gesetzlich bedingter Forderungen zielen, erklärt und besonders gekennzeichnet, um sicherzustellen, dass sie bei der Gestaltung des QM-Systems und seiner Darlegung beachtet werden.

Die Gefahr, gegen Gesetze zu verstoßen ist so groß, weil vielen MP-Herstellern offenbar nicht bewusst ist, dass neben den „regulatorischen Anforderungen" der ISO 13485 zusätzlich gesetzliche und gesetzlich bedingte Forderungen von ihnen zu erfüllen sind!

Diese Gefahr droht vor allem Sonderanfertigern, wie z.B. Orthopädie-Werkstätten und Dentallaboren. Sie sind einerseits nicht sicher, ob sie zur Darlegung ihres QM-Systems verpflichtet sind. Andererseits tummeln sich bei ihnen häufig Berater, die musterhaft untaugliche QM-Handbücher liefern und auch gleich die Zertifikate dazu.

Denn eines ist nicht zu bestreiten: Gerade Sonderanfertiger haben von Musterdokumentationen besonderen Nutzen. Allerdings auch nur, wenn diese den Forderungen des MP-Rechts entsprechen.

4

Nun wünsche ich den Lesern der dritten Auflage dieses Arbeitsbuchs, dass sie die Erweiterung um ISO 13485 wenig stört, wenn sie gefordert sind, ihr QM-System (nur) nach ISO 9001 darzulegen: Die von Gesetzen abgeleiteten Forderungen können bisweilen zu grundlegenden Erkenntnissen führen, wie z.B. der Hinweis auf den Stand der Technik.

Hinrich Franke

1. Grundsatzfragen zur Darlegung

1.1 Genormte Ungereimtheiten

Die DIN EN ISO Normenfamilie der Reihe 9000 bis 9004 aus dem Jahr 1994 wurde einer Langzeit-Revision unterzogen, deren Ergebnis noch im Dezember 2000 in großer Hast veröffentlicht wurde. Damit verblieben für die nächsten Jahre nur noch DIN EN ISO

- 9000, Qualitätsmanagement-Systeme - Grundlagen und Begriffe,
- 9001, Qualitätsmanagement-Systeme - Anforderungen,
- 9004, Qualitätsmanagement-Systeme - Leitfaden zur Leistungsverbesserung.

Für die Darlegung und Zertifizierung von QM-Systemen kommt nun nur noch ISO 9001 in Betracht.

Die große Hast hat sich zumindest umsatzsteigernd für das DIN gelohnt, denn 2008 stand schon wieder eine zerbesserte Ausgabe der ISO 9001 zum Erwerb bereit, die wahrscheinlich bis 2014 von einer noch zerbesserteren Ausgabe abgelöst wird.

Die Darlegungsnorm ISO 9001 erhält zusätzliche Bedeutung, weil sie auch für die Darlegung von QM-Systemen des rechtlich geregelten Bereichs vorgesehen ist.

Eine Ausnahme besteht allerdings für Medizinprodukte. Für diese wurde 2003 in zweiter Ausgabe die noch heute gültige DIN EN ISO 13485 geschaffen: QM-Systeme-Anforderungen für regulatorische Zwecke.

Sie ist zwar als Darlegungsnorm ausschließlich für den Rechtsbereich Medizinprodukte bestimmt, deckt sich aber inhaltlich fast vollständig mit ISO 9001:2000. Der Unterschied besteht nur darin, dass die „Anforderungen" der ISO 9001 nun „regulatorische Anforderungen" sind.

In jeder der beiden Normen erzeugen ungenaue Formulierungen und nicht definierte Begriffe beim Anwender der Norm Irritationen bis hin zum persönlichen Ärger. Deswegen wird im Folgenden versucht, einige Grundsatzfragen pragmatisch zu klären und zu beantworten.

1.1.1 Das Qualitätsmanagementsystem einführen?

Es scheint seit fast zwei Jahrzehnten das Geschäftsmodell vieler Zertifizierer und Berater zu sein, den Unternehmensleitungen einzureden, dass sie aus rechtlichen Gründen quasi verpflichtet seien, ein QM-System nach ISO 9001 einzuführen.

Deswegen stellt sich für viele Unternehmen die Frage: Sollen oder müssen wir ein QM-System nach ISO einführen? Einige Kunden fordern das schon lange!

Die Antwort darauf ist ein eindeutiges Nein! Die Begründung dafür ist ebenso eindeutig. Doch liegen die Belege für das klare Nein nicht so gleich auf der Hand, sondern werden vom DIN sorgsam vernebelt.

So heißt es in der Einleitung zu ISO 9001: „Die Einführung eines QM-Systems sollte eine strategische Entscheidung einer Organisation sein". Das ist blanker Unsinn!

ISO 13485 fordert in Kapitel 4.1 gleich zweimal die Einführung: „Die Organisation muss ... ein Qualitätsmanagementsystem einführen, dokumentieren, implementieren, ..." Also doch einführen?

Selbst wenn man wollte, ließe sich ein QM-System beim besten Willen nicht einführen.

Die Gründe:

Es gibt kein Qualitätsmanagement-System nach DIN oder ISO! Auch wenn z.B. auf vielen Zertifikaten zu lesen steht: „Wir bestätigen der Firma XY, ein Qualitätsmanagement-System nach DIN EN ISO 9001 eingeführt zu haben und aufrechtzuerhalten."

Es gibt kein Qualitätsmanagement-System nach DIN oder ISO, weil Qualitätsmanagement-Systeme nicht genormt werden können: „Ein universell geeignetes Qualitätsmanagement-System kann es ... nicht geben; folglich kann man ein solches System auch nicht normen", so ISO 9001 im nationalen Vorwort der Ausgabe 1994.

Ebenso wenig kann man ein Qualitätsmanagement-System einführen, wie beispielsweise ein Kostenrechnungssystem, denn ein QM-System ist völlig abstrakt wie beispielsweise Glück, Gesundheit oder Kundenzufriedenheit.

Man kann das QM-System für ein zuvor bestimmtes Unternehmen, jetzt als Organisation bezeichnet, meist nur mit viel Mühe systematisch aufbauen und es z.B. nach ISO 9001 darlegen, aber nicht einführen.

1.1.2 Das Qualitätsmanagementsystem anpassen?

Nach jeder neuen Ausgabe der ISO 9001 weisen Zertifizierer und Berater ihre Kunden auf die Notwendigkeit der Anpassung ihres QM-Systems hin. Diese Hinweise führen dann dort regelmäßig zu der Frage:

Müssen wir nun das ganze System der neuen Ausgabe von ISO 9001 anpassen?

Die Antwort ist wieder ein deutliches Nein!

Was ist anzupassen? Die Darlegung des unternehmens- oder organisationsspezifischen QM-Systems ist den geänderten Darlegungsforderungen der neuen Ausgabe der DIN EN ISO 9001 anzupassen, und nicht das QM-System! Anzupassen ist aber auch nur dann, wenn man erneut die Zertifizierung anstrebt.

Das bedeutet dann im Klartext:

Bei jeder neuen Ausgabe der ISO 9001 ist zu prüfen, ob die angegebenen Änderungen in der Norm Änderungen im Handbuch (!) erfordern, denn nur dort ist das System dargelegt.

Bei neuen Ausgaben der ISO 13485 ist ebenso zu verfahren, allerdings mit einer Besonderheit:

Alle Medizinprodukte-Hersteller, auch die ohne die gesetzliche Pflicht zur Zertifizierung (z.B. Dentallabore und Orthopädie-Werkstätten), sollten die geänderten Darlegungsforderungen der Norm im Handbuch berücksichtigen, denn sie sind zur Darlegung gemäß Richtlinie verpflichtet (siehe auch 1.4).

1.1.3 Forderungen an QM-Systeme?

Aus vielen Formulierungen der Norm könnte man schließen, es gäbe doch ein QM-System nach ISO, weil dort häufig Forderungen unmittelbar an das QM-System gestellt würden.

Sind daher die Forderungen der ISO 9001 doch Forderungen an die Beschaffenheit oder Gestaltung von QM-Systemen?

Die Benennung der Norm lautet: QM-Systeme - Anforderungen

Sieht man von der vorsätzlich falschen Übersetzung von „requirements" ab, müsste die Norm Forderungen an die Gestaltung von QM-Systemen enthalten.

Auch das ist irreführend, denn die ISO 9001 enthält nicht eine einzige konkrete Forderung an die Gestaltung von QM-Systemen, sondern ausschließlich Darlegungsforderungen für das einzelne schon realisierte und noch zu vervollständigende unternehmensspezifische QM-System.

Ab Hauptabschnitt 4 beginnen die meisten Kapitel (4.1, 4.2, ... 8.5) mit „Die oberste Leitung muss ..." dort genannte Tätigkeiten planen, verwirklichen und lenken. Oder es heißt „Die Organisation muss ..." eine bestimmte Maßnahme planen, verwirklichen und lenken.

Diese Formulierungen führen direkt zu der Frage: Sind das Forderungen der Norm an das QM-System?

Die Antwort ist ein klares Nein! Denn es sind Forderungen der Norm an die Organisation, das verwirklichte QM-System darzulegen!

Die Forderungen der Norm richten sich also nicht an das QM-System, sondern an die Darlegung des funktionsfähigen QM-Systems der Organisation, denn DIN EN ISO 9001 ist nur für Darlegungszwecke vorgesehen, um Vertrauen in die Fähigkeit der Organisation zu schaffen und nicht für den Aufbau eines QM-Systems geeignet.

Schließlich darf man nicht übersehen, dass die letzte Ausgabe der Norm von 1994 bis zur Revision 2000 „QM-Darlegung" im Titel enthielt. Das bedeutet:

Immer, wenn in der Norm gefordert wird „die Organisation muss...",

dann ist darzulegen, wie die Organisation die Forderung erfüllt.

Ein typisches Beispiel hierzu findet man in Kapitel 7.1 der Norm: „Die Organisation muss die Prozesse planen und entwickeln, die für die Produktrealisierung erforderlich sind."

Das bedeutet für die Dokumentation: Tatsächlich kann durch die Darlegungsnorm nicht vorgeschrieben werden, die Prozesse zu planen und zu entwickeln, sondern es kann nur gefordert werden, darzulegen, wie die Prozesse geplant und entwickelt werden.

1.1.4 Ist ISO 9001 prozessorientiert?

Immer wieder ist von der Prozessorientierung der Norm die Rede.

Es stellt sich daher die Frage, ob eine Norm, die Darlegungsforderungen an QM-Systeme, also Forderungen an die Dokumentation enthält, prozessorientiert sein kann.

Wenn man unter Orientierung Ausrichten oder Zielen versteht, dann kann die ISO 9001 allenfalls systemorientiert sein, weil die Darlegungsforderungen auf QM-Systeme zielen.

So ist denn auch im Kapitel 0.2 der Norm ausgeführt: „Diese Internationale Norm fördert die Wahl eines prozessorientierten Ansatzes für die Entwicklung, Verwirklichung und Verbesserung der Wirksamkeit eines QM-Systems, um die Kundenzufriedenheit durch die Erfüllung der Kundenanforderungen zu erhöhen".

Mit anderen Worten:

> Der prozessorientierte Ansatz gilt nicht für die Norm, sondern für die Entwicklung und Verwirklichung des QM-Systems!

Außerdem ist noch im Kapitel 0.2 erläutert: „Die Anwendung eines Systems von Prozessen in einer Organisation, gepaart mit dem Erkennen und den Wechselwirkungen dieser Prozesse, sowie deren Management, kann als prozessorientierter Ansatz bezeichnet werden". Der prozessorientierte Ansatz bezieht sich demnach nicht auf die Norm, sondern eindeutig auf das QM-System einer Organisation...

Prozessorientierung von QM-Systemen ist für QM-Fachleute schon seit mindestens den 70er Jahren des vorigen Jahrhunderts selbstverständlich. Aber Prozessorientierung der Darlegungsnorm ISO 9001 ist als Beschaffenheitsmerkmal Nonsens, etwa wie quadratischer Geschmack einer Schokoladen-Marke.

Die angebliche Prozessorientierung der Norm könnte hier unbeachtet bleiben, wenn es nicht den „prozessorientierten Ansatz zur Verbesserung der Wirksamkeit des QM-Systems" und die ISO 9004, Ausgabe 2005 mit dem Untertitel „Leitfaden zur Leistungsverbesserung" von QM-Systemen gäbe.

Die Mehrzahl der Auditoren akkreditierter Zertifizierungsstellen geht nämlich davon aus, dass die Norm prozessorientiert ist und fordert infolgedessen, jede Tätigkeit im Unternehmen als Prozess darzustellen und Kennzahlen der Effizienz dieser Prozesse nachzuweisen.

Falls keine Kennzahlen vorgelegt werden können, ist das QM-System nicht „normkonform" und kann deswegen nicht zertifiziert werden!

Damit entstehen für die Zertifizierung von QM-Systemen zwei Grundprobleme, die geklärt werden müssen:

1. Was ist ein normkonformes QM-System?
2. Sind Kennzahlen von Prozessen zertifizierungsrelevant oder konkreter: Fordert ISO 9001 Kennzahlen der Effizienz und Effektivität von Prozessen?

Das normkonforme QM-System

Wie schon zuvor klargestellt: ISO 9001 enthält nicht eine einzige konkrete Forderung an QM-Systeme, nicht eine Forderung an die Beschaffenheit oder Gestaltung von QM-Systemen, sondern ausschließlich Darlegungsforderungen an unternehmensspezifische QM-Systeme.

So heißt es in Kapitel 0.3 zum Ziel der Norm: „ISO 9001 legt Anforderungen an ein QM-System fest, welche für interne Anwendungen durch Organisationen oder für Zertifizierungs- oder Vertragszwecke verwendet werden können. ISO 9001 ist auf die Wirksamkeit des QM-Systems bei der Erfüllung der Kundenanforderungen gerichtet."

Damit ist zum ersten Problem festzuhalten:

Ein QM-System kann nicht normkonform sein, weil keine Norm existiert, in der seine Beschaffenheit beschrieben ist.

Normkonform kann nur die Darlegung des QM-Systems sein! Und bei der Zertifizierung kann es daher nur um die Beurteilung gehen, inwieweit die Darlegungsforderungen der Norm durch die Darlegung des unternehmensspezifischen QM-Systems erfüllt sind.

Ob das auch die Auditoren wissen, ist manchmal zu bezweifeln. Im Gegenteil: Sie werden weiterhin unternehmensspezifische QM-Systeme als nicht normkonforme QM-Systeme beurteilen, weil Prozessabbildungen fehlen. Und das als Angehörige Benannter Stellen!

Kennzahlen von Prozessen

Kennzahlen für die Effizienz von QM-Prozessen sind zur Beurteilung der Verbesserungen durch quantitativ bestimmte Messverfahren sehr zweckmäßig. Sie gehören daher auch wie viele Werkzeuge, Methoden und Hilfsmittel, seit vielen Jahrzehnten zum Instrumentarium des Qualitätsmanagements.

Dennoch findet man in ISO 9001 nicht eine konkrete Forderung nach Kennzahlen von Prozessen. Was mit Kapitel 0.3 der Norm zu erklären ist: „ISO 9001 ist auf die Wirksamkeit des QM-Systems bei der Erfüllung der Kundenanforderungen gerichtet".

Diesem Hinweis nach ist darzulegen, wie das System funktioniert, um Kundenforderungen zu erfüllen. Denn das Ziel von ISO 9001 ist, beim Kunden Vertrauen zu schaffen, dass seine Forderungen erfüllt werden.

„... für einen Vergleich zu ISO 9001 erweiterten Bereich von Zielen eines QM-Systems, um insbesondere die Gesamtleistung, Effizienz und Wirksamkeit einer Organisation ständig zu verbessern", gibt ISO 9004 Anleitungen, wie man im Kapitel 0.3 nachlesen kann: „ISO 9004 wird als Leitfaden für Organisationen empfohlen, deren oberste Leitung beim Streben nach ständiger Leistungsverbesserung über die Anforderungen von ISO 9001 hinausgehen will. ISO 9004 ist jedoch nicht für Zertifizierungs- und Vertragszwecke vorgesehen".

Damit ist zum zweiten Problem festzuhalten:

So zweckmäßig die Beurteilung der Leistungsverbesserung von QM-Prozessen durch Kennzahlen im Einzelfall sein mag, sie zählt nicht zu den Darlegungsforderungen nach ISO 9001.

Daraus ist zu schließen, dass z.B. Kennzahlen der Leistungsverbesserung von QM-Prozessen von den Auditoren für die Zertifizierung nicht als zertifizierungsrelevante Bedingung gefordert werden können. Gerade das wäre sonst nicht normkonform.

1.2 Und dennoch: Ein Plädoyer für die ISO 9001 und die Zertifizierung

Nach so viel Kritik wird sich mancher Leser fragen: Sollen wir uns das antun und unser Unternehmen nach ISO 9001 darlegen und zertifizieren lassen? Was bringt uns das Zertifikat außer Kosten?

Seit etwa 1976 geht es in Fachkreisen nicht mehr alleine um die Produktqualität, sondern um die Fähigkeit der Unternehmen, Kunden zufriedenzustellen, wobei man zur Kundenzufriedenheit im allgemeinen folgende Aspekte zählt:

1. Qualität der Angebotsprodukte
2. Termintreue
3. Flexibilität bei Kundenproblemen
4. Effiziente Prozesse
5. Ein effektives QM-System
6. Angemessene Preise
7. Kundenberatung/Kundenbetreuung

Die Kunden wollen darauf vertrauen können, dass die zuliefernden Produzenten und Dienstleister alle qualitätsbezogenen Tätigkeiten in ihren unternehmensspezifischen QM-Systemen so organisieren, dass sie fähig sind, die Kunden hinsichtlich der sieben zuvor genannten Aspekte zufriedenzustellen.

Wie aber will man die Fähigkeit der Produzenten und Dienstleister zutreffend beurteilen? Welche anerkannten und geeigneten Kriterien sollte man zur Beurteilung der Vertrauenswürdigkeit von Organisationen heranziehen?

Genau diese Fragen lassen sich mit der ISO 9001 beantworten, denn diese Norm zeigt einen Weg zur Schaffung von Vertrauen in die Fähigkeit der Produzenten und Dienstleister.

Denn es gilt bestimmungsgemäß:

Die in der ISO 9001 festgelegten Forderungen sind Grundlage für Zertifizierungsaudits, also für systematische und unabhängige Untersuchungen, um festzustellen, ob auch die auf die Kundenzufriedenheit bezogenen Tätigkeiten und damit zusammenhängende Ergebnisse den geplanten Anordnungen entsprechen, und ob diese Anordnungen tatsächlich verwirklicht und geeignet sind, die Ziele zu erreichen.

Damit bietet ISO 9001 mit den Darlegungsforderungen den international vereinbarten Maßstab für die Beurteilung der Vertrauenswürdigkeit und die Qualifikation der Organisation durch eine autorisierte Stelle.

Mit der Bestätigung einer autorisierten Stelle, ein nach ISO 9001 dargelegtes QM-System geschaffen zu haben und zu unterhalten, wird dem auditierten Unternehmen die Fähigkeit bescheinigt, Kunden zufriedenstellen zu können.

Für Produzenten, die nach Europäischem Recht das CE-Zeichen an ihren Produkten anbringen müssen, ist die Zertifizierung auf Basis der ISO 9001 grundsätzlich erforderlich, also Pflicht.

In allen anderen Fällen ist die Zertifizierung formale Voraussetzung für die Zusammenarbeit von Auftraggebern und Auftragnehmern, zwischen Kunden und zuliefernden Produzenten oder Dienstleistern, insbesondere wenn sie neue Geschäftsbeziehungen aufbauen wollen.

Vor allem in engen Märkten dürfen die Zertifizierten damit rechnen, bei der Auftragsvergabe bevorzugt zu werden. Bei der Vergabe öffentlicher Aufträge sind die Nichtzertifizierten sogar chancenlos.

Über das vordergründige Ziel hinaus, das Zertifikat als Fähigkeitsnachweis zu erwerben, muss man die veritablen Effekte im Hintergrund erkennen, die jene Organisationen erzielt haben, die sich auf die Zertifizierung so sorgfältig und so umfassend vorbereitet haben, dass sie ihr QM-System tatsächlich ganz wesentlich bezüglich Effektivität und Effizienz verbessern konnten.

Sie haben das erreicht, in dem sie die allgemeinen Darlegungsforderungen der Norm in effektive Maßnahmen des unternehmensspezifischen QM-Systems transponierten, um die Prozesse auch zum eigenen Nutzen effizienter zu machen.

Dazu haben sie sich einige Zwänge auferlegt, von denen hier nur die bedeutsamsten genannt werden:

1. Der Zwang, die Organisation für die Zukunft „fit" zu machen, durch Aufbau eines effektiven QM-Systems mit effizienten Prozessen und deren ständiger Bewertung.

2. Der Zwang, die von der Norm geforderte Darlegung von Verbesserungen im QM-System ständig und systematisch zu planen, zu realisieren und zu bewerten.

3. Der Zwang, sich immer wieder mit Fehlern und Schwachstellen und den horrenden Verschwendungen zu beschäftigen, um die Ursachen dafür auf Dauer zu beseitigen.

Von Zwang ist in der Norm zwar keine Rede, doch erzwingen die Darlegungsforderungen der ISO 9001 und das zur Zertifizierung erforderliche Qualitätsaudit Mühen und Vorkehrungen, die die Organisationsleitungen ohne das Ziel der Zertifizierung kaum auf sich nehmen würden.

Die Zertifizierung bedeutet beim Punkt 1, sich mit knapp 60 Einzelthemen auseinandersetzen zu müssen, die man sonst gerne wegen der ständigen Tagesprobleme verdrängt hätte. Die Führungskräfte müssen sich nun zwangsläufig der Einzelprobleme annehmen und zeigen, wie sie sie und mit welchem Ergebnis gelöst haben.

Gleiches gilt für Punkt 2: Die Forderung, den Erfolg ständiger Verbesserungen darzulegen bedingt, dass man sich um ständige Verbesserungen erfolgreich bemüht hat.

Bei Punkt 3 sollte beachtet werden: Sorgfältige Analysen im Zusammenhang mit den Vorbereitungen zur Zertifizierung werden zeigen, dass die Fehlerkosten etwa in der Größenordnung des Gewinns vor Steuern und Zinsen liegen oder auf den Umsatz bezogen, bis zu 30% betragen können, was wiederum bedeutet, dass von 1.000€ Umsatz oftmals 300€ und mehr sinnlos vergeudet werden.

Die Analysen werden auch eine seit Jahren unter Fachleuten bekannte Erfahrung bestätigen, dass in mittelständischen Organisationen bis zu 60% der Arbeitszeit unproduktiv verschwendet werden. Damit ist im Mittel jeder Mitarbeiter bis zu 130 Arbeitstage lang im Jahr in ineffizienten Prozessen tätig!

Die Ursachen dieser Unproduktivität sind bemerkenswerterweise:

• mangelnde Planung und Steuerung
• mangelnde direkte Kommunikation und EDV-Probleme
• mangelnde Führung und Überwachung
• mangelnde Arbeitsmoral und Motivation
• mangelnde Qualifikation

Zu den fünf Hauptursachen, die alle miteinander in Wechselbeziehungen stehen, findet man ohne langes Suchen ausführliche Darlegungsforderungen in der ISO 9001, was besagt:

Wer die Zertifizierung anstrebt und sein Unternehmen sorgfältig und nachhaltig darauf vorbereiten will, stößt zwangsläufig auf erhebliche Verbesserungspotentiale, die er ohne ISO-Zwänge mit hoher Wahrscheinlichkeit nicht erkannt hätte.

Auch wenn vielfach diese dramatischen Zahlen der Fehlerkosten und Unproduktivität für die eigene Organisation kaum als zutreffend betrachtet werden, so möge man doch einmal seine natürlich viel günstigeren Verhältnisse bei nur 15 Prozent unproduktiver Arbeitszeit oder bei Fehlerkosten, die bei nur 15% vom Umsatz liegen, in absoluten Beträgen rechnen, um zu zeigen, was hier wirklich vergeudet wird, jeden Monat und jedes Jahr!

Wer die Zertifizierung auch als Programm zur dauerhaften Verbesserung der Prozesse in seiner Organisation sieht, kann auf eine ebenso dauerhafte Verbesserung der Erträge bauen. Hier gibt es Beispiele von 20 bis 30 Prozent Steigerungen innerhalb von weniger als zwei Geschäftsjahren.

Nun war bisher oft von Organisationen die Rede. Mit diesem international genormten Begriff sind Unternehmen jeder Art und Größe gemeint, also Großkonzerne wie Handwerksbetriebe, aber auch Kliniken, Arztpraxen und Kindergärten und genauso Behörden und öffentliche Institutionen.

Gerade bei Behörden, die sich inzwischen auch vereinzelt zertifizieren lassen, mag sich mancher nach Sinn und Zweck der Übung fragen!

Auch hier lässt sich ohne Einschränkung oder Ausnahme konstatieren:

Es wäre geradezu ein Quantensprung des Behördentums, wenn Behörden die Zufriedenheit der Bürger, die Effektivität ihrer Funktionen und die Effizienz ihrer Prozesse entdecken würden oder gar die Steigerung der Zufriedenheit der Bürger und die ständige Verbesserung der Prozesse in und zwischen den Behörden zum Ziel erklären würden. Nicht auszudenken!!! Behörden und Kundenzufriedenheit? Behörden und effiziente Prozesse?

1.3 Qualitätsmanagementsysteme und das Europäische Recht der Technik

Allgemeine Verunsicherung

Bisher wurden möglicherweise mehr als 50 Richtlinien zur sicherheitstechnischen Beschaffenheit von Produkten in Brüssel als Europäisches Recht der Technik geschaffen. Alle diese Europäischen Richtlinien für Produkte haben seltsamer Weise viele Anhänge, in denen „Anforderungen an Qualitätssicherungssysteme" in höchst dilettantischer Weise beschrieben werden.

Hier wurde offenbar in völliger Unkenntnis der Entwicklung der ISO-Normung zum Qualitätsmanagement (in Brüssel hinkt man mindestens zehn Jahre hinterher) die ISO 9000-Familie neu erfunden, und das in so konfuser Art, dass die Forderungen der meisten Richtlinien für den Anwender unbrauchbar sind, weil die verwendeten

Begriffe und Benennungen nicht mit den genormten der Fachsprache übereinstimmen oder nicht definiert sind. Die meisten Forderungen sind daher unscharf und nicht eindeutig.

Bemerkenswert erscheint auch in den Richtlinien und Verordnungen, dass Produkte, wie in den 50er und 60er Jahren noch „kontrolliert" werden, von Vorbeugen und Fehlervermeidung haben die Verfasser offenbar keine Ahnung.

Eines gilt jedoch unter Fachleuten als sicher:

Wenn in Gesetzen, Richtlinien und Verordnungen, die Gesetzescharakter haben,

- von Kontrolle gesprochen wird, ist regelmäßig Prüfen gemeint. Kontrolle sollte seit 1974 nicht mehr verwendet werden.
- Wenn von Qualitätssicherung gesprochen wird, ist regelmäßig Qualitätsmanagement gemeint, d.h. von aufeinander abgestimmten Tätigkeiten zum Leiten und Lenken einer Organisation bezüglich Qualität.
  Qualitätssicherung ist dagegen nur der Teil des Qualitätsmanagements, der auf das Erzeugen von Vertrauen darauf gerichtet ist, dass Forderungen der Darlegung erfüllt werden. Qualitätssicherung ist mithin nichts anderes als die Darlegung des Qualitätsmanagements, um Vertrauen zu schaffen.

Rechtlich geregelter und nicht geregelter Bereich

Die Harmonisierungspolitik der Europäischen Union bezieht im technischen Bereich alle Produkte ein, bei denen insbesondere gesundheits- und sicherheitsrelevante Forderungen beachtet werden müssen.

In diesem rechtlich geregelten Bereich, in dem im Gegensatz zum nicht geregelten Bereich, zusätzlich gesundheits- und sicherheitsrelevante Forderungen vom Rat der Europäischen Gemeinschaften vorgegeben werden, sind zwei Instrumente zu beachten:

- Richtlinien oder Verordnungen
- Konformitätsbewertungsverfahren (für Produkte und QM-Systeme)

Richtlinien der Europäischen Union

Diese Richtlinien und Verordnungen betreffen ausschließlich Produkte des rechtlich geregelten Bereichs. Sie sollen durch Vereinheitlichung der technischen Forderungen, insbesondere der Sicherheitsforderungen, den freien Warenaustausch innerhalb der Europäischen Union fördern. Bemerkenswert ist allerdings, dass sie teilweise von der international genormten QM-Terminologie der Fachleute erheblich abweichen, was wiederum zu gravierenden Missverständnissen und Irritationen bei den Lesern der Richtlinien führt, die sich gerade in die Thematik einarbeiten.

So heißen Forderungen nun Anforderungen. Statt von Angebotsprodukten ist jetzt die Rede von Produkten und Dienstleistungen, als ob Dienstleistungen keine Produkte wären.

Aus Qualifikationsprüfungen zum Nachweis der Erfüllung der Forderung ist jetzt das Konformitätsbewertungsverfahren geworden.

Es gibt genehmigte oder zugelassene QS-Systeme, ohne dass bekannt ist, was sie enthalten, wer sie nach welchen Kriterien zulassen darf. Es geht auch mit den Begriffen Qualitätssicherung und Qualitätsmanagement so munter durcheinander, dass selbst Fachleute zweifeln, was denn nun tatsächlich gemeint sein könnte. Hier wird, wie auch oft in einschlägigen Fachzeitschriften, aus Gründen der Unsicherheit, Qualitätssicherung ständig mit Qualitätsmanagement zugleich genannt.

Gerade um Irritationen zu vermeiden und um Eindeutigkeit zu schaffen, ist die Verwendung international genormter Fachbegriffe zwingend erforderlich. Doch ist in den Richtlinien vieles so gemacht, als hätte es die Normung der Begriffe zum Qualitätsmanagement nie gegeben.

Konformitätsbewertungsverfahren

Qualifikationsprüfungen sind seit 1991 gemäß Beschluss des Rates der Europäischen Gemeinschaften unter der Bezeichnung Konformitätsbewertungsverfahren mit neun Modulen für die verschiedenen Phasen der Konformitätsbewertungsverfahren eingeführt worden.

Von den neun Modulen sind die Module H, D und E mit der Erfüllung der Darlegungsforderungen verbunden worden. Deswegen findet man in den Anhängen der Richtlinien für

- Modul H: Umfassende Qualitätssicherung, Prüfung und Überwachung des QM-Systems gemäß DIN EN ISO 9001: 1994,
- Modul D: Qualitätssicherung Produktion, Prüfung und Überwachung des QM-Systems gemäß DIN EN ISO 9002:1994,
- Modul E: Qualitätssicherung Produkt, Prüfung und Überwachung des QM-Systems gemäß DIN EN ISO 9003:1994.

Soweit die Erklärung zu einigen Überschriften der Anhänge in Richtlinien und Verordnungen.

Spätestens seit dem Erscheinen der Ausgabe 2000 der ISO 9001 sind die Unterschiede der Module H, D und E für die Darlegung belanglos geworden, da die beiden ISO-Normen 9002 und 9003 nicht mehr existieren.

Das bedeutet aber nicht, dass die Anhänge der Richtlinien und Verordnungen überflüssig geworden sind, **denn sie enthalten im Gegensatz zur ISO 9001 mit ihren Darlegungsforderungen, Forderungen an das zu verwirklichende QM-System.** Man sollte daher zumindest im gesetzlich geregelten Bereich in den anzuwendenden Richtlinien und Verordnungen nach besonderen fachspezifischen Forderungen suchen, um auch sie zu erfüllen und die Erfüllung darzulegen.

Das CE-Zeichen

Hat ein Produkt aus dem rechtlich geregelten Bereich die Qualifikationsprüfung gemäß dem nach der Richtlinie zugelassenen oder empfohlenen Modul bestanden, erhält es mit der Konformitätserklärung das CE-Zeichen, das der Hersteller auf dem Produkt aufbringt.

Das CE-Zeichen ist weder ein Zeichen für Qualität oder die Erfüllung der Forderungen, noch ein Zeichen dafür, dass die Forderungen dem entsprechen, was der Kunde fordert oder sich wünscht.

Die CE-Kennzeichnung ist auch nicht für den Kunden bestimmt, sondern für die staatlichen Überwachungsstellen. Es soll die Übereinstimmung mit den Forderungen der jeweiligen Richtlinie bestätigen.

1.4 Grundlegende Pflichten der Medizinprodukte-Hersteller

Alle Hersteller von Produkten des rechtlich geregelten Bereichs haben Konformitätsbewertungsverfahren zu beachten. So ist es jedenfalls in den Europäischen Richtlinien bestimmt.

So weit die in den Richtlinien vorgegebenen Konformitätsbewertungsverfahren auf die Qualifikation des QM-Systems eines Herstellers zielen, ist die Darlegungsnorm ISO 9001 auch im rechtlich geregelten Bereich anzuwenden, „um die Fähigkeit der Organisation zur Erfüllung der Anforderungen der Kunden, der gesetzlichen und behördlichen Anforderungen ... zu bewerten" (ISO 9001/0.1).

Eher beiläufig wird an zwei weiteren Textstellen der Norm darauf hingewiesen, dass auch gesetzliche Forderungen zu beachten sind.

Weitere verbindliche Hinweise, dass gesetzliche Forderungen unbedingt zu berücksichtigen sind, sucht man vergebens.

Weil dieser Zustand für den rechtlich geregelten Bereich der Medizinprodukte völlig unbefriedigend war, hatten sich schon vor der Jahrtausendwende „Experten" zusammengefunden, die glaubten, man brauche nur aus den Darlegungsforderungen der ISO 9001 „regulatorische" Forderungen zu machen und schon seien alle Probleme gelöst.

Das Ergebnis dieses Trugschlusses ist in zweiter Ausgabe der deutschen Fassung für Medizinprodukte zu bestaunen: DIN EN ISO 13485:2003, QM-Systeme, Anforderungen für regulatorische Zwecke.

Dieses Wunderwerk ist von ISO 9001:2000 komplett abgeschrieben. Beim Abschreiben hat man beim DIN ein paar Begriffe geändert oder erfunden, sie aber weder erklärt noch definiert. Und man hat einige meist überflüssige Sätze hinzugefügt, damit die Kopie noch vom Original unterscheidbar ist.

Diese Norm hat in ihrer deutschen Fassung zu einem Missverständnis von existentieller Bedeutung für viele MP-Hersteller geführt. Sie stellt möglicherweise deren Konformitätsbewertung durch Benannte Stellen in Frage.

Die Gründe:

Mit Ausnahme der Sonderanfertiger von Medizinprodukten der Klasse I (Klassifizierung auf Basis der Verletzbarkeit des menschlichen Körpers), sind alle MP-Hersteller verpflichtet, ihr QM-System nach ISO 13485 (darzulegen und) die Konformität des QM-Systems bewerten zu lassen. Die Richtlinie spricht von „genehmigen lassen".

Diesen MP-Herstellern wird durch die „regulatorischen Anforderungen" der Norm der Eindruck vermittelt, mit dem Zertifikat auf Basis der ISO 13485 würde von einer Benannten Stelle bestätigt, alle gesetzlichen Forderungen erfüllt zu haben.

Und das ist ein fataler Irrtum! Denn die gesetzlichen und die gesetzlich bedingten Forderungen an QM-Systeme, die zur Konformitätsbewertung wesentlich bedeutsamer beitragen als die regulatorischen Anforderungen der ISO 13485, werden mit keinem Wort in der Norm erwähnt. Sie sind deswegen wahrscheinlich auch in nur wenigen Audit-Programmen zur Konformitätsbewertung (Zertifizierung) des QM-Systems enthalten.

Fatal ist der Irrtum vor allem, weil vielen Herstellern von Medizinprodukten offenbar nicht bewusst ist, welche „Grundlegenden Anforderungen" ihnen das Medizinprodukterecht auferlegt.

Das MPG bestimmt im §7 nur „Die Grundlegenden Anforderungen sind ... für ... Medizinprodukte die Anforderungen des Anhangs I der Richtlinie 93/42/EWG...".

Dieser Anhang I ist von erheblicher Bedeutung, weil in den meisten anderen Anhängen der Richtlinie immer wieder auf die grundlegenden Forderungen verwiesen wird, die jeder MP-Hersteller erfüllen muss, um nicht mit den Rechtsnormen in Konflikt zu geraten.

Vier Themen sind hier bedeutsam, weil die rechtlichen Vorgaben zu ihnen erhebliche Konsequenzen für das unternehmensspezifische Qualitätsmanagement haben.

Um einem möglichen Missverständnis vorzubeugen: In der Richtlinie und ihren Anhängen ist weder von ISO 9001 noch von ISO 13485 die Rede.

1.4.1 Auslegung und Herstellung von Medizinprodukten

Die Richtlinie 93/42/EWG bestimmt im Anhang I, Nr. 1 verkürzt:
„Die Produkte müssen so ausgelegt und hergestellt sein, dass ... sie die Sicherheit und Gesundheit ... weder der Patienten noch der Anwender oder Dritter gefährden, wobei etwaige Risiken im Zusammenhang mit der vorgesehenen Anwendung gemessen am Nutzen für den Patienten vertretbar und mit einem hohen Maß an Gesundheitsschutz und Sicherheit vereinbar sein müssen."

Darüber hinaus besagt Nr. 2 im ersten Absatz:
„Die vom Hersteller bei der Auslegung und der Konstruktion der Produkte gewählten Lösungen müssen sich nach den Grundsätzen der integrierten Sicherheit richten, und zwar unter Berücksichtigung des allgemein anerkannten Standes der Technik."

Für MP-Hersteller hat das zur Konsequenz:
Bei Planung und Herstellung ist der „Stand der Technik" zu berücksichtigen. Das ist die zweithöchste Stufe der wissenschaftlich-technischen Standards!
Sie erfordert bei Planung und Herstellung die Anwendung von Planungsmethoden, die heute unter dem Begriff „Forderungsplanung" die Qualitätsplanung (auch in ISO 9000:2005) ablösen.

1.4.2 Gefährdung und Sicherheit

Wegen möglicher Gefährdungen von Patienten, Anwendern und Dritten ist bei Planung und Herstellung von Medizinprodukten der Stand der Technik zu berücksichtigen.

Das wird im Anhang I vor allem in den Artikeln 1, 2, 3 und 8 besonders deutlich. Wenn man die dort festgelegten Forderungen in die QM-Fachsprache überträgt, gilt generell:
Die Produkte und ihre Herstellungsverfahren müssen so ausgelegt sein, dass das Risiko für Patienten, Anwender und Dritte ausgeschlossen oder soweit wie möglich verringert wird.

Für MP-Hersteller hat das die Konsequenzen:

1. Sie müssen alle das Risikomanagement für ihre Produkte beherrschen und dies nachweisen können.
2. Sie müssen alle das Forderungsmanagement beherrschen und dies nachweisen können.
3. Sie müssen alle das Fehlermanagement beherrschen und dies nachweisen können.

Beherrschen meint hier: MP-Hersteller müssen fähig sein, ihre Organisation hinsichtlich Risiken, Forderungen und Fehlern wirksam zu leiten und zu lenken.

Die Formulierung „nachweisen können" bedeutet, dass Hersteller die Erfüllung ihrer Pflichten durch Dokumente belegen müssen.

Zur Konsequenz Nr. 1:

Um das Schadensrisiko zu schätzen, kann man sich der ISO 14 971:2007 (Anwendung des Risikomanagements auf Medizinprodukte) bedienen. Diese Norm ist einerseits sehr hilfreich, weil sie die Suche nach speziellen Fehlern beschreibt. Sie ist aber für die unverzichtbare quantitative Schätzung der Risiken völlig ungeeignet. Die prosaischen Risikoschätzungen waren schon vor 50 Jahren antiquiert. Um dem Stand der Technik zu entsprechen, werden sogar Werkstätten lernen müssen, wie man Grenz- und Restrisiken berechnet.

Zur Konsequenz Nr. 2:

Seit etwa 1965 sind in der Industrie Verfahren zur Planung von Forderungen üblich, die zu erlernen auch für Werkstätten vorteilhaft ist.

Schließlich weiß man, dass etwa 70% der Fehler in den Planungsphasen von Aufträgen und Produkten entstehen. Außerdem sind Planungsfehler meist die kostspieligsten.

Um Schadensrisiken zu mindern, ist es bei Medizinprodukten unerlässlich, dem Stand der Technik entsprechend, potentielle Fehler durch systematisches Forderungsmanagement zu vermeiden.

Zur Konsequenz Nr. 3:

Fehlermanagement wird heute verstanden als aufeinander abgestimmte Tätigkeiten zum Leiten und Lenken einer Organisation bezüglich Fehler.

Wobei der Fehler als Nichterfüllung einer Forderung definiert ist.

In Verbindung mit Gesundheit und Sicherheit kommt Fehlern so eine außerordentliche Bedeutung zu, weil sie als Schadensquelle Grundlage jeder Risikobetrachtung sind.

Je risikoreicher Fehler sind, um so umfassender wird man sich dem Stand der Technik entsprechend, mit Fehlermanagement beschäftigen müssen.

1.4.3 Dokumentation des Qualitätsmanagementsystems

Während die gesetzlichen und die gesetzlich bedingten Forderungen zum Risikomanagement, zum Forderungs- und Fehlermanagement von den „Grundlegenden Anforderungen" des Anhangs I abzuleiten sind, ergeben sich weitere gesetzliche und gesetzlich bedingte Forderungen an das QM-System aus den anderen Anhängen II bis VIII und IX.

Die Hersteller müssen zunächst die Zugehörigkeit ihrer Produkte zu einer der vier Produktklassen bestimmen (Anhang IX). Der Klassifizierung entsprechend ist dann vom Hersteller das Konformitätsbewertungsverfahren aus sieben Anhängen zu wählen. Zu wählen ist aber nur zwischen der Konformitätsbewertung des Produkts (Anhang III, EG-Baumusterprüfung) und der des unternehmensspezifischen QM-Systems (Anhänge II und IV bis VIII).

Den Abschluss eines jeden Konformitätsbewertungsverfahrens bildet eine EG-Konformitätserklärung, dass die Produkte den einschlägigen Bestimmungen dieser Richtlinie entsprechen und dass entweder das QM-System oder die Auslegung und Herstellung in Unterlagen dokumentiert sind. Worin allerdings der Unterschied zwischen den beiden Dokumentationen besteht, ist wahrscheinlich nur dem Gesetzgeber bekannt.

Gemeinsam ist allen Anhängen II bis VIII, dass entweder die Dokumentation des QM-Systems ausdrücklich gefordert ist oder „nur" die Dokumentation der Auslegung und Herstellung, was der Dokumentation des QM-Systems in Theorie und Praxis gleichkommt.

Für die Praxis des Qualitätsmanagements bedeutet das unstrittig:
Die Dokumentation des unternehmensspezifischen QM-Systems ist eine gesetzliche Forderung, die alle MP-Hersteller zu erfüllen haben.

1.4.4   Das genehmigte QM-System

So, wie man ein QM-System weder einführen noch anpassen kann, lässt es sich auch nicht (von z.B. einer Benannten Stelle) genehmigen. Dennoch ist in den Anhängen von Genehmigen, Zulassen und Freigeben die Rede.

Hier kommt leider wieder das alte Problem zum Vorschein, dass man das QM-System einführen oder genehmigen könnte, wie beispielsweise ein Kostenrechnungssystem (siehe auch 1.1.1 und 1.1.2)

Gemeint ist aber das Konformitätsbewertungsverfahren für QM-Systeme, das man im nicht geregelten Bereich Auditieren nennt.

Für den geregelten Bereich gilt:
Es ist die Konformität hinsichtlich der Bestimmungen der Richtlinie und der Auslegung und Herstellung von bezeichneten Medizinprodukten zu prüfen und es ist die Konformität hinsichtlich der Bestimmungen der Richtlinie und der dokumentierten Realisierung des QM-Systems zu prüfen.

Mit Bestimmungen sind die gesetzlichen und die gesetzlich bedingten Forderungen der Richtlinie gemeint.

Die Konformitätsbewertung des QM-Systems bei Produkten der Klasse I liegt in der Eigenverantwortung der Sonderanfertiger.

Bei den Produkten aller anderen Klassen (IIa, IIb, III) wird die Konformität von Benannten Stellen „bewertet".

Eine Besonderheit enthält Anhang VIII für die vielen Sonderanfertiger oder Gesundheitshandwerker von Medizinprodukten der Klasse I, zu denen Dentallabore, Augenoptiker (begrenzt) und Orthopädie-Werkstätten zählen.

Für sie ist bestimmt, dass jeder Hersteller sich verpflichtet, Unterlagen für die zuständigen nationalen Behörden bereitzuhalten, aus denen die Auslegung, die Herstellung und die Leistungsdaten des Produkts, einschließlich der vorgesehenen Leistungsdaten hervorgehen.

Das ist im Qualitätsmanagement die Forderung, die Dokumentation des QM-Systems für die Behörde bereitzuhalten, damit diese beurteilt, ob die gesetzlichen und die gesetzlich bedingten Forderungen (der Anhänge oder Verordnungen) bisher erfüllt wurden und künftig erfüllt werden können.

Nach den Bestimmungen der Richtlinie ist das die Konformitätsbewertung.

Dass es sich bei den Unterlagen um die vollständige Dokumentation des gesamten QM-Systems handeln muss, wird im Anhang VIII nicht deutlich. Es wird auch nicht deutlich darauf hingewiesen, dass das QM-System gesetzliche und gesetzlich bedingte Forderungen erfüllen muss.

Weil im Anhang VIII nur die Rede von Unterlagen zur Auslegung und Herstellung ist, führt das z.b. bei vielen Dentallaboren zu der irrigen Auffassung, man müsse nur die üblichen Unterlagen bereithalten und aufbewahren: Zur Auslegung die Zahnärztliche Verschreibung und zur Herstellung den Auftrags- oder Arbeitszettel für die ausführenden Zahntechniker.

Gerade bei Sonderanfertigern lässt sich zeigen, dass ihnen die gesetzlichen und die gesetzlich bedingten Forderungen oder Pflichten kaum bekannt sind. Die meisten von ihnen sind z.B. nicht in der Lage, vom Stand der Technik gesetzlich bedingte Forderungen abzuleiten. Daher werden sie die unter 1.4.2 genannten QM-Techniken kaum anwenden. Infolgedessen besteht für die Unternehmen mit ihrem QM-System keine Konformität hinsichtlich der Forderungen des MP-Rechts.

Nichtjuristen (wie der Verfasser) könnten ob dieser Aussage die Frage stellen, ob fehlende Konformität nicht als Verstoß gegen das MP-Recht zu betrachten ist. Schließlich geht es hier auch und vor allem um Gesundheit und Sicherheit von Patienten, Mitarbeitern und Anderen, die sich z.B. infizieren könnten. Eine Frage, deren Beantwortung auch im Abschnitt 1.5 von essentieller Bedeutung ist.

Die für viele Sonderanfertiger unsicher erscheinende Lage hat verschiedene Gründe:

Sonderanfertigern wurde kaum verständlich erklärt, welche Forderungen oder Pflichten ihnen das MP-Recht auferlegt (siehe dazu 1.4.6):

In den Anhängen der Richtline haben Juristen versucht, das moderne QM-System zu erfinden. Dabei sind sie Missverständnissen aufgesessen (siehe dazu 1.1).

Diese Juristen verwendeten in der Richtlinie Begriffe und Formulierungen, die wegen ihrer Unschärfe und Mehrdeutigkeit mit der QM-Fachsprache (ISO 9000:2005) unverträglich sind.

Wahrscheinlich haben QM-Fachleute sich bisher nicht bereit gefunden, den Text der Richtlinie mit ihren Anhängen und davon abgeleiteten Verordnungen zu analysieren, um eine Übersicht zu erstellen, die gesetzliche und gesetzlich bedingte Forderungen enthält.

Mit Hilfe einer derartigen Übersicht ließen sich alle Forderungen bei der Gestaltung des unternehmensspezifischen QM-Systems berücksichtigen, um die geforderte Konformität zu erreichen.

Das Fehlen einer Übersicht ist vor allem für Sonderanfertiger bedauerlich, weil sich einerseits in ihren Tätigkeitsbereichen Musterdokumentationen für QM-Systeme besonders eignen, andererseits aber die zahlreichen Musterdokumentationen, wie sie insbesondere für die Zahntechnik angeboten werden, unbedingt einer Eignungsprüfiung unterzogen werden sollten (siehe hierzu 3.1.8).

Erfahrungsgemäß wird sich nämlich dabei zeigen, dass wahrscheinlich weniger als ein Prozent der Dokumentationen die Eignungsprüfung bestehen wird.

Überträgt man diese Erkenntnis auf die Werkstätten ohne vollständige Dokumentation ihres QM-Systems, dann ergibt sich für die Werkstattleitungen zwingend: Dokumentieren Sie Ihr QM-System, bevor das Bundesinstitut für Arzneimittel und Medizinprodukte (BfArM) diesen Mangel als Verstoß gegen das MP-Recht entdeckt.

1.4.5 Produktbeobachtung

Produktbeobachtung ist schon seit Jahrzehnten eine Produzentenpflicht. Sie ist deswegen als Darlegungsforderung auch in ISO 13485 unter Rückmeldungen vorgesehen. Für Medizinprodukte reichen diese Darlegungsforderungen jedoch nicht aus, weil typische Forderungen des MP-Rechts bei der Gestaltung des QM-Systems nicht berücksichtigt werden.

Die gesetzlich geforderte Produktbeobachtung umfasst zwei gesetzliche Forderungen: das Fehlermanagement für rückgemeldete Fehler und das Fehlermeldesystem für Behörden.

Die gesetzliche Forderung besteht in der Zusicherung des Herstellers, ein Verfahren zur Produktbeobachtung einzurichten und auf aktuellem Stand zu halten.

Mit dem Verfahren sind Erfahrungen mit Produkten in den Phasen nach der Herstellung auszuwerten und von den Ergebnissen der Auswertung sind erforderliche Korrekturen zu veranlassen (z.B. Anhang II).

Außerdem sind die zuständigen Behörden unverzüglich über folgende Vorkommnisse zu unterrichten, sobald der Hersteller davon Kenntnis hat:

1. Jede Funktionsstörung und jede Änderung der Merkmale und der Leistung, sowie jede Unsachgemäßheit der Kennzeichnung oder der Gebrauchsanweisung eines Produkts, die zum Tode oder zu einer schwerwiegenden Verschlechterung des Gesundheitszustandes eines Patienten oder eines Anwenders führen kann oder dazu geführt hat.

2. Jeden technischen oder medizinischen Grund, der aufgrund der unter 1. genannten Ursachen durch die Merkmale und Leistungen des Produkts bedingt ist und zum Rückruf von Produkten desselben Typs durch den Hersteller geführt hat (z.B. Anhang II/3.1).

1.4.6 Die Gestaltung des QM-Systems und seine Konformität

Es erscheint zweckmäßig, die bisher dargelegten Forderungen oder Pflichten der MP-Hersteller bezüglich ihres QM-Systems zu ordnen und aufzulisten. Dadurch soll der Leser erkennen können, welche von den aufgelisteten Forderungen im Einzelfall zu erfüllen sind.

Zu diesem Zweck könnte man die Anhänge II, IV bis VIII der MP-Richtlinie analysieren. Doch das Ergebnis der Analyse würde wahrscheinlich im Unverständnis enden, weil in den Anhängen von verschiedenen QM-Systemen die Rede ist, die aus sachlogischen Gründen nicht darstellbar sind, auch wenn die Richtlinie das so vorschreibt: Ein vollständiges QM-System (Anhang II) ist ebenso unsinnig, wie ein QM-System der Produktion (Anhang V) oder eines für Produkte (Anhang VI).

Das QM-System, wie auch immer beschaffen, wohnt einem jeden Unternehmen inne, ob dokumentiert oder wegen seiner Übereinstimmung mit gesetzlichen Forderungen bewertet, ist dabei völlig unerheblich.

Das Problem, das sich die Urheber der Richtlinie selbst geschaffen haben, liegt in der irrigen Annahme begründet, dass das QM-System einer Organisation ein konkreter einheitlicher Gegenstand ist, den man je nach gesetzlich vorgegebenen Zielen modellieren kann.

Deswegen ist klarzustellen:

Es ist grundsätzlich eine typisch unternehmerische Aufgabe, die Organisation mit dem ihr innewohnenden QM-System so zu gestalten, dass auch die vom Gesetzgeber vorgegebenen Forderungen erfüllt werden können.

Die von MP-Herstellern zu erfüllenden Forderungen an QM-Systeme werden im Folgenden zum besseren Überblick verkürzt zusammengestellt, aber auch erläutert, wo es zweckmäßig erscheint (weiteres siehe auch unter 1.5).

Den vollständigen Inhalt und Umfang der Forderungen muss der MP-Hersteller in Abhängigkeit von der Produkt-Klasse aus dem in Betracht kommenden Anhang ermitteln.

Das ist auch erforderlich, weil ungewiss ist, welche Eigenschaften, Funktionen und Forderungen dem QM-System künftig noch zusätzlich von der Politik „verordnet" werden.

Seit dem 21. März 2010 sind von MP-Herstellern die folgenden Forderungen zu beachten, wobei die Reihenfolge der Auflistung dem Konformitätsbewertungsverfahren geschuldet ist.

1. Die erste gesetzliche Forderung bestimmt, das unternehmensspezifische QM-System zu gestalten, um es dann, wie gestaltet zu dokumentieren.

   Diese erste Forderung umfasst im Grunde zwei gesetzliche Forderungen:

   1.1 Die Gestaltung des unternehmensspezifischen QM-Systems und

   1.2 die Dokumentation des QM-Systems entsprechend den Darlegungsforderungen der ISO 13485.

2. Die zweite besonders bedeutsame gesetzliche Forderung verlangt, bei der Produktgestaltung (Planung der Beschaffenheit) und dem Bau (also Herstellung) den Stand der Technik zu berücksichtigen, um Sicherheitsrisiken für Patienten, Anwender und Dritte auszuschließen oder soweit möglich zu verringern.

   Von dieser zweiten gesetzlichen Forderung sind zur Produkt- und Prozessgestaltung drei gesetzlich bedingte Forderungen abzuleiten:

   2.1 das Forderungsmanagement

   2.2 das Fehlermanagement

   2.3 das Risikomanagement

Die drei gesetzlich bedingten oder begründeten Forderungen sind als Teile des unternehmensspezifischen QM-Systems zu gestalten und zu dokumentieren, wie schon in der ersten gesetzlichen Forderung vorgegeben.

3. Die dritte gesetzliche Forderung ergibt sich aus den Grundsätzen der integrierten Sicherheit und verlangt nach Minimierung der Risiken. Deswegen sind

3.1 das Fehlermanagement und

3.2 das Risikomanagement

als gesetzlich bedingte Forderungen im QM-System einzurichten.

4. Als vierte gesetzliche Forderung verlangt die Richtlinie in allen Anhängen, in denen die Dokumentation des QM-Systems gefordert wird, die Beobachtung der Produkte nach der Herstellungsphase, wobei zum Medizinprodukt auch Verpackung und Produktinformationen (z.b. Gebrauchsanweisungen) zählen. Die gesetzlich geforderte Produktbeobachtung besteht aus dem

4.1 Fehlermanagement für rückgemeldete Fehler und Unzulänglichkeiten und aus dem

4.2 Fehlermeldesystem, durch das Behörden über kritische Fehler an inverkehrgebrachten Medizinprodukten informiert werden müssen.

4.3 Als Konsequenz aus der Produktbeobachtung muss vorsorglich der Rückruf identifizierter Produkte organisiert sein.

5. Die fünfte gesetzliche Forderung hat die Konformitätsbewertung des QM-Systems zum Inhalt. Sie ist die einzige Forderung, die nicht alle MP-Hersteller zu erfüllen haben.

So müssen Sonderanfertiger von Produkten der Klasse I ihr QM-System hinsichtlich der Konformität nicht von einer Benannten Stelle bewerten lassen. Sie müssen aber die Dokumentation ihres QM-Systems für die nationale Behörde bereithalten, damit diese im Einzelfall beurteilt, ob die grundlegenden Forderungen erfüllt werden.

Das Konformitätsbewertungsverfahren für QM-Systeme besteht aus zwei Prüfverfahren:

5.1 Im ersten Verfahren ist zu prüfen, ob die grundlegenden Forderungen entsprechend Anhang I bei der Gestaltung des unternehmensspezifischen QM-Systems berücksichtigt sind.

5.2 Im zweiten Verfahren ist zu prüfen, ob die Dokumentation des QM-Systems mit dem realisierten System übereinstimmt.

Die Konformitätsbewertung ist im Grunde eine Abschlussprüfung in fünf Schritten zur Beurteilung der Erfüllung der gesetzlichen und der gesetzlich bedingten Forderungen.

Es sind alle gesetzlichen Forderungen mit ihren gesetzlich bedingten Forderungen zu erfüllen, damit Konformität bestehen kann. Ist auch nur eine der Forderungen nicht oder nur teilweise erfüllt, ist die Konformität in Frage gestellt.

Fehlende Konformität mag manchem dem Wort nach als harmlos gelten. Tatsächlich verbirgt sich aber hinter dieser Aussage die Verletzung von Pflichten, die den meisten MP-Herstellern allerdings kaum bewusst ist. Selbst die Anwender der ISO 13485 können nicht erkennen, dass außer den „regulatorischen Anforderungen" grundsätzlich auch noch gesetzliche Forderungen zu beachten sind, wenn sie nicht das MPG und die MP-Richtlinie sorgfältig analysiert haben.

Ihre Pflichten verletzen unwissentlich vor allem viele Sonderanfertiger, die Produkte der Klasse I herstellen. Sie sind als einzige für die Konformität ihres QM-Systems selbst verantwortlich (Anhang VIII).

Im üblichen Sprachgebrauch heißt das: Sie müssen sich nicht von einer Benannten Stelle zertifizieren lassen.

Das bedeutet für die Praxis, dass die Wahrscheinlichkeit für eine Konformitätsbewertung ihres QM-Systems durch die zuständige Behörde äußerst gering ist. Die Pflichtverletzung wird deswegen von der Behörde meist nicht bemerkt.

Analysiert man die möglichen Pflichtverletzungen im Hinblick auf den Schweregrad der Verletzbarkeit des menschlichen Körpers, so findet man wahrscheinlich nur bei zahntechnischen Sonderanfertigungen Infektionsrisiken, die zu schwerwiegenden Gesundheitsschäden führen können.

So muss man von Zahntechnik-Werkstätten annehmen, dass fast alle gegen das MPG verstoßen, weil sie ihre Auftragsplanung (Auslegung) und Herstellprozesse nicht unter Berücksichtigung des Standes der Technik gestaltet und nicht ausreichend dokumentiert haben.

Aus diesem Grund ist es für Dentallabore ratsam, das Risikomanagement unverzüglich zu organisieren und zu dokumentieren, weil hier kritische Infektionsrisiken bestehen, die man fachmännisch zumindest abschätzen können sollte, um sie erforderlichenfalls zu mindern.

Konformität müssen auch Sonderanfertiger grundsätzlich nachweisen können, unabhängig von der Entscheidung, das QM-System von einer Benannten Stelle „genehmigen" zu lassen. Andernfalls wäre eine wesentliche gesetzliche Forderung nicht erfüllt.

1.4.7 Schlussbemerkungen

Die Nichterfüllung der drei genannten Rechtspflichten betrachtet das Bundesinstitut für Arzneimittel und Medizinprodukte (BfArM) wahrscheinlich als Verstoß gegen die EU-Rechtsnorm MDD und das MPG vor allem hinsichtlich Sicherheit und Gesundheit!

Dieser Vorwurf trifft z.B. viele Dentallabore in Deutschland, auch die nach ISO zertifizierten!

Mit dem ersten Schadensfall, der dem BfArM gemeldet wird, hat z.B. die gesamte Zahntechnik ein existentielles Problem, das man auch in anderen Bereichen der Industrie und des Handwerks in ähnlicher Weise antreffen kann.

Dass deswegen die QM-Probleme schleunigst gelöst werden müssen, sollte ein dringlicher Hinweis sein.

Wie die Probleme gelöst werden können, soll in den Hauptabschnitten 4 bis 8 gezeigt werden.

Darüber hinaus sind die Labore ohne normkonforme QM-Dokumentation nicht fähig nachzuweisen, ein geeignetes QM-System aufrechtzuerhalten (ISO 13485).

1.5 Probleme der Konformitätsbewertung von QM-Systemen

In der Grundlagen- und Begriffenorm ISO 9000:2005 ist Konformität mit „Erfüllung einer Forderung" definiert. In den Darlegungsnormen (ISO 9001:2008 und ISO 13485:2003) steht Konformität für Übereinstimmung-

Die Konformität des dargelegten QM-Systems zu bewerten, bedeutet nach dem Text beider Normen: Es ist zu prüfen, ob die Darlegungsforderungen der Norm erfüllt sind. Man sollte aber auch prüfen, ob Übereinstimmung zwischen der Darlegung des realisierten QM-Systems und den Darlegungsforderungen besteht.

In beiden Normen sind Forderungen an ein QM-System festgelegt, die zu erfüllen sind, „wenn eine Organisation ihre Fähigkeit darzulegen hat".

Im Fall ISO 9001 bezieht sich die Fähigkeit auf die Lieferung von Produkten allgemeiner Art, „die die Forderungen der Kunden und die zutreffenden gesetzlichen und behördlichen Forderungen erfüllen".

Im Fall ISO 13485 bezieht sich die Fähigkeit auf die Lieferung von Medizinprodukten, die die Forderungen „der Kunden und die für die Medizinprodukte ... zutreffenden gesetzlichen Forderungen erfüllen".

1.5.1 Konformitätsbewertungsverfahren für QM-Systeme

Um das Vertrauen in die Fähigkeit des Herstellers oder Lieferanten zu gewinnen, ist die Fähigkeit seines unternehmensspezifischen QM-Systems mit Hilfe der ISO 9001 und im Falle der Medizinprodukte mit Hilfe der ISO 13485 darzulegen.

Dass sich die Darlegungsforderungen beider Normen inhaltlich weitgehend gleichen, wurde schon mehrfach erklärt. Dass sich aber die Konformitätsbewertungsverfahren zu beiden Normen wesentlich unterscheiden, wird von MP-Herstellern nicht immer beachtet, wodurch sie Gefahr laufen, gegen das MP-Recht zu verstoßen.

Die unterschiedlichen Bewertungsverfahren sind durch die unterschiedlichen Anwendungen im nicht geregelten und geregelten Bereich der Medizinprodukte bedingt.

Im nicht geregelten Bereich ist in einer Untersuchung festzustellen, ob Vertrauen in die Fähigkeit des dargelegten QM-Systems berechtigt ist.

In der Sprache der Zertifizierer wird das etwa so formuliert: Durch ein Zertifizierungsaudit einer (akkreditierten) Benannten Stelle wird das QM-System untersucht und bewertet, um festzustellen, ob das nach ISO 9001 dargelegte QM-System die (Darlegungs-)Forderungen erfüllt.

Bei positivem Ergebnis sprechen dann oft sogar Benannte Stellen vom normkonformen QM-System und das ist falsch!

Nicht das System ist normkonform, sondern seine Darlegung. Denn das Zertifikat bestätigt nicht die Konformität des Systems mit der Norm, sondern die Übereinstimmung der Darlegung des betrachteten QM-Systems mit den Darlegungsforderungen der Norm.

Im rechtlich geregelten Bereich wird das QM-System der MP-Hersteller untersucht und bewertet, ob erstens Konformität besteht zwischen dem verwirklichten QM-System und den regulatorischen Anforderungen der Darlegungsnorm ISO 13485. Zweitens ist aber auch (gesetzlich bedingt) zu untersuchen und zu bewerten, ob Konformität besteht zwischen dem verwirklichten QM-System und den Forderungen oder Pflichten des MP-Rechts.

Vor allem die unter 1.4.6 erklärte Forderung nach Konformität des unternehmensspezifischen QM-Systems führt im rechtlich geregelten MP-Bereich zu einer Situation, die von drei Institutionen beherrscht wird:

- von ISO 13485
- vom MP-Recht und
- von Benannten Stellen

Alle drei Bestimmungsgrößen sind deswegen in der Folge unter dem Aspekt der Konformität nochmals zu betrachten. Dabei wird sich zeigen, dass im rechtlich geregelten Bereich noch mehr Übereinstimmungen zu prüfen sind.

1.5.2 Die regulatorischen Anforderungen der ISO 13485

Die Norm ist im Grunde ein Sonderfall der ISO 9001, denn die Darlegungsforderungen der ISO 9001 wurden in ISO 13485 vollständig übernommen. Das Besondere der Norm besteht darin, dass aus den Darlegungsforderungen der ISO 9001 nun „regulatorische Anforderungen" geworden sind.

Da die Norm „Anforderungen für regulatorische Zwecke" enthält, lässt das den Schluss zu, dass alle Forderungen der Norm in regulatorische Anforderungen umbenannt sind.

Für „regulatorisch" ist keine allgemein verbindliche Definition bekannt. Es muss jedoch zwischen „gesetzlich" und „regulatorisch" Unterschiede geben. Andernfalls wäre der Austausch der Begriffe sinnlos.

„Regulatorische" Forderungen könnte man als „gesetzlich bedingte" Forderungen bezeichnen. Dann würde man aber sachlogisch einen eklatanten Fehler begehen: Die regulatorischen Forderungen der ISO 13485 sind nur die ohne Erklärung umbenannten Darlegungsforderungen der ISO 9001. Sie haben sinngemäß nichts mit dem MPG zu tun!

Erst die Erfindung der „regulatorischen Anforderungen" hat zu einem Problem geführt, dessen Größenordnung wahrscheinlich noch nicht erkannt wurde:

Die Konformitätsbewertung im rechtlich geregelten Bereich der Medizinprodukte

Im nicht geregelten Bereich hat der Hersteller, der Konformität für sein QM-System beanspruchen will, dafür zu sorgen, dass

- die Dokumentation seines QM-Systems mit dem realisierten QM-System und
- die Dokumentation des QM-Systems mit den Darlegungsforderungen der ISO 9001 übereinstimmt.

Im rechtlich geregelten Bereich für Medizinprodukte sind vier Übereinstimmungen zu prüfen:

- die Dokumentation des QM-Systems mit dem realisierten QM-System (Auditfrage: Ist das dokumentiert, was realisiert wurde?)

- die Dokumentation des QM-Systems mit den regulatorischen Darlegungsforderungen der ISO 13485 (Auditfrage: Ist das dokumentiert, was ISO 13485 zu dokumentieren fordert?)
- das realisierte QM-System mit den zutreffenden rechtlichen Forderungen (Auditfrage: Sind im realisierten QM-System alle Forderungen des MP-Rechts berücksichtigt?)
- die Dokumentation des realisierten QM-Systems mit den rechtlichen Forderungen von Gesetzen und Verordnungen des MP-Rechts (Auditfrage: Erfüllt die Dokumentation des realisierten QM-Systems alle rechtlichen Forderungen?).

Wenn die regulatorischen Darlegungsforderungen der Norm an das QM-System erfüllt sind, ist das QM-System normkonform dargelegt.

Gesetzeskonform ist das QM-System aber nur, wenn alle gesetzlichen und gesetzlich bedingten oder begründeten Forderungen erfüllt sind, so dass das realisierte QM-System auch nicht gegen eine gesetzliche Bestimmung verstößt.

ISO 13485 führt direkt auf ein Problem, das alle MP-Hersteller haben, denen nicht bewusst ist, dass die Norm nur regulatorische Darlegungsforderungen enthält. Denn von den rechtlichen Forderungen, wie sie im Medizinproduktegesetz und der Europäischen Richtlinie zur Auslegung von Medizinprodukten und zur Gestaltung von QM-Systemen vorgegeben werden, ist in der Norm kein Wort zu finden. Auch Hinweise auf sie sucht man vergebens.

Daraus ist zu schließen, dass die Norm für das Konformitätsbewertungsverfahren bezüglich der rechtlichen Forderungen alleine nicht geeignet ist.

Diesen Schluss rechtfertigen auch noch andere Besonderheiten. Durch die Benennung „Medizinprodukte, Qualitätsmanagement-Systeme, Anforderungen für regulatorische Zwecke" wird vielen Anwendern der Eindruck vermittelt, die Norm enthalte alle Forderungen, die ein MP-Hersteller zu erfüllen hat, um seinen gesetzlichen Pflichten nachzukommen.

Dass das ein fataler Irrtum ist, zeigt alleine schon der Katalog der rechtlichen Forderungen (siehe 1.4.6 und 1.5.3), die jedoch als Darlegungsforderungen in ISO 13485 gänzlich fehlen.

Dadurch entsteht ein oft nicht erkanntes Dilemma: Wer als MP-Hersteller sein QM-System nur auf Basis der Forderungen der ISO 13485 darlegt, verfehlt die Konformität mit den rechtlichen Forderungen an QM-Systeme.

Er verstößt dadurch gegen das Medizinproduktegesetz und das auch noch im Zusammenhang mit Gesundheitsschutz und Sicherheit!

Auch bei manchen Auditoren Benannter Stellen ist Unkenntnis bezüglich der Konformitätsbewertung erkennbar.

Da die Bewertungskriterien zu den rechtlichen Forderungen in der Norm fehlen, fehlen sie auch teilweise im Konformitätsbewertungsverfahren Benannter Stellen.

Erfahrungen der letzten Jahre zeigen beispielsweise, dass der Stand der Technik beim Risikomanagement im Zertifizierungsaudit kaum berücksichtigt wird. Das lässt sich anhand der Risikomanagement-Berichte belegen, die auf der ISO 14971:2007 (Anwendung des Risikomanagements auf Medizinprodukte) basieren. Sie müssen unter Berücksichtigung des Standes der Technik als Ergebnis des Risikomanagement-Prozesses Aussagen zu Restrisiken enthalten!

Den meisten RM-Berichten fehlt aber eine fundierte, quantitative Schätzung der Grenz- und Restrisiken.

Einerseits hat man häufig sogar den Eindruck, als scheuten sich Auditoren Benannter Stellen, dieses Thema anzusprechen. Andererseits zeigt sich sehr häufig, dass z.b. Zahntechniker sehr interessiert sind zu erfahren, wie groß ihr persönliches Risiko ist, sich mit HIV oder Hepatitis im Labor zu infizieren.

Ein großes Problem ist seit Jahren, dass viele MP-Hersteller mit dem Schätzen von Risiken wenig vertraut sind. Insbesondere den vermutlich meisten Sonderanfertigern stellt sich immer wieder die Frage, was bei Medizinprodukten der Stand der Technik bedeutet.

Der Gebrauch wissenschaftlich-technischer Standards ist in Gesetzen teilweise uneinheitlich. Deswegen hat sich das ISO-Komitee für Normungsgrundsätze darauf geeinigt, dass „Stand der Technik" der Stand der technischen Möglichkeiten zu einer bestimmten Zeit für Produkte und Prozesse sein soll, auf wissenschaftlichen Erkenntnissen und Erfahrungen basierend, anerkannt von einer Mehrheit der repräsentativen Fachleute (Die Quelle dieser Aussage ist dem Verfasser nicht bekannt).

Zum heutigen Stand der technischen Möglichkeiten für Planungsprozesse zählt bei Medizinprodukten auch die Anwendung seit mehr als 40 Jahren bekannter Methoden, wie z.B.
- Forderungsmanagement
- Fehlermanagement
- Risikomanagement

Diese Tätigkeiten des Planens von Produkten und Prozessen zählen heute zum Stand der Technik, auch wenn sie MP-Herstellern und verordnenden Medizinern weitgehend fremd sind.

Aus fachlicher Sicht ist Forderungsmanagement für die Auftragsplanung, die Produkt- und Prozessentwicklung entscheidend.

Moderne Forderungsplanung ist ohne Fehlermanagement kaum effektiv, weil z.B. mögliche Fehler bei der Planung nicht beachtet werden.

Das Risikomanagement wird in der Richtlinie (RL 93/42/EWG) unmissverständlich gefordert. Es basiert auf den Ergebnissen des Fehlermanagements.

Darüber hinaus darf an dieser Stelle ein Hinweis nicht fehlen:

Die fehlenden Hinweise in der ISO 13485, die rechtlichen Forderungen der einschlägigen Gesetze unbedingt zu beachten, sollten angesichts der möglichen Konsequenzen allen Herstellern im rechtlich geregelten Bereich eindringliche Mahnung sein!

Bei Anwendung der ISO 9001 müssen grundsätzlich die rechtlichen Forderungen mit QM-Fachkenntnissen aus dem einschlägigen Rechtsbereich ermittel und umgesetzt werden, um Konformität zu erzielen!

1.5.3 Die Konformitätsbewertung mit rechtlichen Forderungen

Mit Ausnahme der QM-Systeme der Sonderanfertiger von Produkten der Klasse I sind mit der Bewertung der Konformität grundsätzlich Benannte Stellen zu beauftragen.

Gemäß der MP-Verordnung (MPV) sind nur harmonisierte Normen zur Bewertung anzuwenden, also im Falle der Medizinprodukte ISO 13485.

Allerdings zielt die Bewertung zunächst nur auf die „Grundlegenden Anforderungen" an Medizinprodukte (Anhang I). Dass z.b. auch ein „vollständiges Qualitätssicherungssystem" (Anhang II) zur Konformitätsbewertung gehört, erfährt man eher beiläufig.

Das Konformitätsbewertungsverfahren ist z.b. im Anhang II der Richtlinie beschrieben, wobei man beachten muss, dass ein funktionsfähiges QM-System grundsätzlich vollständig und umfassend sein muss.

Im Anhang II wird zu prüfen gefordert, ob das QM-System fähig ist, die Konformität mit den einschlägigen Bestimmungen der Richtlinie sicherzustellen. Zu den einschlägigen Bestimmungen, die nicht alle sogleich als rechtliche und rechtlich begründete Forderungen erkennbar sind, zählen gemäß 1.4.6:

1. Dokumentation des QM-Systems
   Dokumentation des QM-Systems mit Aufbau- und Ablauforganisation
2. Planung von Produkten und Prozessen entsprechend dem Stand der Technik
   2.1 Forderungsmanagement
   2.2 Fehlermanagement
   2.3 Risikomanagement
3. Risikominimierung
   3.1 Fehlermanagement
   3.2 Risikomanagement
   3.3 Sicherheitsmanagement
4. Produktbeobachtung
   4.1 Fehlermanagement
   4.2 Fehlermeldesystem (intern/extern)
   4.3 Rückruforganisation
5. Konformitätsbewertung
   5.1 Bewertung der Konformität der Dokumentation des QM-Systems mit dem realisierten QM-System
   5.2 Bewertung der Dokumentation des QM-Systems mit den Darlegungsforderungen der ISO 9001
   5.3 Bewertung im MP-Bereich: Dokumentation des QM-Systems mit dem realisierten QM-System
   5.4 Bewertung im MP-Bereich: Dokumentation des QM-Systems mit den regulatorischen Forderungen der ISO 13485
   5.5 Bewertung im MP-Bereich: Dokumentation des realisierten QM-Systems mit den Forderungen des MP-Rechts

Aus dem „vollständigen Qualitätssicherungssystem", wie es im Anhang II vorgegeben ist, gewinnt man drei Erkenntnisse, die trotz ihrer Banalität eine wichtige Bestätigung für das Qualitätsmanagement und die Konformitätsbewertung sind:

• Die Bestimmungen des Anhangs II decken sich vollständig mit den Forderungen an ein QM-System, das unter Berücksichtigung des Standes der Technik so zu gestalten ist, dass Vertrauen in die Fähigkeit entsteht, Produkte mit der geforderten Beschaffenheit liefern zu können.

- Die Bestimmungen des Anhangs II sind zugleich Forderungen und Grundlage der Konformitätsbewertung. Sind diese Forderungen erfüllt, besteht Konformität.
- Die Konformität nicht zu erzielen, klingt harmlos. Es darf aber nicht übersehen werden, dass ein nicht konformes QM-System gegen das Medizinproduktegesetz verstößt und das in Verbindung mit Gesundheitsschutz und Sicherheit! Nebenbei bemerkt: Die CE-Kennzeichnung des Medizinproduktes darf erst dann vom Hersteller angebracht werden, wenn alle Forderungen der Richtlinie erfüllt sind.

1.5.4 Gesetzesverstöße mit Zertifikat?

Anhand zahlreicher Beispiele der Praxis lässt sich zeigen, dass viele MP-Hersteller den wissenschaftlich-technischen Standard „Stand der Technik" nicht zeitgemäß interpretieren können, weil ihnen das Fachwissen zum Qualitätsmanagement fehlt.

Schließlich ist das Zeitalter der Kontrolle, dessen Ende von QM-Fachleuten um 1965 eingeläutet wurde, noch heute in Politik und Gesellschaft, in Wirtschaft, Recht und Technik allgegenwärtig, sogar in der QZ, Organ der DGQ, Deutsche Gesellschaft für Qualität e.V.!

Es wird auch kaum bedacht, dass der Stand der Technik eine Forderung von zentraler rechtlicher Bedeutung ist, bei der man gegen das MPG verstößt, wenn man diesen Standard nicht in speziellen QM-Methoden und -Verfahren realisiert und dokumentiert.

Doch das ist nicht zunächst das Problem der MP-Hersteller. Ihr Problem ist in den Konformitätsbewertungsverfahren begründet, die man für Gesundheitshandwerker (Sonderanfertiger, Produktklasse I, Anhang VIII) und für alle übrigen MP-Hersteller unterschiedlich betrachten muss.

Gesundheitshandwerker können die Konformität ihres QM-Systems selbst bewerten. Wieweit sie dazu mit Fachwissen und Sorgfalt fähig sind, ist zumindest fraglich.

Alle anderen MP-Hersteller müssen eine akkreditierte Benannte Stelle mit der Konformitätsbewertung beauftragen.

Die Erfahrung zeigt, dass manche Auditoren Benannter Stellen den Stand der Technik und die mit ihm verbundenen Forderungen von rechtlicher Bedeutung nicht beachten.

Ein Beleg für diese Erfahrung sind die Audit-Protokolle und -Berichte Benannter Stellen, in denen zeitgemäße Planungstechniken des Forderungsmanagements für die Produkt- und Prozessentwicklung fehlen. Außerdem wird auch nicht vom Risikomanagement berichtet, das dem Stand der Technik entsprechen muss.

Die überraschende Erkenntnis daraus ist, dass MP-Herstellern Konformität bescheinigt wird, obwohl sie ihr QM-System nicht dem Stand der Technik entsprechend gestaltet haben. Sie sind zwar nicht auf dem Stand der Technik, aber dennoch zertifiziert!

Für Erklärungsversuche dieser merkwürdigen Situation sind mindestens zwei Fall-Kategorien zu unterscheiden.

Kategorie I

Es sind viele Fälle bekannt, bei denen „Spezialisten" versprechen, das QM-System des Herstellers fachmännisch in einem Handbuch zu dokumentieren und nach einem Audit das Zertifikat zu erteilen.

Das Ergebnis ist häufig: Die QM-Dokumentation umfasst ein Handbuch mit etwa 14 bis 20 Seiten und vier bis sechs Verfahrensanweisungen.

Der Text ist für Laien verständlich geschwafelt aber im Sinne einer Darlegung nach ISO... völlig nutzlos. Das Zertifizierungsaudit, durchgeführt vom Dokumenten-Lieferanten, findet möglichst während der Betriebsruhe (z.b. sonntags) statt. Das Zertifikat, ausgestellt vom Dokumenten-Lieferanten, ist Respekt einflößend gestaltet und sehr preiswert.

Möglich machen diese Aktion
* ein ahnungsloser Auftraggeber
* ein gewitzter Auftragnehmer, der Zertifizierungskompetenzen akkreditierter Stellen vortäuscht und der weiß, dass Anhang VIII der Richtlinie sein zweifelhaftes Handeln decken könnte oder zumindest ihm nicht entgegensteht.
* Ein Anhang (VIII), der die Konformitätsbewertung den Gesundheitshandwerkern überlässt. Von denen mancher ganz praktisch denkt: Warum könnte diese Aufgabe nicht jemand übernehmen, der es besser kann...?
   Diese Denkweise hat auch Krankenkassen so überzeugt, dass sie dieses Verfahren aus Kostengründen befürworten.
   Diese Machenschaften als Betrug juristisch aufzuarbeiten, hat merkwürdigerweise bisher niemand interessiert.
   Weitere Überlegungen zur Konformitätsbewertung dieser Fälle überlässt man daher besser den Krankenkassen.

Kategorie II

Zur zweiten Kategorie zählen alle Fälle, bei denen der Stand der Technik bei der Gestaltung des QM-Systems nicht berücksichtigt ist.

Das Besondere an diesen Fällen ist, dass zwar eine grundlegende Forderung nicht erfüllt ist, die Konformität dennoch von einer akkreditierten Benannten Stelle bescheinigt wird.

Benannte Stellen kommentieren zwar, dass sich diese Mängel nur auf Einzelfälle beschränken. Doch käme man wahrscheinlich zu anderen Ergebnissen, würden die Auditprotokolle der letzen Zeit ausgewertet.

Wie dem auch sei: Der Stand der Technik hat zu Problemfällen geführt. Der Stand der Technik wird auch ihre Lösung sein, wie noch zu zeigen ist.

1.5.5 Hilfen, die Konformitätsprobleme zu lösen

Um die Konformitätsprobleme mit geeigneten Hilfen lösen zu können, ist es zweckmäßig, die Anwender der beiden Darlegungsnormen in vier Gruppen zu unterscheiden:

Gruppe 1

Produzenten und Dienstleister von Produkten des nicht geregelten Bereichs

Gruppe 2

Produzenten und Dienstleister von Produkten des rechtlich geregelten Bereichs

Gruppe 3

Produzenten und Dienstleister von Medizinprodukten

Gruppe 4

Sonderanfertiger insbesondere Gesundheitshandwerker als bedeutsamer Teil der Medizinproduktehersteller der Gruppe 3

Im Grunde geht es bei den Konformitätsproblemen um die glaubhafte Darlegung der Fähigkeit des QM-Systems. Das heißt, fähig zu sein, die festgelegten und/oder rechtlich bestimmten Forderungen bei der Realisierung der Produkte zu erfüllen.

In diesem Zusammenhang spielt die Konformitätsbewertung eine entscheidende Rolle: Sie muss wegen der scheinbar nicht eindeutigen Regelung im nicht geregelten Bereich vom Kunden ausdrücklich gefordert werden.

Im rechtlich geregelten Bereich ergibt sich die Forderung dagegen aus den Gesetzen.

Darlegung oder Dokumentation sind bei der Konformitätsbewertung die entscheidenden Voraussetzungen.

Der Stand der Technik (oder der von Wissenschaft und Technik) ist das grundlegende Kriterium oder Maß für die Bewertung der Fähigkeit.

Da das Vertrauen in die Fähigkeit ganz wesentlich von der Übereinstimmung des zu dokumentierenden Geforderten mit dem Realisierten abhängt, ist im Folgenden nochmals über die Dokumentation mit Blick auf die vier Gruppen zu sprechen.

Dokumentationshilfen für die Gruppe 1

Wer die Fähigkeit seines QM-Systems nachweisen will oder zum Nachweis z.B. von einem Kunden veranlasst wird, sollte sein verwirklichtes System den Forderungen der ISO 9001 entsprechend dokumentieren.

Bei dieser Dokumentation ist eine kaum bekannte Besonderheit zu beachten:

Wer im nicht geregelten Bereich als Spezialist gelten will, muss bei der Gestaltung seines QM-Systems den Stand der Technik berücksichtigen! Diese Meinung hat sich unter der Mehrheit anerkannter Fachleute herausgebildet.

Diese Forderung bedingt bei der Planung des QM-Systems, den Stand der Technik in den Unternehmens- und Qualitätszielen als Selbstverpflichtung zu berücksichtigen (siehe hierzu ISO 9001, 5.1/5.3/5.4).

Die Konsequenz ist für den Spezialisten im nicht geregelten Bereich: Nicht nur die Darlegungsforderungen der ISO 9001 sind zu erfüllen, sondern auch die Forderungen, die dem Stand der Technik entsprechen.

Und genau das sind wiederum die Forderungen, die auch im rechtlich geregelten Bereich zu erfüllen sind, wenn eine EG-Richtlinie existiert!

Diese Forderungen sind in 1.5.3 aufgelistet. Von ihnen können im nicht geregelten Bereich die Forderungen zum Risikomanagement (siehe 1.5.3, 2.3 und 3.) entfallen, wenn das Fehlermanagement mit FMEA-Prozessen den zu erwartenden Fehlerfolgen entsprechend gestaltet ist und die Konformitätsbewertungsforderungen, wie folgt erweitert werden:

(5.3) Bewertung der Dokumentation des QM-Systems mit dem realisierten QM-System (Auditfrage: Ist das dokumentiert, was realisiert wurde?),

(5.4) Bewertung der Dokumentation des QM-Systems mit den Forderungen der ISO 9001 (Auditfrage: Ist das dokumentiert, was ISO 9001 zu dokumentieren fordert?),

(5.5) Bewertung des realisierten QM-Systems mit den dem Stand der Technik entsprechenden Forderungen an das QM-System (Auditfrage: Sind im realisierten QM-System alle Forderungen berücksichtigt, die dem Stand der Technik entsprechen?).

Ein mit der Darlegung Beauftragter wird die Darlegungsforderungen der ISO 9001 analysieren und versuchen, die Forderungen durch eine geeignete Dokumentation des realisierten QM-Systems zu erfüllen.

Erfahrungsgemäß wird der Beauftragte bei dieser Aufgabe auf Dinge stoßen, die ihm Verständnisschwierigkeiten bereiten. Aus diesem Grund enthält dieses Arbeitsbuch in den Hauptabschnitten 2 und 3 Empfehlungen zur Darlegung und Hilfen zur Dokumentation. Außerdem bieten die Hauptabschnitte 4 bis 8 Dokumentationshilfen zur Erfüllung der Darlegungsforderungen der Norm.

Der Beauftragte könnte aber auch mit Hilfe einer QM-Musterdokumentation versuchen, seinen Auftrag im „Schnellwaschgang" zu erledigen. Womit sich die Frage stellt, ob man in ein solches Projekt inverstieren sollte?

Die Antwort ist nicht einfach (siehe auch 3.1.7 und 3.1.8). Zunächst kann man aber sagen, dass eine Standard-QM-Dokumentation theoretisch machbar ist (siehe auch dazu 3.1.4).

In den letzten 15 Jahren hat es deswegen auch eine Reihe weitgehend anwendungsfertiger Standard-Dokumentationen im nicht geregelten Bereich gegeben. Nicht wenige Anwender derartiger Dokumentationen haben es auch ohne großen Zusatzaufwand zum Zertifikat durch eine akkreditierte Benannten Stelle geschafft.

Gegen diese Art der Darlegung wird man kaum etwas einzuwenden haben. Die Zertifizierer bescheinigen ohnehin nur, dass die Firma XY „ein QM-System entsprechend der genannten Norm ((ISO 9001:2008) eingeführt hat und dieses wirksam anwendet..." Und diesen Unsinn bescheinigt z.B. einer der bekanntesten Zertifizierer noch im Jahr 2011!

Eine wesentlich veränderte Situation ergibt sich im nicht geregelten Bereich, wenn ein Unternehmen erkennen lässt, dass es im Wettbewerb als Spezialist gelten will. Denn Spezialisten müssen ihre Fähigkeiten (bitte nicht Qualitäten) glaubhaft nachweisen, in dem sie (auch) darlegen, dass ihre Produkte und Prozesse unter Berücksichtigung des Standes der Technik im Rahmen eines geeigneten QM-Systems geplant und realisiert werden.

Da die Selbstbewertung der Konformität wenig überzeugt, wird ein Spezialist die Konformitätsbewertung einer akkreditierten Stelle übertragen müssen, die die Übereinstimmung des dargelegten fähigen QM-Systems mit dem realisierten QM-System zu beurteilen hat.

Von den Standard-Dokumentationen der letzten 15 Jahre ist allerdings im nicht geregelten Bereich kaum eine bekannt, in der die besonderen Fähigkeiten von Spezialisten unter Berücksichtigung des Standes der Technik beachtet werden.

Die Frage der Zweckmäßigkeit einer Musterdokumentation lässt sich im nicht geregelten Bereich in vier Varianten beantworten:

1. Da von den meisten Anwendern der Norm angenommen werden kann, dass sie als Spezialist auftreten wollen, sollten sie auf eine Musterdokumentation aus den besagten Gründen verzichten.
   Man sollte aber das Prüfprogramm und die anderen Kriterien unter 3.1.7 und 3.1.8 heranziehen. um die Entscheidung abzusichern.

2. Für die Anwender der Norm (ISO 9001), die nicht nach besonderen Fähigkeiten streben, bestehen nur Bedenken, wie sie in 3.1.7 und 3.1.8 erläutert werden.
   Allerdings müssen sich alle, die nicht nach besonderen Fähigkeiten streben, sagen lassen, dass sie ohne besondere Fähigkeiten zeigen zu können, bei ihren Kunden kaum Vertrauen schaffen werden. Das ständige Streben nach Verbesserungen des QM-Systems werden viele Kunden ohnehin bezweifeln.

3. Nach dem sich viele Auditoren im nicht geregelten Bereich für den Stand der Technik kaum interessieren, könnte man es trotz der Erfahrungen von 3.1.7 und 3.1.8 wagen, eine Musterdokumentation zu verwenden.

4. Die Erklärungen zum Stand der Technik und zu den vier Konformitäten (1.5.2) sind Spitzfindigkeiten, die nur in diesem Buch zu finden sind. Für die Zertifizierung sind sie wahrscheinlich belanglos.

5. Wenn den Leser auch nur eine der Varianten 2 bis 4 überzeugt hat, sollte er von einer Zertifizierung absehen, Er spart dadurch viel Geld und noch mehr Mühen für die Vorbereitung, das Unternehmen fit zu machen.

Dokumentationshilfen für die Gruppe 2

Mit Ausnahme der MP-Hersteller sind alle Organisationen, die Produkte für den rechtlich geregelten Bereich „bereitstellen", verpflichtet, ihr QM-System den Forderungen der ISO 9001 entsprechend darzulegen. Diese Pflicht ergibt sich aus den EG-Richtlinien der Produkt-Bereiche Gesundheit, Sicherheit, Umwelt- und Verbraucherschutz-

Die Forderungen der Norm sind deswegen keine rechtlichen, sondern rechtlich begründete Forderungen.

Außerdem besteht die Pflicht, die in einschlägigen Bestimmungen des zutreffenden Rechtsbereichs festgelegten oder von ihnen abzuleitenden Forderungen zu erfüllen.

Zu den rechtlichen Forderungen zählt z.B. die Berücksichtigung des Standes der Technik oder von Wissenschaft und Technik. Die davon abzuleitenden Forderungen sind dann rechtlich begründet oder gesetzlich bedingte Forderungen wie Forderungsmanagement, Fehlermanagement und Risikomanagement.

Alle diese Forderungen verlangen nach einer Dokumentation des QM-Systems, um dieses gemäß ISO 9001 darzulegen und seine Konformität von einer akkreditierten Benannten Stelle bewerten zu lassen.

Hilfen zur Dokumentation bieten die Hauptabschnitte 4 bis 8, wobei die Forderungen der Norm dann auch rechtlich begründete sind.

Die Frage nach der Zweckmäßigkeit von Musterdokumentationen lässt sich für den geregelten Bereich einfach beantworten:
Sie können zweckmäßig sein. Die Produkte für die das QM-System zu dokumentieren ist, müssen allerdings einer Kategorie angehören, für die eine EG- oder EU-Richtlinie existiert, also z.b. für Druckbehälter, Gasverbrauchseinrichtungen oder Maschinen. Um die Zweckmäßigkeit zu beurteilen, sollte man das Prüfprogramm und die anderen Kriterien unter 3.1.7 und 3.1.8 heranziehen und Referenzen vom Lieferanten der Musterdokumentation fordern.

Nützliche Musterdokumentationen sind im rechtlich geregelten Bereich nur mit besonderem Fachwissen zu erstellen. Deswegen sind sie noch heute sehr dünn gesät.

Dokumentationshilfen für die Gruppe 3

Um vollständige Konformität zu erzielen, bestehen bei der Dokumentation keine prinzipiellen Unterschiede zur Gruppe 2. Der Unterschied ist nur scheinbar und daher irritierend.

Für den rechtlich geregelten Bereich der Medizinprodukte existiert die Richtlinie, in der einzelne Forderungen an das Qualitätsmanagement festgelegt sind, so z.b. die rechtlichen Forderungen, den Stand der Technik oder den von Wissenschaft und Technik zu berücksichtigen.

Von diesen rechtlichen Forderungen sind rechtlich bedingte oder begründete Forderungen an das Qualitätsmanagement abzuleiten und als Forderungsmanagement, Fehlermanagement und Risikomanagement im QM-Systems des Unternehmens zu organisieren.

Statt der ISO 9001 wird bei Medizinprodukten ISO 13485 zur Darlegung des QM-Systems angewendet, obwohl die Darlegungsforderungen beider Normen weitgehend identisch sind.

Der scheinbare Unterschied zeigt sich nur in der Benennung: ISO 9001 spricht von Anforderungen, ISO 13485 von Anforderungen für regulatorische Zwecke.

Im rechtlich geregelten Bereich angewendet, gelten die Forderungen der ISO 9001 als rechtlich begründet, in der ISO 13485 ist von regulatorischen Forderungen die Rede, obwohl es sich bei beiden Normen um Forderungen handelt, die von gesetzlichen Vorgaben (z.B. Stand der Technik) abgeleitet werden müssen, damit die Konformität des QM-Systems bezüglich der rechtlichen Forderungen bestätigt werden kann.

Das bedeutet für die Anwendung der Normen: Die Forderungen beider Normen beziehen sich im geregelten Bereich auf rechtliche oder gesetzliche Forderungen. Sie sind daher als rechtlich begründete Forderungen für die Dokumentation und Darlegung verbindlich; die einen für den geregelten Bereich, die anderen für den geregelten Bereich der Medizinprodukte.

Die Dokumentationshilfen für die Gruppe 2 können daher für die Gruppe 3 verwendet werden.

Dokumentationshilfen für die Gruppe 4

Sonderanfertiger, insbesondere die Gesundheitshandwerker unter ihnen, stellen Produkte her, deren „zutreffende einschlägige Bestimmungen" des MP-Rechts häufig verkannt werden.

Im Gegensatz zum Anhang II der Richtlinie, in dem die EG-Konformitätserklärung und das vollständige Qualitätssicherungssystem festgelegt sind, handelt es sich im Anhang VIII (nur) um eine „Erklärung zu Produkten für besondere Zwecke". Es ist aber weder von einer Konformitätserklärung noch von einem QM-System die Rede.

Mangels eindeutiger Bestimmungen unterlassen es daher beinahe alle Gesundheitshandwerker, die kein Zertifikat einer Benannten Stelle anstreben, ihr QM-System zu dokumentieren und für seine Konformität zu sorgen.

Deswegen sollten sie beachten, dass sie als MP-Hersteller alle Forderungen des MPG, wie sie für die Gruppe 3 beschrieben sind zu erfüllen haben, mit einer Ausnahme:

Die Konformitätserklärung zum QM-System muss nicht von einer Benannten Stelle bestätigt werden.

Pragmatisch formuliert: Auf die Zertifizierung durch eine akkreditierte Stelle dürfen Gesundheitshandwerker verzichten. Sie sind allerdings gemäß Anhang VIII verpflichtet, Unterlagen für die zuständigen Behörden bereitzuhalten:

- Dokumente, aus denen die Planung, Herstellung und Leistungsdaten des Produkts hervorgehen, so dass sich beurteilen lässt, ob das Produkt den Forderungen der Richtlinie entspricht.
- Der Hersteller muss alle erforderlichen Maßnahmen dokumentieren, damit im Herstellverfahren Übereinstimmung der hergestellten Produkte mit obiger Dokumentation belegt werden kann.

In diesem komprimierten Chaos der zwei Absätze von Nr. 3.1 im Anhang VIII sind die auch von Gesundheitshandwerkern zu beachtenden drei Konformitätsbewertungen (5.3/5.4/5.5) von 1.5.3 zu erkennen. Denn Gesundheitshandwerker werden in 3.1 verpflichtet, die Unterlagen bereitzuhalten, die eine zuständige Behörde prüfen muss, um die Konformität des QM-Systems beurteilen zu können.

Daraus ist zu folgern: Gesundheitshandwerker sind MP-Hersteller, wie alle anderen auch, denn sie haben die gleichen grundlegenden Forderungen oder Pflichten des MPG zu erfüllen. Deswegen müssen auch sie die Konformitätsbewertung ihres QM-Systems vorbereiten und für die Behörde bereithalten. Eine Überprüfung der Konformität ist aus Personalkapazitätsgründen der Behörde allerdings wenig wahrscheinlich.

Um die Forderungen des MPG ausreichend zu erfüllen, sollten sich Gesundheitshandwerker der Dokumentationshilfen bedienen, wie sie in den Hauptabschnitten 4 bis 8 vorliegen.

In diesem Zusammenhang stellen Gesundheitshandwerker, wie z.B. die Orthopädie- und Zahntechnik, häufig die Frage nach der Zweckmäßigkeit von Musterdokumentationen.

Die Antwort ist leider wieder ein Jein, denn grundsätzlich gilt für die Gesundheitshandwerker aller Fachbereiche:

Einerseits eignen sich die Werkstätten für die Anwendung fachspezifischer Musterdokumentationen, weil innerhalb der einzelnen Fachbereiche den QM-Systemen Standard-Bedingungen für die Planung und Herstellung von Sonderanfertigungen innewohnen.

Andererseits fehlen den Lieferanten der Musterdokumentationen häufig neben dem QM-Fachwissen die Kenntnisse der Abläufe in den Werkstätten, um z.b. das Forderungsmanagement oder das Risikomanagement im System installieren zu können. Aus diesen Gründen findet man geeignete Musterdokumentationen äußerst selten. Für die Zahntechnik, der besonders häufig derartige Dokumentationen angeboten werden, beträgt die Eignungsquote weniger als ein Prozent.

Bei Sonderanfertigungen, die für klinische Prüfungen bestimmt sind, führen Bestimmungen des Anhangs VIII in die Irre, denn dort bestimmt Anhang X die wesentlichen Verfahrensweisen, so dass in aller Regel nur die Dokumentationsweise der Gruppe 3 zur Konformität führen kann.

2. Empfehlungen zur Darlegung des unternehmensspezifischen QM-Systems

2.1 Vorbemerkungen

Es ist zur Mode geworden, QM-Handbücher zu erstellen, um sie Kunden „vorzeigen" zu können. Hierbei wird häufig übersehen, dass das QM-Handbuch ein funktionierendes Qualitätsmanagement im Unternehmen voraussetzt: Eine wirksame Aufbau- und Ablauforganisation zum Leiten und Lenken der Organisation, um Qualität zu erzielen. Folgerichtig ist daher, erst das Qualitätsmanagementsystem zu organisieren, bevor man es in einem Handbuch beschreibt oder darlegt.

Die Praxis hat gezeigt, dass es zweckmäßig ist, das QM-System zunächst in einem Handbuch zu gliedern, um dann die Gliederungspunkte als QM-Elemente zu beschreiben. Dafür gibt es einige gewichtige Gründe:

- Das QM-System ist ein abstrakter Begriff, den man ohne ein bestimmtes Unternehmen mit seiner Aufbau- und Ablauforganisation nicht konkretisieren kann. Man kann daher ein QM-System auch nicht „einführen", wie vielfach behauptet wird.
  In jedem Unternehmen gab es schon immer ein QM-System. Das ist mithin nichts Neues, das man einführen könnte. Es geht jetzt nur um das Systematisieren, um bewusstes Ordnen, Ändern und Erneuern. Und es geht um den bewussten Wandel der Schnittstellen zu miteinander verbundenen Funktionen in der Organisation.
- Die Dokumentation des QM-Systems als Teil der Unternehmensorganisation ist wohl die einzige Möglichkeit der Konkretisierung. Denn es gibt kein Qualitätsmanagement-System nach DIN ISO[1] oder nach DGQ[2] oder nach VDA[3] oder nach QS 9000[4] ..., obwohl dies immer wieder behauptet und sehr häufig von Kunden gefordert wird.
- Das QM-System ist kein eigenständiges System im Unternehmen, sondern Teil der Aufbau- und Ablauforganisation zum Leiten und Lenken der Organisation, um Qualität zu erzielen. Würde das Unternehmen ohne Fehlleistungen funktionieren, brauchte vom QM-System nicht gesprochen zu werden. Mit anderen Worten:
  Qualitätsmanagement wohnt der Aufbau- und Ablauforganisation eines jeden Unternehmens inne. Spricht man vom QM-System, so meint man den Teil der Organisation, der sich auf ihre Leitung und Lenkung bezieht, um Qualität zu erzeugen und dadurch die Kunden zufrieden zu stellen.

Das Bemühen um den Aufbau von QM-Systemen kann sehr unterschiedliche Gründe haben. Die Ausgangssituation ist in den Unternehmen fast ausnahmslos die gleiche:

---

1 DIN: Deutsches Institut für Normung e.V., Berlin
  ISO: International Organization for Standardization, Genf.

2 DGQ: Deutsche Gesellschaft für Qualität e.V., Frankfurt/Main

3 VDA: Verband der Automobilindustrie, Frankfurt/Main

4 QS 9000: Quality System Requirements QS-9000 (USA)

- Die Geschäftsleitung hat unklare Vorstellungen, weil Fachkenntnisse fehlen. Außerdem hat die Geschäftsleitung viel Missverständliches gehört und sich dies mangels Kritikfähigkeit zu eigen gemacht. Heimtückisch an Missverständnissen ist, dass sie nicht oder zu spät erkannt werden.
- Mit der Aufgabe, ein QM-System „einzuführen" und ein Handbuch zu erstellen, wird in der Regel eine Führungskraft aus dem zweiten oder dritten Glied der Führungsriege beauftragt, der jedoch selten die erforderlichen Kompetenzen übertragen werden.
- Die Geschäftsleitung verspricht zwar, „voll dahinter zu stehen". Sie kann sich der Bedeutung dieser Aussage kaum bewusst sein, wie sich später mit hoher Wahrscheinlichkeit zeigt, weil Umfang und Inhalt solcher Projekte kaum überschaubar sind.

2.2 Sieben Schritte bis zum Anfang

Bevor das Projekt „Qualitätsmanagementsystem" angegangen wird, ist es erforderlich und auch üblich, einen verantwortlichen Projektleiter zu benennen. In Ermangelung einer geeigneten Bezeichnung für seine Funktion wird er hier „Qualitäter" genannt. Oft ist er als Beauftragter der obersten Leitung oder als Beauftragter für Qualitätsmanagement (QMB) von der obersten Leitung benannt.

Die häufig verwendete Benennung „Qualitätsbeauftragter" sollte unbedingt vermieden werden, weil durch sie oft der fälschliche Eindruck entsteht, der Qualitätsbeauftragte sei als Einziger für die Qualität im Unternehmen verantwortlich.

Die zuvor beschriebene Ausgangssituation darf nicht als Kritik an der Geschäftsleitung verstanden werden. Sie ist eine vom Qualitäter zu berücksichtigende Erfahrung: Von der Unternehmensleitung kann auch heute noch kein Fachwissen zum Qualitätsmanagement erwartet werden! Es spricht sich nur sehr langsam herum, dass zum Führungswissen der Geschäftsleitung das Fachgebiet Qualitätsmanagement zählt.

Bei der im Folgenden vorgeschlagenen Strategie wird davon ausgegangen, dass dem Qualitäter kein fachkundiger Berater zur Verfügung steht. Er sollte daher die folgenden sieben Schritte beachten:

2.2.1 Sich fachkundig machen

Der Qualitäter sollte wichtige Begriffe der Fachsprache unbedingt beherrschen und die Grundlagen der Qualitätslehre kennen. Dazu gehören auch Mode-Themen, wie z.B. FMEA und SPC. Der Einsatz dieser sehr vorteilhaften Methoden wird häufig auch dort von Kunden gefordert, wo die Voraussetzungen fehlen. Damit wird Qualitätsmanagement schnell zur Farce!

Er sollte die Bedeutung und Anwendung der Normen DIN ISO 9000 und 9001 gut kennen, Qualitätsmanagementvereinbarungen formulieren und überzogenen Kundenforderungen begegnen können.

Er sollte die allgemeinen Missverständnisse zur Qualität und zum Qualitätsmanagement kennen und ihnen begegnen können. Außerdem sollte er einprägsame Thesen haben, um die Notwendigkeit des Qualitätsmanagements begründen zu können.

2.2.2 Die Unternehmensleitung gewinnen

Die Unternehmensleitung für systematisches Qualitätsmanagement zu gewinnen, ist einer der wichtigsten Schritte, weil ohne ihre Einsicht immer wieder Barrieren aufgebaut werden, wenn der Bedarf an Verteilung von Verantwortung und Befugnissen, wenn Aufgaben, Pflichten und Schwachstellen sichtbar werden, und wenn Kompetenzen übertragen werden sollen.

Selbst, wenn die Unternehmensleitung ihre volle Unterstützung zusagt, sollte sich der Qualitäter hierauf nicht verlassen, denn der mögliche Nutzen systematischen Qualitätsmanagements ist der Unternehmensleitung mangels Fachkenntnissen und Erfahrung nicht bekannt. Andernfalls hätte die Unternehmensleitung das Thema schon längst aufgegriffen!

Die Unternehmensleitung sollte zu Kurzreferaten eingeladen werden,
* um Grundkenntnisse zum Qualitätsmanagement vermittelt zu bekommen,
* um Missverständnisse auszuräumen,
* um durch Thesen mit Begründung überzeugt zu werden.

Schon bei der Zusage, an derartigen Veranstaltungen teilzunehmen, werden sich manche Geschäftsführer und Bereichsleiter zieren. Die Teilnahme sollte daher als Unterstützungsmaßnahme herausgestellt werden. Es sollte darauf hingewiesen werden, dass Qualitätsmanagement zum Führungswissen gehört. Die Konkurrenz spricht schon seit geraumer Zeit vom Total Quality Management!

2.2.3 Führungskräfte motivieren

Qualitätsmanagement ist zwar eine der Kardinal-Aufgaben der Unternehmensleitung. Sie wird jedoch in der Regel an die Führungskräfte der zweiten und meist der dritten Führungsebene delegiert. Diesen Führungskräften muss daher bewusst gemacht werden, dass sie das QM-System zu gestalten haben - und nicht die Unternehmensleitung! Schließlich kennen diese Führungskräfte die Probleme und Schwachstellen aus eigener Erfahrung.

Ähnlich der Unternehmensleitung sind auch allen Führungskräften Grundkenntnisse zum Qualitätsmanagement zu vermitteln und Missverständnisse zu beseitigen. Bei den Führungskräften sollte die Überzeugungsarbeit stärker auf die Motivation zur Mitarbeit und Zusammenarbeit gerichtet sein, denn das QM-System kann nur eine Gemeinschaftsleistung der Führungskräfte sein.

2.2.4 Qualitätspolitik festlegen

Über Qualitätspolitik wird viel geredet. Kaum jemand kann sie in Leit- oder Grundsätzen so konkretisieren, dass man eine Messlatte für die Beurteilung künftigen Handelns hat.

Für die Gestaltung des QM-Systems ist es von Vorteil, der Unternehmensleitung Vorschläge zur Qualitätspolitik zu liefern und diese möglichst im Kreise aller Führungskräfte zu diskutieren. Nach ihrer Verabschiedung müssen sich alle, auch die Unternehmensleitung verpflichten, diese Leitsätze zu beachten (siehe hierzu Kapitel 5.1-5.4).

Einerseits ist dieser vierte Vorbereitungsschritt auch für den Fachmann nicht einfach, weil man leicht auf den Pfad des Qualitäts-Geschwafels gerät. Andererseits ist zu bedenken: Das Projekt „QM-System" wird immer wieder gestört. Die Geschäftsleitung verstößt als erste gegen die festgelegte Qualitätspolitik, weil sie vielen anderen Zwängen unterliegt. Der Qualitäter muss hier mit großer Behutsamkeit vorgehen! Die Geschäftsleitung ist einerseits oft noch auf dem Wissensstand von vor 40 Jahren: Qualitätskontrolle machen wir doch schon immer! Andererseits muss beachtet werden, dass es auch andere, sehr wichtige Probleme für die Geschäftsleitung zu berücksichtigen gibt: Qualität und Total Quality Management sind nicht der Nabel der Welt!

Es ist zu bedenken:

Qualität ist nicht alles. Aber ohne Qualität ist alles nichts!

Sollte es nicht gelingen, den vierten Schritt vor Projektbeginn zu tun, muss die Festlegung der Qualitätspolitik nach Projektbeginn in Gruppenarbeit angestrebt werden.

2.2.5 Grundsätze zum Qualitätsmanagement festlegen

Dieser fünfte Schritt hängt mit dem vierten schon deswegen eng zusammen, weil die Grundsätze zum Qualitätsmanagement im Unternehmen von der Qualitätspolitik abgeleitet werden sollten und dabei unbedingt Widersprüche vermieden werden müssen.

Die Qualitätspolitik enthält grundlegende Absichten der Unternehmensleitung. Sie müssen so konkret sein, dass die Richtlinien und Grundsätze für das QM-System davon abgeleitet werden können. Die Grundsätze zum Qualitätsmanagement sind ein wichtiger Teil zum Aufbau des QM-Systems. Ein zweiter wichtiger Teil ist das Fachwissen zum Qualitätsmanagement und der dritte, die Kenntnis der Aufbau- und Ablauforganisation des Unternehmens.

2.2.6 Bestimmen des Projekts „QMS" und des Projekt-Teams

Falls es misslingt, den vierten und fünften Schritt zufriedenstellend zu realisieren, ist es zweckmäßig, den sechsten Schritt an deren Stelle zu setzen. Ziel der beiden Schritte ist, die Unternehmensleitung von vornherein aktiv bei den „politischen" Themen einzubinden, denn eigentlich sind das ihre Themen.

Um Umfang, Inhalt und Bedeutung des Projekts sichtbar zu machen, ist es erforderlich, das Projekt in einem Vorschlag zu strukturieren und die einzelnen zu bearbeitenden Themen in einer vorläufigen Handbuch-Übersicht aufzuzeigen (siehe Kapitel 3.4).

Darüber hinaus ist es für das Projekt erforderlich, dass

- die Unternehmensleitung erkennt, dass die Arbeit nur im Team geleistet werden kann,
- die Mitglieder des Teams offiziell benannt werden,
- die Aufgaben festgelegt sind,
- Verantwortung und Kompetenzen von der Unternehmensleitung übertragen werden,
- ein Zeitplan ausgearbeitet wird.

Es hat sich in einzelnen Fällen als zweckmäßig erwiesen, für das Team „Spielregeln" aufzustellen, um die Zusammenarbeit zu regeln. Spielregeln sind meist schon deswegen angebracht, weil die Team-Mitglieder es oft vorziehen, ihre angestammten Aufgaben zuerst zu erledigen und die ungeliebten Projekt- oder Sonderaufgaben hintanzustellen, die dann regelmäßig bei der Bearbeitung zu kurz kommen.

So sind dem Projektleiter oder Teamleiter für alle Beteiligten klar erkennbare Kompetenzen zu erteilen, z.B. zu Prioritäten bei Normal- und Sonderaufgaben. Schließlich dürfen die Sonderaufgaben nicht einfach grundsätzlich Vorrang haben. Gerade bei dieser Frage sollten für die Team-Mitglieder vernünftige Regelungen gefunden werden, um Störungen in ihren Auswirkungen zu begrenzen.

In strittigen Situationen sollte die Unternehmensleitung eingeschaltet werden und für eine einvernehmliche Lösung sorgen. Das hat für das Projekt den Vorteil, dass auch die Chefs die Schwierigkeiten „miterleben".

2.2.7 Projekt „QMS" starten

Als letzter Schritt bleibt die Information der Mitarbeiter über das Projekt, wobei besonders seine Bedeutung für das Unternehmen hervorgehoben und die Mitarbeiter zur intensiven Beteiligung aufgerufen werden sollten.

Darüber hinaus sollte das Projekt von der Unternehmensleitung kurz beschrieben, das Projekt-Team bekannt gemacht und ihm zum offiziellen Start das Projekt übertragen werden.

2.3 Grundsätzliches zum QM-Handbuch

Im QM-Handbuch sollen Teile des QM-Systems des Unternehmens oder eines Unternehmensbereiches, also die Aufbau- und Ablauforganisation zum Leiten und Lenken des Unternehmens beschrieben werden, denn es gibt keinen anderen Weg, das QM-System sichtbar zu machen.

- Das Handbuch soll intern allen Mitarbeitern Hilfe sein, indem es über Zustände und Abläufe im Unternehmen informiert und auf die für das Qualitätsmanagement notwendigen Einrichtungen und Verfahren hinweist.
- Das Handbuch soll extern der Darlegung der Fähigkeit des Unternehmens dienen. Mit dem Handbuch soll überzeugend belegt werden, dass und wie Qualität in einem firmenspezifischen System erzielt wird. Das Handbuch dient mithin dem Nachweis der Eignung des QM-Systems, die Produktqualität und

insbesondere die Kundenzufriedenheit angemessen und zufriedenstellend sichern zu können.

- Das Handbuch ist mit den mitgeltenden Dokumenten Grundlage der Qualitätsaudits, wie sie aufgrund der Sorgfaltspflicht der Unternehmensleitung durchgeführt werden sollten. Schließlich übt die Unternehmensleitung dadurch einen Teil ihrer Controlling-Pflichten aus.

2.4 Empfehlungen zur Dokumentation

2.4.1 Zum Anlass

- Vor Beginn der Arbeiten zum Handbuch und den mitgeltenden Dokumenten muss die Unternehmensleitung für alle Führungskräfte deutlich sichtbar deren Aufgaben und Beiträge festlegen. Es muss allen bewusst sein, dass Qualitätsmanagement Aufgabe und Pflicht aller Mitarbeiter zur Unternehmenssicherung ist und nicht das Problem des Qualitätswesens oder des QM-Beauftragten.

- Die Dokumentation sollte nicht aufgrund der Initiative eines Einzelnen oder aufgrund einer Kundenforderung erstellt werden. Das ist meist Vergeudung von Zeit und Geld, weil sie einerseits kaum von einem Einzelnen erstellbar ist und andererseits mit großer Wahrscheinlichkeit nicht den Erfordernissen des unternehmensspezifischen Qualitätsmanagements entspricht. Die Unternehmensleitung muss von den Vorteilen systematischen Qualitätsmanagements und von der Bedeutung der Dokumentation so überzeugt sein, dass sie einem Team den Auftrag erteilt, das unternehmensspezifische Qualitätsmanagementsystem zu gestalten, zu ändern, zu vervollständigen und es dann gemäß den Forderungen der ISO 9001 oder ISO 13483 entsprechend in einem Handbuch und mitgeltenden Dokumenten darzulegen.

- Die Dokumentation wird nicht „eingeführt", sondern muss mit viel Mühe erarbeitet werden. Wer sie dennoch einführen will, hat sich offensichtlich mit Qualitätsmanagement noch nicht intensiv genug beschäftigt.

2.4.2 Zur Konzeption

- Die Dokumentation sollte in Text-Bausteinen konzipiert werden, da auch das QM-System mit seiner Aufbau- und Ablauforganisation aus einzelnen Funktions-Elementen und Verfahren besteht. Bewährt hat sich die Strukturierung der gesamten Dokumentation nach ISO 9001, auch wenn kein QM-System nach der Struktur der ISO 9001 funktionieren kann. Man muss aber bei der Konzeption bedenken, dass es nicht um die Funktion des QM-Systems geht, sondern um die Darlegung des QM-Systems nach ISO 9001!

- Jeder Text-Baustein - mit zwei Ziffern benummert - sollte in sich geschlossen dargelegt und von den anderen Bausteinen im Text abgegrenzt werden, um Text-Änderungen zu vereinfachen.

- Die Dokumentation sollte in einer Lose-Blatt-Sammlung konzipiert werden (DIN A4), um sie leicht ändern und vervielfältigen zu können. Das Handbuch ist jederzeit ergänzungsbedürftig und spätestens nach einem Zeitjahr zu aktualisieren. Beide Forderungen sind in gebundener Buchform kaum erfüllbar.

- Zur einfacheren Verwaltung des Handbuchs sollte die Erstausgabe mit einem generellen oder einheitlichen Ausgabe-Datum versehen sein. Das ist ebenso für die mitgeltenden Dokumente zweckmäßig, weil dadurch alle späteren Text-Änderungen leicht erkennbar sind.
- Keine fortlaufende Blatt-Numerierung wegen der Änderungen verwenden. Änderungen könnten sonst die Umarbeitung des ganzen Handbuchs zur Folge haben. Bewährt hat sich die fortlaufende Blatt-Numerierung innerhalb eines Text-Bausteins, der mit zwei Ziffern benummert ist.
- Bei der Erstellung der Dokumentation sind auch zwangsläufig Themen zu bearbeiten, die als Schwachstellen bekannt sind, aber noch nicht genau analysiert wurden. Analyse und Beseitigung der Schwachstellen durch Team-Arbeit ist auf Dauer nur dann erfolgversprechend, wenn nicht nach Schuldigen gesucht wird.

2.4.3 Zum Aufbau

- Grundlage der QM-System-Beschreibung und damit auch der Dokumentation sollte die bisherige Aufbau- und Ablauforganisation des Unternehmens sein.
- Jeder Baustein oder Text-Teil für ein QM-Element ist mit eigener Überschrift und Ordnungs-Nummer zu versehen. Die Benummerung sollte sich an die Darlegungsnorm ISO 9001 anlehnen.
- Soll das Unternehmen, für welches die Dokumentation zu erstellen ist, zertifiziert werden, und ist das Handbuch nicht nach dem Darlegungsmodell der DIN ISO strukturiert, ist eine Vergleichsmatrix zweckmäßig, in der die Beschreibung des unternehmensspezifischen QM-Systems den QM-Elementen der Norm gegenübergestellt wird. Diese Matrix empfiehlt sich auf jeden Fall, da nur mit ihr die gedankliche Verbindung zu den internen Anweisungen, Richtlinien und Werknormen hergestellt werden kann.
- Forderungen von Kunden, das QM-System und das Handbuch nach DIN ISO ... „einzuführen", muss sofort widersprochen werden, denn:
  - In der Norm wird auf der ersten Seite klargestellt, dass es ein genormtes QM-System nicht geben kann, also auch keines nach DIN ISO!
  - Die Norm 9001 enthält nur Forderungen an die Darlegung des Qualitätsmanagements und nicht eine Forderung an das Qualitätsmanagementsystem.
- Firmenspezifisches Wissen, Beschreibungen von Verfahren und Abläufen, Richtlinien, Haus- oder Werknormen und Anweisungen gehören nicht in das Handbuch. Auf sie wird im Handbuch nur verwiesen.
- Dokumente, Hausnormen, Richtlinien usw. müssen vorhanden sein und z.B. Kunden vorgelegt werden können, dürfen aber nicht Betriebsfremden überlassen werden, da sie Teil des unternehmensspezifischen QM-Systems sind, aber nicht zum Handbuch gehören.

- Dem Handbuch sollte ein Anhang beigefügt werden, in dem die Verzeichnisse der mitgeltenden Dokumente enthalten sind.

- Dem Handbuch ist eine aktualisierte und von der Geschäftsleitung genehmigte Inhaltsübersicht voran zu stellen mit Kapitel-Nummer, Überschrift, Revisionsstand und Datum.

- Handbuch-Exemplare für den innerbetrieblichen Gebrauch sollten einem Änderungsdienst unterliegen. Die Empfänger solcher Handbücher sollten daher aufgelistet und zum Austausch geänderter Unterlagen verpflichtet werden.

- Bei jeder Handbuch-Änderung ist eine neue Inhaltsübersicht auszugeben, aus der alle geänderten Kapitel zu erkennen sind.

- Falls Handbücher auch extern verteilt werden, sollten sie wegen des mit Änderungen verbundenen Aufwandes nicht dem Änderungsdienst unterliegen.

2.4.4 Zu Inhalt und Konkretisierungsgrad

- Die Gestaltung des Handbuch-Inhalts ist für den Laien ein schwer lösbares Problem, weil drei, teilweise miteinander unverträgliche Forderungen erfüllt werden sollen:

    1. Das Handbuch soll dem Kunden ausführlich und überzeugend Auskunft über die Fähigkeit des Unternehmens geben, Qualität zu erzielen und die Kunden zufrieden zustellen.
    2. Das Handbuch soll unternehmensintern wirksame Hilfe für die Mitarbeiter zum Qualitätsmanagement sein.
    3. Im Handbuch sollen keine für Betriebsfremde vertrauliche Informationen preisgegeben werden.

- Die Schwierigkeit der Konkretisierung durch detaillierte Darstellungen führt häufig zum Versuch, zwei Handbücher zu erstellen: Eines für den internen Gebrauch, ein zweites zum „Vorzeigen" bei Kunden.

Um gerade das zu vermeiden, empfiehlt sich eine Aufteilung in Handbuch-Text und systembezogene Dokumente, auf die im Handbuch verwiesen wird.

- Im Handbuch soll nicht beschrieben werden, dass man Qualität erzielt, sondern
    - wie man sie erzielt;
    - wie die Maßnahmen gestaltet sind;
    - wie die Verfahren ablaufen.

Dennoch dürfen Details nicht angegeben werden, auch um das Handbuch nicht ständig ändern zu müssen, weil sich Details schnell ändern.

- Im Handbuch sollten auch die verantwortlichen Stellen mit ihren Befugnissen genannt werden, nicht aber die Namen der Stelleninhaber.

- Es sollten keine Wunschvorstellungen und Absichtserklärungen im Handbuch enthalten sein, sondern nur Realisiertes beschrieben werden.

- Bei den Anweisungen, Werknormen und Richtlinien sollten Wortbildungen mit „Qualität", „Qualitätssicherung" oder „Qualitätsmanagement" vermieden werden, weil sonst der Eindruck entsteht, es handle sich um spezielle Unterlagen, die nur das Qualitätswesen betreffen. Es sollte dagegen zum Ausdruck kommen, dass die Dokumente für alle Mitarbeiter verbindlich sind.

- Eine Verbindlichkeitserklärung der Unternehmensleitung und die Angabe des Geltungsbereichs sind unbedingt erforderlich. Schließlich ist das Handbuch selbst eine Hausnorm, nach der alle Mitarbeiter ihr Verhalten im Unternehmen auszurichten haben.

- Es sollte auf die Urheberrechte und die Originalität des Handbuchs besonders deutlich hingewiesen werden.

2.5 Erfahrungen

- Der Aufwand zur Erstellung des Handbuchs mit allen sonstigen Dokumenten, die zum Qualitätsmanagementsystem gehören, beträgt nach allgemeiner Erfahrung mindestens 8 Mann-Monate. Für den Zeitaufwand ist entscheidend, wie viele zweckmäßige Unterlagen schon vorhanden sind. Nicht die Erstellung des Handbuchs kostet so viel Zeit, sondern die Dokumentation des QM-Systems in Werknormen, Anweisungen und Richtlinien, die nicht zum Handbuch aber zum Qualitätsmanagementsystem gehören.

- Die gesamten Vorbereitungen mit Aus- und Weiterbildung, Gestalten des QM-Systems, Erstellen der zugehörigen Dokumente, Darlegen des QM-Systems bis zur erstmaligen Bestätigung, alle Aufgaben der To-Do-Liste erledigt zu haben, werden etwa ein Zeitjahr beanspruchen.

- Um den mit der Dokumentation verbundenen Aufwand zu begrenzen, werden Text-Pakete als „Muster-Handbuch" angeboten.
Diese eignen sich, von Ausnahmen ausdrücklich abgesehen, meist nur zur Vorbereitung der Zertifizierung im „Schnellwaschgang". Und das auch nur für Unternehmen, die nicht zum gesetzlich geregelten Bereich zählen.
Wer dagegen Qualitätsmanagement mit Zukunftssicherung des Unternehmens anstrebt, sollte vor der Investition derartiger Handbücher ihre Eignung prüfen. Dazu ist mehr unter 3.1.7 ausgeführt.

- Handbücher, die ohne externe fachkundige Hilfe erstellt werden, genügen oft nicht den Forderungen der Zertifizierer, weil den Handbuch-Autoren kaum Gelegenheit gegeben wird, sich fachkundig zu machen.

- Handbücher werden oft als unzureichend beurteilt, weil die Maßstäbe der Beurteilung eines QM-Systems nicht normierbar sind, und weil persönliche Vorstellungen und Maßstäbe der Auditoren mitwirken. Allein aus diesem Grund ist es ratsam, sich strikt an die Struktur der ISO 9001 oder einer anderen, dafür vorgesehenen Darlegungsnorm und an ihre Darlegungsforderungen zu halten, wie sie in den Hauptabschnitten 4 bis 8 behandelt werden.

- In der Norm wird von der Darlegung des Qualitätsmanagements gesprochen. Das führt häufig zu der Ansicht, das Handbuch sei zum „Vorzeigen" zu verfassen. Vorgezeigt werden soll jedoch das QM-System mit seinen QM-Elementen.

- Die Kosten für die Handbuch-Erstellung mit den zugehörigen Dokumenten hängen kaum von der Unternehmensgröße ab, sondern vom Umfang und Inhalt des Qualitätsmanagement-Systems. Das Handbuch sollte den Umfang von 60 Seiten nicht wesentlich übersteigen, auch wenn die Darlegung für mehrere Betriebe geplant ist (siehe hierzu auch Hauptabschnitt 3). Menge und Umfang der übrigen Dokumente sollten sich aus den Erfordernissen ergeben.

- Zur Begrenzung des Dokumentationsaufwandes sollte man sich immer wieder an den Grundsatz erinnern:
  Es ist immer dann ein Dokument zu erstellen, wenn sein Fehlen zu Fehlern führen könnte.

- Der Zweck und die Funktion einer QM-Dokumentation wird häufig falsch interpretiert. Daher ist eine Schulung von Mitarbeitern und aller Führungskräfte unbedingt erforderlich. Besonders die Führungskräfte müssen mit dem Handbuch-Inhalt und mit den zum System gehörenden Unterlagen vertraut sein. Schließlich leben und arbeiten sie zeitweise in diesem System.

- Handbücher sind mühsam und aufwendig zu erstellen und für Betriebsfremde sehr interessant. Sie werden daher inoffiziell und intensiv zwischen den Firmen gehandelt. Kopieren darf das Handbuch daher nur die für das Handbuch verantwortliche Stelle.

- Da das Handbuch wie eine unternehmensinterne Werknorm zu betrachten ist, sollte es nicht Genehmigungsverfahren durch Kunden unterzogen werden. Viele Kunden möchten das QM-System beurteilen und genehmigen, obwohl sie selbst kein dokumentiertes QM-System vorweisen können. Die Organisation des QM-Systems ist eine Aufgabe der Unternehmensleitung, die kein Außenstehender zu genehmigen hat. Auch die Auditoren von akkreditierten Zertifizierern können das unternehmensspezifische QM-System nicht genehmigen.
  Sie können nur formal bestätigen, dass das auditierte Unternehmen sein QM-System nach ISO 9001 dargelegt hat und dass dieses System wie dargelegt funktioniert.

- Es sollte nicht übersehen werden, dass die Erstellung des Handbuchs und die Gestaltung des QM-Systems die einmalige Chance bietet, Schwachstellen im Unternehmen zu beseitigen, da man sie andernfalls im Handbuch offenlegen müsste.

- Es ist zwar unglaublich, aber dennoch eine normale Erfahrung:
  Es wird sehr häufig geglaubt, mit dem Vorhandensein eines QM-Handbuchs sei die Qualität ausreichend gesichert, so dass Qualität zu erzeugen, quasi eine zwangsläufige Folge sei.
  Das Zertifikat nach DIN ISO ... ist nicht der Nachweis der Fähigkeit, sondern nur die Bestätigung, die formalen Mindestvoraussetzungen zu erfüllen.

3. Hilfen zur Darlegung

3.1 Grundsätzliches zur Dokumentation

Drei Aspekte könnten für das Gestalten der Dokumentation hilfreich sein:
- der Tausch des Begriffs Qualität durch Beschaffenheit
- Überlegungen zu den Zielen der Dokumentation
- Erkenntnisse zum Fehlerphänomen

3.1.1 Tausch des Begriffs Qualität durch Beschaffenheit

Gemäß ISO 9001:2005 ist Qualität definiert:

Grad, in dem ein Satz inhärenter Merkmale Anforderungen erfüllt

Diese Definition ist für den Alltag am Arbeitsplatz so unzweckmäßig, wie fast alle vorausgegangenen der letzten 45 Jahre.

Da der Begriff Qualität seit 50 Jahren vor allem in der Werbung und den Medien ständig missbraucht wird, liegt der Versuch für den Eingeweihten nahe, Qualität gegen Beschaffenheit zu tauschen, denn Qualität hat einen direkten Bezug zur Beschaffenheit.

Das wussten schon die alten Römer, denn sie sprachen von „qualitas" und meinten Beschaffenheit. Qualität ist:

Realisierte Beschaffenheit bezüglich geforderter Beschaffenheit

Beschaffenheit ist zwar heute noch nicht als normativer Begriff im Vokabular von DIN und ISO enthalten, aber dennoch künftig als übergeordneter Grundbegriff zu verwenden:

Gesamtheit der einem Gegenstand innewohnenden Merkmale und Merkmalswerte

Es ist sicherlich gewöhnungsbedürftig, statt von Qualität nun von Beschaffenheit zu sprechen.

Die Erfahrung zeigt jedoch Erstaunliches: Viele Verständnisprobleme vereinfachen sich dadurch und verblassen teilweise!

Mit dem Begriff Beschaffenheit können auch viele Mitarbeiter, die oft mit Begriffen hadern, einfacher umgehen, weil sie die Beschaffenheit auch eines immateriellen Gegenstandes im Sinne des Wortes begreifen oder quasi anfassen können.

Darüber hinaus wird man auch nicht mehr so leichtfertig versucht sein, Qualität als etwas ausschließlich Gutes zu betrachten, während Fehler vermeintlich das Gegenteil sind, das Schlechte, die Unqualität.

In Verbindung mit der Definition der Beschaffenheit könnte sich die Gut-/Schlecht-Bewertung als überflüssig erweisen und Fehler könnten wieder zu dem werden, was sie früher schon waren: Das Fehlen von Teilen der Beschaffenheit, von Merkmalen und Merkmalswerts. Dennoch kann man schon heute beginnen, z.B. die Beschaffenheit des QM-Systems darzulegen.

3.1.2 Ziele der Dokumentation

Um die Ziele der Dokumentation treffsicher zu erreichen, ist es notwendig, diese eindeutig und vollständig zu bestimmen.

Von allen bedeutsamen Zielen kommen bei der QM-Dokumentation besonders zwei in Betracht:

- die Darlegung des QM-Systems
- die Dokumentation der Beschaffenheit von Prozessen und Produkten

Ziel der Darlegung des QM-Systems ist, Vertrauen in die Fähigkeit des Unternehmens zu schaffen, die von den Kunden geforderte Beschaffenheit der zu liefernden Produkte verwirklichen zu können.

Das eigentliche Ziel der Darlegung ist also nicht die Fähigkeit, wie das in den Darlegungsnormen behauptet wird, sondern das Vertrauen, die geforderte Beschaffenheit verwirklichen zu können.

Die Fähigkeit ist nur der Maßstab für das Vertrauen in das Unternehmen mit seinem QM-System, Produkte realisieren zu können, die die Forderungen an die Beschaffenheit erfüllen werden.

Ziel der Dokumentation der Beschaffenheit von Prozessen und Produkten ist, durch dokumentierte Vorgaben Produkte zu gestalten, die die Kunden zufriedenstellen.

Die Gestaltung der Beschaffenheit umfasst alle Phasen der Planung und Realisierung, von der Forderungsplanung und Produkterstellung bis zum Einsatz oder zur Verwendung der Produkte beim Kunden.

Die Gestaltung der Beschaffenheit wird man deswegen in Zukunft vielleicht Beschaffenheitsmanagement nennen: alle Tätigkeiten zum Leiten und Lenken der Organisation bezüglich Beschaffenheit.

3.1.3 Erkenntnisse zum Fehlerphänomen

Wer der Entstehung von Fehlern auf den Grund geht, wird zwei noch weithin unbekannte Erkenntnisse bestätigen können:

- Jeder Prozess zur Realisierung eines Produkts setzt einen Verständigungsprozess unabdingbar voraus.
- Fehler sind prinzipiell die Folge von Missverständnissen oder Unwissenheit.

Um diese Erkenntnisse zu nutzen, sollte man von ihnen eine Forderung von zentraler Bedeutung ableiten:

Mit der Planung und Verwirklichung der Realisierungsprozesse für Produkte oder Aufträge, müssen die zugehörigen Verständigungsprozesse ebenso geplant und konkretisiert, geleitet und gelenkt werden.

Planung und Konkretisierung der Verständigungsprozesse erfolgen bisher meist unbewusst und nur mittelbar durch die Gestaltung mitgeltender Dokumente.

Leitung und Lenkung der Verständigungsprozesse unterbleiben, weil die Bedeutung von Verständigungsprozessen noch nicht erkannt ist.

Wenn aber diese Dokumente den Verständigungsprozess stören, wird die Wahrscheinlichkeit für Fehler in den Planungs- und Realisierungsprozessen für Produkte und Aufträge beinahe schon zur Gewissheit!

Diese Grundforderung an die Beschaffenheit der Verständigungsprozesse führt wiederum zu drei Einzelforderungen an die Dokumentation, um zufriedenstellende Verständigung im Unternehmen zu erreichen.

Es sind dies die Forderungen nach Eindeutigkeit, Vollständigkeit und Angemessenheit der Informationen.

Eindeutigkeit

Nichts führt sicherer zu Missverständnissen als unsichere oder mehrdeutige Formulierungen. Fehler sind damit garantiert, Qualität jedoch noch lange nicht.

Vollständigkeit

Der Empfänger von Informationen kann üblicherweise deren Unvollständigkeit nicht erkennen. Fehlen wesentliche Informationen, können Fehler an Produkten oder Aufträgen garantiert werden.

Angemessenheit

Die Beschaffenheit der Informationen muss dem Wissens- und Erfahrungsstand des Informations-Empfängers entsprechen, um z.B. Fehlinterpretationen zu vermeiden.

Die Informationen müssen außerdem die Schwere des Schadens potentieller Fehler erkennen lassen, um angemessene Vorbeugungsmaßnahmen treffen zu können.

Die Informationen müssen realistisch umsetzbar sein. Andernfalls werden sie nicht ernstgenommen.

3.1.4 Die mitgeltenden Dokumente bilden das QM-System

Die Zertifizierungszwänge versperren oft das eigentliche Ziel der Dokumentation:

> die Gestaltung des fähigen QM-Systems

Diese Aussage enthält die Begriffe: Gestaltung und Fähigkeit. Wegen ihrer Bedeutung sollten man näher auf sie eingehen.

Zur Darlegung steht das QM-Handbuch im Vordergrund, weil die Darlegungsnormen seine Erstellung ausdrücklich fordern (4.2.2).

Außerdem muss das Handbuch „die für das QM-System erstellten dokumentierten Verfahren" enthalten „oder Verweise darauf".

Das bedeutet, dass die im QM-System eingerichteten Verfahren im Handbuch zu dokumentieren sind oder auf ihre Dokumentation zu verweisen ist.

Die Möglichkeit, die Verfahren vom Handbuch getrennt zu dokumentieren, ist für Aufbau und Handhabung der Dokumentation von besonderem Wert, wie sich immer wieder zeigt.

Die strikte Trennung von Handbuch und mitgeltenden Dokumenten bietet aber auch die Gelegenheit, z.B. ein Handbuch für ein fiktives Unternehmen anzufertigen, in dem der Verfasser realistisch beschreibt, wie er sich die Beschaffenheit seines erdachten Unternehmens mit QM-System vorstellt. Wenn er dabei auf alle Darlegungsforderungen der Norm ausreichend eingeht, wird kaum ein Leser bemerken, dass das Unternehmen nicht existiert.

50

In der Praxis vermittelt umgekehrt die Darlegung des QM-Systems im Handbuch häufig dem Fachmann den Eindruck, als gäbe es keine unmittelbare Beziehung zu dem Unternehmen, dessen Qualitätsmanagement im Handbuch dargelegt ist.

Das abstrakte QM-System wird erst dann konkret, wenn man die Beschaffenheit seiner Realisierungsprozesse für Produkte oder Aufträge mit allen erforderlichen Vorgaben dokumentiert, und wenn man die Merkmale und Merkmalswerte der Prozess-Ergebnisse (Produkte) in Dokumenten festschreibt. Diese Dokumente werden deswegen als mitgeltende Dokumente bezeichnet.

Das QM-System ist in den mitgeltenden Dokumenten nicht nur teilweise konkretisiert, sondern seine Beschaffenheit ist in ihnen auch zum Teil gestaltet. Deswegen bilden die mitgeltenden Dokumente das realisierte QM-System als Teil eines betrachteten Unternehmens.

3.1.5 Die darzulegende Fähigkeit des QM-Systems

Ziel der Darlegung ist, wie in 3.1.2 beschrieben, Vertrauen in die Fähigkeit des Unternehmens zu schaffen. Weil nun ständig der Begriff Qualität mit dem der Fähigkeit verwechselt wird, sollte man sich der Definition des Fähigkeitsbegriffs erinnern. Sie lautet (nach ISO 9000:2005, lesbar verkürzt):

> Eignung einer Organisation oder ihrer Elemente, Produkte zu realisieren, die die Forderungen an die Beschaffenheit dieser Produkte erfüllen werden

Damit wird deutlich: Vertrauen in die Fähigkeit eines Unternehmens zu schaffen, ist ein Vorhaben, das in die Zukunft gerichtet ist.

Vertrauen, also Überzeugtsein von der Fähigkeit des Unternehmens, kann nur durch Darlegen von Eigenschaften in Dokumenten der (jüngsten) Vergangenheit erreicht werden.

Damit der Fähigkeitsnachweis unterschiedlicher Unternehmen mit vielfältigen Produkten von den zahlreichen Kunden und Auftraggebern akzeptiert werden konnte, bedurfte es einer harmonisierenden Beurteilungsgrundlage.

Sie wurde 1994 mit der ersten Ausgabe der ISO 9000-Familie geschaffen. Seither sind Fähigkeitsnachweise auf der Basis ISO 9001 mit ihren formalen Darlegungsforderungen international akzeptiert. ‚Falls gefordert oder gewünscht, wird dieser Nachweis von einer akkreditierten Stelle nach einer formalen Untersuchung (Zertifizierungsaudit) bestätigt.

Dieser Fähigkeitsnachweis bestätigt allerdings nicht die Fähigkeit des Unternehmens oder seines QM-Systems! Der Nachweis bestätigt nur, dass das Unternehmen sein QM-System nach der Norm (z.B. ISO 9001) dargelegt hat und dieses System, wie dargelegt, aufrechterhält.

Die formale Darlegung gemäß ISO 9001 mit dem formalen „Fähigkeitsnachweis" mag manche Leser ob der vielen persönlichen Mühen bis zur Zertifizierung enttäuschen: Doch eine andere verallgemeinerbare akzeptable Lösung ist nicht in Sicht.

Diese Situation ist im gesetzlich geregelten Bereich noch unbefriedigender. Durch unklare Begriffe und unterlassene Verweise auf rechtlich bedeutsame Forderungen ist sogar manch geübter Normanwender irritiert, wie schon in 1.4 angedeutet.

Für alle Hersteller, deren Produkte die Sicherheit oder Gesundheit der Kunden, Patienten oder Dritter direkt beeinflussen können, gilt das Europäische Recht der Technik.

Ob Aufzugbau oder Zahntechnik, für sie alle gelten Europäische Richtlinien und auf ihnen basierende nationale Gesetze und Verordnungen. Die Richtlinien verpflichten die Hersteller grundsätzlich zur

- Berücksichtigung wissenschaftlich-technischer Standards als rechtsverbindliche Forderung an die Sicherheit der Produkte,
- Darlegung des QM-Systems, um Vertrauen in die Fähigkeit des Unternehmens zu rechtfertigen.

Von dem wissenschaftlich-technischen Standard, wie z.b. vom Stand der Technik, sind als Konsequenz weitere Forderungen vom Fachmann abzuleiten, so z.b.

- systematisches Forderungsmanagement mit Forderungsplanung in Lasten- und Pflichtenheften,
- Fehlermanagement mit Analysen- und Bewertungsmethoden,
- Risikomanagement,
- Sicherheitstechniken, wie z.b. Sicherheitsschaltungen, Lebensdauer-Tests und Ringversuche.

Um Vertrauen in die Fähigkeit des Herstellers zu rechtfertigen, werden in den Richtlinien und Anhängen regelmäßig folgende Forderungen vorgegeben:

- Anfertigen und Archivieren der QM-Dokumente,
- Darlegen des QM-Systems für den Fähigkeitsnachweis,
- Fallweises Bereitstellen eines von einer Benannten Stelle bestätigten Fähigkeitsnachweises zur Qualifikation des Herstellers von risikoarmen Produkten.

Um Vertrauen zu erzielen, gilt es für den Hersteller, seine Fähigkeit darzulegen. Das setzt wiederum voraus, dass alle zutreffenden gesetzlichen und gesetzlich bedingten Forderungen bisher erfüllt wurden und die Erfüllung dokumentiert und dargelegt ist, Zur Darlegung wird der Hersteller die für diesen Zweck vorgesehene Darlegungsnorm anwenden. Das ist für Medizinprodukte ISO 13485. Für andere Produkte kommt ISO 9001 in Betracht, denn dort ist zum Anwendungsbereich ausgeführt, „...wenn eine Organisation ihre Fähigkeit zur ständigen Bereitstellung von Produkten darzulegen hat, die die Forderungen der Kunden und die zutreffenden gesetzlichen und behördlichen Forderungen erfüllen..." (ISO 9001:2008, 1.1a)

Aus dem nicht eindeutigen Text entstehen Missverständnisse, die in der Praxis oft zu folgenschweren Problemen führen können:

- In beiden Normen wird behauptet, ihre Forderungen seien Forderungen an das QM-System. Tatsächlich sind es aber Forderungen an seine Darlegung!
- Beide Normen verschweigen, dass im rechtlich geregelten Bereich nicht nur die Konformität mit den Forderungen der Darlegung sichergestellt sein muss, sondern auch die Konformität mit den rechtlichen Forderungen!
  Der Nachweis der Fähigkeit ist daher nicht schon durch die Erfüllung der Darlegungsforderungen erbracht, sondern erst, wenn auch rechtliche und rechtlich begründete Forderungen an die Gestaltung des QM-Systems erfüllt sind,

also z.B. wenn Forderungsmanagement, Fehlermanagement und Risikomanagement in der Organisation realisiert sind.

Merkwürdigerweise übersehen offenbar jene Benannten Stellen, die den MP-Herstellern im Zertifikat nur bestätigen, ein Qualitätsmanagementsystem entsprechend der genannten Norm eingeführt zu haben, dass sie auch die Übereinstimmung mit den Forderungen des MP-Rechts zu prüfen haben. Von den grundlegenden Forderungen des MP-Rechts ist bei ihnen aber keine Rede! Wurden die rechtlichen Forderungen bei der Konformitätsbewertung nicht beachtet, sondern nur die Einführung eines QM-System nach ISO?

3.1.6 Die nicht darlegbare Fähigkeit

Dass die Fähigkeitsforderungen in 3.1.2 unvollständig sind, wird erkennbar, wenn man die unter 3.1.3 genannten Erkenntnisse verwerten wollte. Auch lässt gerade die formale Darlegung der Fähigkeit nach ISO 9001 oder nach ISO 13485 keinen Platz, die neuen Erkenntnisse zum Fehlerphänomen (3.1.3) in die Darlegung einzubeziehen. Schließlich ist „Verständigung untereinander" als zwischenmenschlicher Prozess ein so intimes Thema, dass man nicht versuchen sollte, es darzulegen.

Wer aber die Wirkung guter wie schlechter Verständigung erlebt hat, wird Verständigungsprozesse besonders intensiv analysieren, um sie ständig zu verbessern. Die Verständigungsprozesse sollten daher auch in die Internen Audits (8.2.2) einbezogen werden, um ihre Wirkung zu ermitteln. Denn erst durch verbesserte Verständigungsprozesse wird es möglich, Planungs- und Realisierungsprozesse wesentlich wirksamer zu gestalten.

Die ungeahnten Effekte verbesserter Verständigung lassen sich an Beispielen aus der Praxis eindeutig belegen. Diese heimlich erworbene Fähigkeit sollte weder darlegt noch extern bewertet werden:

- Verständigungsprozesse gehören zur Intimsphäre des Unternehmens, aus der unter Normalbedingungen nichts nach außen gelangen sollte.
- Im externen Audit ist nur eine formale Bewertung des dargelegten QM-Systems erlaubt, auch wenn die Auditoren mitgeltende Dokumente einsehen können.

Sie dürfen die Interna alleine schon aus Datenschutzgründen nicht bewerten und nicht verwerten.

3.1.7 QM-Musterdokumentationen

Von Dokumentationshilfen in gebrauchsfertigem Zustand war schon vor allem im Abschnitt 1.5 die Rede. Da immer häufiger derartige Hilfen angeboten werden, darf man dieses Thema nicht übergehen, zumal es inzwischen auch von bekannten Verlagen aufgegriffen wird.

Prinzipiell spricht nichts gegen die Verwendung von Darlegungssoftware. Sie muss aber die rechtlichen Forderungen berücksichtigen, die insbesondere in Kapitel 1.5.5 zu den vier Gruppen diskutiert werden, und die vermehrt auch im nicht geregelten Bereich geschaffen werden.

Ob das die Effizienz von Glühbirnen, den Verbrauch von Wasser und Strom der

Waschmaschinen oder die Krümmung von Gurken betrifft, ist dabei unerheblich: Es sind meist rechtliche oder rechtlich bedingte Forderungen, die grundsätzlich von Produzenten und Dienstleistern beachtet werden müssen.

Bei der großen Zahl unterschiedlicher Dokumentationen lässt sich von deren Zweckmäßigkeit kein klares Bild zeichnen.

Zum Einen verunsichern die zahlreichen rechtlichen Forderungen den juristischen Laien, Zum Anderen zeigen viele Musterdokumentationen in der Praxis erhebliche Schwächen, die die Anwender oft vor große Probleme stellen:

- Das erste Zertifizierungsaudit zwingt häufig (bis zu 35%) zum Nachaudit,
  - weil rechtliche Forderungen nicht erfüllt werden,
  - weil das realisierte QM-System nicht mit dem dokumentierten übereinstimmt,
- das Nachaudit zwingt alle Anwender zu ungewohnten Nacharbeiten, die wiederum Hilflosigkeit erzeugen,
- die Dokumentation gibt die Unternehmensverhältnisse nicht wieder. Sie wirkt als übergestülpte ISO-Bürokratie, weil nichts erklärt oder begründet wird. Die Akzeptanz der Dokumente ist bei den Mitarbeitern oft so verheerend, dass auch das endlich errungene Zertifikat daran wenig ändert.

Diese meist zu spät erkannten Schwachstellen der Dokumentation sind mit mangelnder Fachkenntnis des Qualitätsmanagements erklärbar und auf fehlende Sachkenntnis im betrachteten Produktbereich zurückzuführen.

Diese Erkenntnis gilt für den rechtlich geregelten wie für den nicht geregelten Bereich in Verbindung mit der Gestaltung und Dokumentation des QM-Systems. Sie trifft genau die „Spezialisten", die immer noch nicht verstanden haben, dass man ein QM-System nach ISO nicht einführen kann.

3.1.8 Die Eignung von Musterdokumentationen

Da die meisten Anbieter kaum Einblicke in ihre Musterdokumentation gewähren, kann man als Interessent zunächst nur durch eine Selektionsprüfung über ihre Eignung entscheiden.

Zu dieser Prüfung reichen schon wenige aber dafür typische Forderungen aus, um zu erkennen, welche Dokumentation nicht geeignet ist, weil ihr wesentliche Forderungen fehlen.

Zur Prüfung sind die beiden Bereiche zu unterscheiden:

- der von der EU rechtlich nicht geregelte Bereich für Produkte, deren Forderungen an die Beschaffenheit von Vertragsparteien frei vereinbart werden können,
- der von der EU rechtlich geregelte Bereich für Produkte mit gesundheits- und sicherheitsrelevanten Beschaffenheitsmerkmalen, hier speziell für Medizinprodukte.

Die Forderungen sind in Frageform für beide Bereiche im Folgenden vorgegeben und erläutert.

Werden auch nur zwei Fragen im jeweiligen Prüfplan mit nein beantwortet, ist die

Dokumentation (nach einer Schätzung des Verfassers) mit einer Wahrscheinlichkeit von mindestens 85% ungeeignet.

1. Prüfplan für QM-Systeme im rechtlich nicht geregelten Bereich

1.1 Werden Dokumentationsregeln vorgegeben?

1.2 Ist der Stand der Technik eine grundlegende Forderung zur Gestaltung des QM-Systems?
Welche Konsequenzen werden davon abgeleitet!
(Siehe dazu vor allem die Abschnitte 1.4 und 1.5)

1.3 Gibt es Hinweise, dass man Aufträge, Produkte und Prozesse mit Hilfe des Forderungsmanagements plant?
(Musterbeispiel siehe 9.5)

1.4 Fehler sollten nicht nur statistisch erfasst und ausgewertet werden. Es sind auch mögliche Fehler hinsichtlich ihrer Ursachen, Folgen und der Wahrscheinlichkeit ihres Auftretens zu analysieren.
Ist erkennbar, dass mit Fehlermöglichkeits- und -Einflussanalysen (FMEA) gearbeitet wird? (Musterbeispiel siehe 9.3)

2. Prüfplan für QM-Systeme im (rechtlich geregelten) Bereich der Medizinprodukte

2.1 Sind alle für Medizinprodukte zutreffenden Bestimmungen des MP-Rechts erfasst und berücksichtigt?
Um das beurteilen zu können, muss der Fachmann die für das Medizinprodukt zutreffenden Teile des MP-Rechts (Änderungsstand 21.03.2010) kennen.
(Siehe dazu vor allem die Abschnitte 1.4 und 1.5)

2.2 Werden die „Grundlegenden Forderungen", insbesondere der Stand der Technik berücksichtigt?

2.3 Werden rechtlich bedingte oder begründete Forderungen von den rechtlichen abgeleitet?

2.4 Wird die Konformitätsbewertung in der Dokumentation vorbereitet?

2.5 Werden Dokumentationsregeln vorgegeben?

2.6 Ist der Stand der Technik eine grundlegende Forderung zur Gestaltung des QM-Systems?
Welche Konsequenzen werden davon abgeleitet!
(Siehe dazu vor allem die Abschnitte 1.4 und 1.5)

2.7 Gibt es Hinweise, dass man Aufträge, Produkte und Prozesse mit Hilfe des Forderungsmanagements plant?
(Musterbeispiel siehe 9.5)

2.8 Fehler sollten nicht nur statistisch erfasst und ausgewertet werden. Es sind auch mögliche Fehler hinsichtlich ihrer Ursachen, Folgen und der Wahrscheinlichkeit ihres Auftretens zu analysieren.
Ist erkennbar, dass mit Fehlermöglichkeits- und -Einflussanalysen (FMEA) gearbeitet wird? (Musterbeispiel siehe 9.3)

2.9 Sind die Schritte zur Risikominimierung formal vorgegeben?
Werden Grenz- und Restrisiken in Zahlen bestimmt)
(Musterbeispiel siehe 9.4)

Warnhinweis:

Die beiden Prüfpläne dürfen nur zur ersten Überprüfung von Musterdokumentationen verwendet werden, um ungeeignete Dokumentationen von weiterführenden Prüfungen auszuschließen. Für Konformitätsbewertungen oder Audits sind sie keinesfalls vorgesehen.

3.2 Dokumentation und Darlegung

Das QM-System eines Unternehmens ist abstrakt. Man kann es nur konkretisieren, wenn man es zu Papier bringt, wenn man das System dokumentiert.

Wer das QM-System seines Unternehmens darlegt, wird das üblicherweise in einem QM-Handbuch tun. Dazu sollte beachtet werden:

- Die Beschreibung des QM-Systems oder seine Darlegung erfolgt im Handbuch.
- Die Dokumentation des ganzen QM-Systems ist dagegen weit mehr, denn sie umfasst auch alle Dokumente für den internen Gebrauch, wie z.B. Richtlinien, Verfahrensanweisungen, Arbeits- und Prüfanweisungen. Diese enthalten detaillierte Interna und gehören daher nicht zum Handbuch, denn dieses ist in aller Regel für die externe Darlegung vorgesehen. Sie gehören zum System, ja sie machen das System erst aus. Sie gehören aber nicht zur Darlegung, sondern auf sie ist bei der Darlegung im Handbuch zu verweisen.

Zur Darlegung im Handbuch sollte bei allen Überlegungen das Wie im Vordergrund stehen. Das Was, dass also Tätigkeiten, Maßnahmen und Abläufe organisiert sind, ist weitgehend als selbstverständlich vorauszusetzen.

Bei der Darlegung des QM-Systems im Handbuch ist dem Leser verständlich zu machen:

- Wie man Qualität handhabt (managt);
- Wie die Tätigkeiten, Maßnahmen und Abläufe organisiert sind;
- Wie das QM-System funktioniert.

Grundsätzlich sollte die QM-Dokumentation in Handbuch und mitgeltende Dokumente aufgeteilt werden. Die Gründe dafür wurden teilweise schon im Kapitel 2.4.4 angesprochen. Bei dieser Aufteilung ist zu bedenken:

Im Handbuch wird das QM-System mit seiner Aufbau- und Ablauforganisation beschrieben. Ziel der Beschreibung ist, Vertrauen in die Fähigkeit des Unternehmens zu schaffen, Kunden zufriedenstellen zu können.

Die Darlegung im Handbuch ist aber auch für die Beurteilung dieser Fähigkeit durch autorisierte externe Stellen gedacht. Zu diesem Zweck sollte die Darlegung im Handbuch konkret und realistisch sein, aber keine unternehmensspezifischen Interna enthalten.

Auf diese, wie sie in mitgeltenden Dokumenten angegeben werden, wird stattdessen im Handbuch nur verwiesen.

Mit dem Handbuch sollten mithin die Darlegungsforderungen der ISO 9001 erfüllt werden.

Grundsätzlich anders sind zum QM-System gehörende Dokumente zu betrachten: Wie das Unternehmen (die Organisation) mit seinen Prozessen funktioniert, wie die Verfahren ablaufen sollen, welche Tätigkeiten wie auszuführen sind, das alles ist in mitgeltenden Dokumenten verbindlich festzulegen.

Diese Dokumente sind daher wichtiger Bestandteil des QM-Systems. Sie enthalten interne Regeln und Anweisungen für Abläufe und Tätigkeiten im QM-System.

Sie sind dadurch für die Darlegung des QM-Systems weniger geeignet, weil bei ihrer Veröffentlichung unternehmensspezifisches Wissen preisgegeben werden könnte.

Die Dokumentation sollte den unterschiedlichen Aufgaben entsprechend aufgebaut werden, wobei auch die Struktur der Organisation zu berücksichtigen ist: Handelt es sich z.B. um die Dokumentation eines Kleinunternehmens mit fünf Mitarbeitern oder um die eines Konzerns mit fünf völlig verschiedenen und rechtlich selbständigen Tochterfirmen.

Zur Dokumentation des QM-Systems kommen neben dem QM-Handbuch meist folgende mitgeltende Dokument in Betracht:

1. Haus- oder Werknormen
2. Organisationsrichtlinien oder -anweisungen
3. Verfahrensanweisungen
4. Betriebsanweisungen
5. Arbeitsanweisungen
6. Prüfanweisungen
7. Qualitätsaufzeichnungen

3.2.1 Das Qualitätsmanagement-Handbuch

Der ISO 9001 zufolge sollte jede Organisation ein Qualitätsmanagement-Handbuch erstellen. Das kann auch im Konzern oder in der Holding mit mehreren rechtlich selbständigen Tochterunternehmen so gehandhabt werden, in dem ein Konzernhandbuch erstellt wird, das alle Darlegungsforderungen der Norm für den Konzern erfüllt.

Die detaillierten Regeln der QM-Systeme von Tochterunternehmen werden dagegen in der QM-Dokumentation des einzelnen Tochterunternehmens festgeschrieben.

Außerdem sollten die Ausschlüsse im Sinne des Abschnitts 1.2 der ISO 9001 für jedes Tochterunternehmen in seinem speziellen Handbuch in Teil 7 mit kurzer Begründung dargelegt werden.

3.2.2 Mitgeltende Dokumente

Um es noch einmal klarzustellen: Die mitgeltenden Dokumente sind nicht Teil des Handbuchs zur Darlegung, sondern wesentlicher Teil des QM-Systems zur Regelung der Funktionen und Prozesse des Unternehmens.

Die Norm fordert nur ziemlich ungeschickt, dokumentierte Verfahren, was „bedeutet, ... dass das jeweilige Verfahren festgelegt, dokumentiert, verwirklicht und aufrechterhalten wird" (4.2.1).

Viel einfacher könnte man auch konstatieren: Verfahrensanweisungen müssen her, deren Wirksamkeit ständig zu überprüfen ist.

Die in der Norm angesprochenen Verfahrensanweisungen, so hat sich in der Praxis gezeigt, reichen für die Dokumentation der Regeln auch eines kleinen Unternehmens oft nicht aus.

Deswegen haben sich in der Praxis des Qualitätsmanagements weitere Dokumente in Abhängigkeit von der Qualifikation der Mitarbeiter und der Organisationsstruktur des Unternehmens herausgebildet.

Das System der Dokumente wird mit Ausnahme der Aufzeichnungen üblicherweise in drei Ebenen konkretisiert.

Das Dokument der ersten Ebene

ist das Qualitätsmanagement-Handbuch. Es wird in der Norm ausdrücklich gefordert (4.2.2).

Dokumente der zweiten Ebene

enthalten Grundlagen und Prinzipien, die für Abläufe und Verfahren im ganzen Konzern oder für Bereiche gelten.

Zu den Dokumenten der zweiten Ebene zählen:

- Organisationsrichtlinien (OR)
  Sie enthalten konzern- oder unternehmensweit geltende Regelungen vorwiegend organisatorischer Belange, insbesondere der Information und Zusammenarbeit.

- Hausnormen (HN)
  Sie enthalten konzern- oder unternehmensweit vorwiegend besondere Regeln der Technik und interne Informationen zu meist technischen Begriffen und Verfahren und ergänzen oft z.B. DIN- oder ISO-Normen.

Anmerkung 1:
Die Benennung Organisationsanweisung sollte man meiden, weil häufig verkürzt nur von Anweisungen gesprochen wird und dadurch unklar bleibt, von welchem Dokument tatsächlich die Rede ist.

Anmerkung 2:
Konzerne werden Organisationsrichtlinien bevorzugen, weil sie damit außerhalb der Darlegung im Handbuch bleiben und dadurch die besonderen Regeln der Tochterunternehmen nicht preisgeben müssen.

Anmerkung 3:
Hausnormen und Organisationsrichtlinien haben sich auch in kleinen Betrieben, wie z.B. in Dentallaboren bewährt.

Dokumente der dritten Ebene

umfassen Anweisungen mit verbindlichen Vorgaben von Einzelheiten für Arbeitsabläufe und Tätigkeiten in einer Abteilung oder am Arbeitsplatz:

- QM-Verfahrensanweisungen (VA)
  Sie enthalten bereichsübergreifende Regelungen von Verfahren und Abläufen innerhalb der einzelnen Tochterunternehmen.

- Betriebsanweisungen (BA)

  Sie enthalten Regelungen betriebsinterner Belange, die sich auf die Arbeitssicherheit beziehen.
- Arbeitsanweisungen (AA)

  Sie beziehen sich auf einzelne Tätigkeiten oder Handhabung von Anlagen und Geräten.
- Prüfanweisungen (PA)

  Sie gelten für Prüfungen und beschreiben deren Ablauf. Sie sind zweckmäßig als Prüfprotokolle auszubilden und damit auch als Aufzeichnungen verwendbar.

Anmerkung 4:
Verfahrensanweisungen werden in der Norm als „dokumentierte Verfahren" gefordert.

Anmerkung 5:
Bei qualifizierten Mitarbeitern wird man zumeist auf Arbeitsanweisungen verzichten können.

Anmerkung 6:
Prüfanweisungen könnten auch in Arbeitsanweisungen integriert werden. Besonders zweckmäßig ist die Kombination von Prüf- und Arbeitsanweisungen in Checklistenform, wegen des damit verbundenen Zwangslaufs.

3.2.3 Aufzeichnungen

Ergebnisse von Prüfungen an Tätigkeiten oder an Produkten und QM-Nachweise zur Bestätigung der Fähigkeit von QM-Elementen (z.B. Auditberichte) sind gemäß ISO 9001/4.2.4) zu dokumentieren.

Sie sind als Aufzeichnungen einerseits Teil des QM-Systems und andererseits Teil der Darlegung des QM-Systems.

Aus Gründen der Zweckmäßigkeit ist es ratsam, alle Aufzeichnungen in einem gesonderten Verzeichnis, wie in 4.2.4 beschrieben, im Anhang des Handbuchs aufzulisten.

3.3 Hinweise zur Darlegung

3.3.1 Struktur und Inhalt des Handbuchs

Die Darlegung sollte sich an der Struktur der anzuwendenden Darlegungsnorm orientieren, weil der fachkundige Leser die standardisierten Darlegungsforderungen der Norm wiedererkennen möchte, um direkt beurteilen zu können, ob und wie alle Darlegungsforderungen der Norm berücksichtigt sind.

Deswegen werden im Abschnitt 9.1 zwei Inhaltsverzeichnisse zur Struktur der QM-Dokumentation empfohlen, die sich seit Jahren bewährt haben.

Das erste bezieht sich auf die Darlegung im Handbuch gemäß ISO 9001:2008, das zweite auf die gemäß ISO 13485:2003.

Beiden gemeinsam ist der Anhang 10 mit den Verzeichnissen der mitgeltenden Dokumente. Dieser Anhang vervollständigt die beiden Varianten, denn er enthält die Liste der Dokumente, in denen das QM-System festgelegt und verwirklicht ist.

Die Darlegung beginnt mit der Abschnittsnummer 4 und endet mit der Nummer 8.5.3, entsprechend der Anordnung der Darlegungsforderungen von ISO 9001 oder ISO 13485.

Zum Verständnis der Darlegung sind außerdem noch der Vorspann mit den Abschnittsnummern 0 bis 3 und der Nachspann mit den Neuner-Nummern vorgesehen.

Die strikte Trennung von Darlegung und Dokumentation des QM-Systems hat den Vorteil, dass Handbuch und QM-Dokumente weitgehend unabhängig voneinander aktualisiert werden können, wenn z.B. wieder einmal aufgrund einer neuen Ausgabe der Darlegungsnorm eine „Anpassung" notwendig wird.

Die QM-Prozesse werden häufiger verändert, zumal sie der Forderung ständiger Verbesserungen unterliegen. Die Änderungen der Dokumente beschränken sich jedoch meistens nur auf spezielle Unterlagen.

3.3.2 Der Vorspann zur Darlegung

Es hat sich seit langem bewährt, den Darlegungen der Norm im Handbuch einen Vorspann zu geben. Dafür sind die Kapitel mit den Nummern 0, 1, 2, und 3 gedacht.

Nr. 0, Inhaltsverzeichnis mit Revisionsstand und Freigabe durch die Geschäftsleitung

Mit diesem Verzeichnis sollen alle Kapitel des Handbuchs zusammen freigegeben und in Kraft gesetzt werden. Außerdem soll der Stand der Aktualisierung der einzelnen Kapitel erkennbar sein.

Nr. 1, Hinweise zum Handbuch

Das Handbuch ist ein Dokument von zentraler Bedeutung für Unternehmen und Mitarbeiter. Deswegen sollte hier etwas zur Handhabung dieses Dokuments ausgeführt werden, z.B. über das Vervielfältigen, über mitgeltende Unterlagen, über Zuständigkeiten und Ausgabe-Exemplare, den Änderungsdienst betreffend.

Nr. 2, Firmenportrait

Hier genügt eine Kurzfassung für Externe, in dem man z.B. zeigt, wie das Unternehmen entstanden ist, wo die Kerngeschäftsfelder liegen, welche Branchen man beliefert oder auf welchen Märkten man sich befindet.

Nr. 3, Verbindlichkeitserklärung

Den Mitarbeitern sollte hier Geltungsbereich und Funktion des Handbuchs mit Unternehmenszielen hinsichtlich Qualitätsmanagement und Kundenzufriedenheit erklärt werden.

Darüber hinaus sollte die Unternehmensleitung die Mitarbeiter auf das Einhalten von Vorgaben und Grundsätzen, wie sie in der QM-Dokumentation enthalten sind, hinweisen und verpflichten.

3.3.3 Der Nachspann zur Darlegung

Im Abschnitt 9 sind die für die Darlegung des QM-Systems im Handbuch wichtigen Verzeichnisse dokumentiert:

9.1 Verzeichnis der Verweise

Dieses Verzeichnis enthält kapitelweise die mitgeltenden Dokumente aufgelistet. Das Verzeichnis kann unabhängig vom Handbuch-Text jederzeit geändert werden.

9.2 Verzeichnis der (Qualitäts-)Aufzeichnungen

Gemäß den Dokumentationsforderungen der Darlegungsnormen (4.2.4) sind qualitätsbezogene Daten und Nachweise ausgeführter Tätigkeiten zu dokumentieren und zu archivieren. Dazu dient das Verzeichnis der (Qualitäts-)Aufzeichnungen.

Diese zu führen, ist für MP-Hersteller gesetzliche Pflicht.

9.3 Risikomanagement-Akte mit Verzeichnis der RM-Dokumente

In ISO 13485:2003 wird in Kapitel 7.1 - Planung der Produktrealisierung - darauf hingewiesen, dass die Organisation „dokumentierte Anforderungen für das Risikomanagement erarbeiten" muss.

Diese merkwürdige Formulierung besagt wahrscheinlich: Jeder MP-Hersteller hat das für seine Produkte zu organisierende Risikomanagement darzulegen.

Außerdem enthält die Norm den Hinweis, dass man bei der Erfüllung dieser Forderung ISO 14971 (Anwendung des Risikomanagements auf Medizinprodukte) als Anleitung verwenden kann.

9.4 TO-DO-Liste

Um die Funktion des QM-Systems aufrechtzuerhalten, ist als ganzjähriges Arbeitsprogramm für Geschäftsleitungen und Führungskräfte äußerst zweckmäßig.

Man gibt einen Fixtermin vor, z.B. den für das Jahresaudit und verteilt rückwärtsgerechnet die Termine für die meist mehr als 20 Aufgaben auf Geschäftsleitung und Führungskräfte und auf das Zeitjahr vor dem Fixtermin.

Die Aufgaben umfassen alle Tätigkeiten zum Leiten und Lenken des Unternehmens bezüglich der Beschaffenheit von Prozessen und Produkten.

Durch diese Verteilung kann die punktuelle Belastung Einzelner ganz wesentlich abgebaut werden.

Außerdem kann die TO-DO-Liste als Steuerungsinstrument und Checkliste verhindern, dass einzelne Themen oder Aufgaben bei der Bearbeitung übersehen werden.

Ein Musterbeispiel der Liste findet sich in 9.7

In ISO 14971:2007 ist ein Prozesse (oder Arbeitsprogramm) für MP-Hersteller festgelegt,

* um die mit Medizinprodukten verbundenen Gefährdungen zu identifizieren,
* um Risiken zu schätzen,
* um Risiken zu beherrschen und
* die Wirksamkeit der Lenkungsmaßnahmen zur Risikobeherrschung zu überwachen.

Außerdem ist für jede Produktart eine Risikomanagement-Akte als Teil der Darlegung (Im Handbuch) darzulegen.

Die zur RM-Akte zählenden Dokumente sind im Verzeichnis 9.3 zu sammeln. Ein Musterbeispiel zum Inhalt der RM-Akte findet sich in 9.6 zum Risikomanagement.

3.4 Hinweise zur Formulierungsarbeit

Handbücher, die von ungeübten Autoren erstmals und ohne Anleitung angefertigt werden, lesen sich oft wie Plädoyers für das Qualitätsmanagement, in denen die Vorzüge bestimmter QM-Verfahren angepriesen werden, z.B. „die FMEA ist eine hervorragende Fehlerbewertungsmethode, daher wendet sie auch die Firma XY an".

Der Leser gilt als so fachkundig, dass diese Hinweise peinlich wirken könnten. Darüber hinaus ist der namentliche Hinweis auf die Firma überflüssig, da sich das ganze Handbuch auf das QM-System der Firma bezieht.

Eine andere Unart, die häufig anzutreffen ist, besteht in der durch nichts bewiesenen oder begründeten Selbstbestätigung, wie gut und sicher alles funktioniere, wie z.B. die Behauptung: „Durch diese 100%-Prüfung stellen wir sicher, dass kein fehlerhaftes Produkt ausgeliefert wird", wo doch jeder Fachmann um den Fehlerdurchschlupf wissen müßte. Diese Aussage ist wenig vertrauensvoll. Es wäre besser zu beschreiben, wie 100%-Prüfungen funktionieren. Ob sie auch 100%-fehlerfrei funktionieren, muss offenbleiben.

Auf Formulierungen, die man vermeiden sollte, muss ebenfalls hingewiesen werden. Es sind hauptsächlich unbestimmte Adjektive wie: bestimmte, erforderliche, notwendige, besondere, spezielle, festgelegte, vorgegebene, betroffene.

Beispielsweise ist die Rede von „... bestimmte Produkte ..." oder von „... erforderliche Maßnahmen ...". Hier möchte der Leser sogleich die Frage stellen, welches sind denn nun die bestimmten Produkte oder welche Maßnahmen sind denn erforderlich? Es entsteht der Eindruck, als könne man diese Maßnahmen nicht nennen. Gibt es besondere Maßnahmen, dann sollten sie direkt genannt werden.

Bemerkungen zum Begriffe-Streit

Das Wort „Forderung" ist ohne Begründung aus der deutschen Normensprache durch das verfahrenswidrige und eigenmächtige Handeln des DIN ausgesperrt und durch „Anforderung" ersetzt worden.

QM-Fachleute sind sich jedoch einig, beide Begriffe unterscheiden und verwenden zu müssen:

Forderung ist das Verlangen, dass eine bezeichnete Einheit diese (Forderung) erfüllt.

Anforderung ist das Verlangen, in den Besitz einer bezeichneten Einheit zu kommen.

Da in der ISO 9000-Familie ausschließlich das Verlangen, dass eine Einheit eine bestimmte Forderung erfüllt, gemeint ist, erscheint es ratsam, dieses Wort überall dort im Text zu verwenden, wo es um das Verlangen geht, eine Forderung zu erfüllen.

Oder wie wäre es mit einer Darlegungsanforderung oder Qualitätsanforderung? Oder Gehaltsanforderung?

3.5 Wie die Darlegung oder Dokumentation beginnen?

Als erstes sind die Dokumentationsregeln (siehe 4.2.3) zu entwerfen, im Kreise der Führungskräfte zu diskutieren und für alle verbindlich vorzugeben.

Dieser erste Schritt ist so wichtig, weil das QM-System nur durch eine geeignete Dokumentation konkretisiert werden kann.

Die Dokumentationsregeln sind Grundlage des Systems. Wenn sie nicht sorgfältig, umfassend aber auch auf das Wesentliche beschränkt werden, entsteht schnell hoffnungsloser Bürokratismus. Von diesem Phänomen ausgehend ziehen viele Mitarbeiter den falschen Schluß: „Das QM-System nach DIN EN ISO ist für uns nicht geeignet. Die ISO hat uns nur Papierkrieg gebracht."

Und genau diese Beurteilung muss unbedingt verhindert werden, weil sie die Zukunft des Unternehmens schwerwiegend beeinträchtigen wird.

Wenn die Mehrheit der Führungskräfte Nachteile der Dokumentationsregelung plausibel begründen kann, dann hat genau diese Mehrheit ungeeignete Dokumentationsregeln festgelegt. Das ist keinesfalls die Schuld der ISO 9001.

Und wie macht man es nun besser? In dem man zunächst die sieben Schrittte geht, wie sie in Abschnitt 2.2 empfohlen werden.

Ist das Projekt-Team gebildet, sollten die Dokumentationsregeln bestimmt werden. Anregungen und Beispiele finden sich in 9.2.

Nach der Festlegung der Dokumentationsregeln gibt es für die Dokumentation des QM-Systems oder für seine Darlegung normalerweise zwei Wege:

- Die Handbuch-Kapitel in Abfolge der Norm-Struktur bearbeiten und zu jedem Kapitel die mitgeltenden Verfahrens- und Arbeitsanweisungen entwickeln und festschreiben. Oder aber
- Gemäß Kapitel 4.1 die internen Abläufe als Prozesse bestimmen und, soweit gemäß Grundsatz (siehe auch 2.5) erforderlich, in Verfahrens- und Arbeitsanweisungen nach den Dokumentationsgrundsätzen (4.2.3) beschreiben.

Der erste Weg ist üblich, der zweite wesentlich seltener, aber effektiver.

Auf dem ersten Weg glaubt man schneller, weil systematischer zu sein. Der zweite Weg führt schneller und direkt zum Ziel. Dafür gibt es wesentliche Gründe:

- Bevor man Funktionen und Prozesse beschreibt, sollte man sie in allen Einzelheiten analysieren und hinsichtlich ihrer Wirksamkeit bewerten.
- Erst die sorgfältige Analyse wird die wesentlichen Schwachstellen erkennen lassen.
- Die gefundenen Schwachstellen sind zu beseitigen und die Funktionen und Prozesse, soweit für die Darlegung angemessen, zu dokumentieren.
- Von den zur Dokumentation des QM-Systems gehörenden Unterlagen, wie z.B. Verfahrensanweisungen, Arbeitsanweisungen und Hausnormen lassen sich die Handbuch-Texte besonders einfach ableiten, in dem man den doku-

mentierten Inhalt der Unterlagen nur in Grundzügen, also nicht mit Einzelheiten, im Handbuch wiedergibt.

3.6 Hinweise zu Aufbau und Benutzung der Arbeitshilfen

Der Text zu den Darlegungselementen ist in den deutschen Ausgaben der Normen teilweise derart unverständlich, gestelzt und an einigen Stellen sogar falsch ins Funktionärsdeutsch übertragen, dass es zweckmäßig erschien, den Text der ISO 9001:2008 und der ISO 13485:2003 verkürzt und vereinfacht formuliert in die Arbeitshilfen einzubringen, wie dies in den Hauptabschnitten 4 bis 8 in Form von Darlegungsforderungen beschrieben ist.

Teilweise wurde der Text auch wörtlich übernommen, wenn sein Sinn nicht geklärt werden konnte oder eine Erklärung besonders unsicher schien.

In Klammern gesetzte Überschriften sind im Norm-Text nicht enthalten. Sie sollen dem Leser zur Orientierung dienen.

Die Numerierung der Darlegungsforderungen ist mit denen der Norm, mit 4 beginnend, identisch.

Um die Arbeitshilfen in den Hauptabschnitten 4 bis 8 vereinfacht nutzen zu können, sind drei Forderungskategorien für die Darlegung des QM-Systems zu unterscheiden:

1. Forderungen nach ISO 9001.
   Das sind Forderungen an die Darlegung des QM-Systems für die Planung und Herstellung von Produkten im von der EU rechtlich geregelten und dem rechtlich nicht geregelten Bereich.
   Die Forderungen richten sich nicht an die Gestaltung des QM-Systems, sondern an seine Darlegung.
2. Regulatorische Fordeungen nach ISO 13485.
   Das sind Forderungen an die Darlegung des QM-Systems für die Planung und Herstellung von Medizinprodukten, also von Produkten des rechtlich geregelten Bereichs.
   Auch diese Forderungen dienen der Darlegung, denn sie richten sich nicht an die Gestaltung des QM-Systems, sondern an seine Darlegung. Bei der Darlegung wird allerdings stillschweigend vorausgesetzt, dass das Darzulegende im QM-System realisiert ist.
   Diese Forderungen sind mit denen der ISO 9001:2000 zwar weitgehend identisch, werden aber als regualtorische Anforderungen für QM-Systeme der MP-Hersteller bezeichnet, weil sie als „rechtliche Regeln" im MP-Recht (vor allem in den Anhängen der Richtlilnie) vorgegeben sind.
3. Gesetzliche und gesetzlich bedingte oder begründete Forderungen, die vom MP-Recht unmittelbar vorgegeben werden oder von ihm abzuleiten sind. Diese Forderungen richten sich zwar zunächst
   • an die Beschaffenheit der Medizinprodukte (MDD, Anhang I, Grundlegende Anforderungen) und

- an die Gestaltung des QM-System (MDD, z.B. Anhänge II, V, VI)

Doch verpflichtet das MP-Recht die Hersteller in den genannten Anhängen, ihr QM-System für Medizinprodukte zu dokumentieren und darzulegen, um es von einer Benannten Stelle „genehmigen" zu lassen.

Sieht man von dem Nonsens der Genehmigung eines QM-Systems ab, bleiben für MP-Hersteller dennoch die Pflichten:

- Dokumentieren des QM-Systems,
- Darlegen nach ISO-Normen,
- Bewerten der Konformität und Aufrechterhalten des Systems.

Auch diese gesetzlichen Pflichten sind Forderungen an die Darlegung, denn auch sie richten sich nicht an die Gestaltung des QM-Systems, sondern an seine Darlegung.

Für die Darlegung und zum Verständnis der Arbeitshilfen in den Hauptabschnitten 4 bis 8 sind grundsätzlich alle Forderungen mit ☞ gekennzeichnet, die einzeln aufgezählten Forderungen mit •.

Diese Kennzeichnung bedeutet für den Leser:

Das fordert die Norm darzulegen!

Die Verkürzung auf nur eine Norm erfolgt nur so weit, wie die Forderungen von ISO 9001:2008 und ISO 13485:2003 übereinstimmen.

Von ISO 9001 abweichende oder zusätzliche „regulatorische Anforderungen" der ISO 13485 (zweite Kategorie) sind mit dem Zusatz **MP** gekennzeichnet. Diese Kennzeichnung bedeutet:

Das fordert die MP-Norm zusätzlich darzulegen!

Da die Forderungen der dritten Kategorie aus dem MP-Recht stammen, werden sie mit dem Zusatz **§** gekennzeichnet. Das bedeutet für den Leser:

Das fordert das MP-Recht zu realisieren und darzulegen!

Diese Forderungen zur Realisierung sind für den MP-Hersteller rechtsverbindlich. Erfüllt er sie nicht, verstößt er gegen das MP-Recht.

Hat er außerdem auch geforderte Einrichtungen und Tätigkeiten in seinem Unternehmen nicht organisiert, muss er mit teilweise erheblichen Strafen rechnen (MPG §40).

Forderungen verlangen Erfüllung. Darlegungsforderungen verlangen Darlegung. Da sich die Darlegung auf das QM-System bezieht, sind die in Wechselwirkung stehenden Elemente dieses Systems darzulegen:

Einrichtungen, Tätigkeiten, Prozesse und ihre Ergebnisse, um materielle wie immaterielle Produkte zu planen und herzustellen.

Die eigentlichen Hilfen zur Darlegung sind mit 📖 gekennzeichnet. Diese Kennzeichnung bedeutet:

Das ist grundsätzlich darzulegen!

Oder einfacher: Das gehört in jedes Handbuch (in die Hauptabschnitte 4 bis 9 gemäß Inhaltsverzeichnis).

Die nach der MP-Norm (ISO 13485) zusätzlich darzulegenden Themen sind mit **MP** gekennzeichnet. Dadurch soll der Leser erkennen, inwieweit sich die beiden Normen tatsächlich unterscheiden und welche regulatorischen Zwecke der Norm entsprechen.

Die aufgrund gesetzlicher Vorgaben darzulegenden Themen sind mit § gekennzeichnet, Es sind vor allem die bedeutsamen Themen, die mit Sicherheit und Gesundheitsschutz in enger Verbindung stehen. Und genau diese Themen werden bei der Darlegung von MP-Herstellern in der Regel außerachtgelassen, wenn sie sich nur nach den regulatorischen Anforderungen der ISO 13485 richten.

4. Qualitätsmanagementsystem

4.1 Allgemeine Forderungen

☞ Die Organisation muss entsprechend den Forderungen dieser internationalen Norm ein QM-System aufbauen, dokumentieren, verwirklichen, aufrechterhalten und dessen Wirksamkeit ständig verbessern.

📖 Diese Forderung ist sinnlos und daher irreführend, denn nach dem Vorwort ISO 9001 können nur Darlegungsforderungen gestellt werden, aber keine an ein organisationsspezifisches QM-System!
Um nicht irrezuführen, müsste die Forderung lauten (bitte vergleichen Sie): Die Organisation muss entsprechend ... darlegen, wie sie ihr QM-System aufbaut, dokumentiert, verwirklicht, aufrechterhält...

☞ Die Organisation muss
- die für das QM-System erforderlichen Prozesse und ihre Anwendung in der gesamten Organisation festlegen (a);
- die Abfolge und Wechselwirkung dieser Prozesse erkennen und festlegen (b);
- die Kriterien und Methoden festlegen, um die Prozesse wirksam zu machen und zu lenken (c);
- die für die Prozesse und ihre Überwachung erforderlichen Mittel und Informationen zur Verfügung stellen, die für die Prozesse und ihre Überwachung benötigt werden (d);
- die Prozesse überwachen, messen und analysieren (e);
- Maßnahmen treffen, um die geplanten Ergebnisse und ständige Verbesserung dieser Prozesse zu erreichen (f).

📖 Um nicht irrezuführen, müssten die Forderungen lauten (bitte vergleichen Sie): Die Organisation muss darlegen, wie sie die Forderungen a) bis f) erfüllt.

📖 Diese „Allgemeinen Anforderungen" nach 4.1 sind bis auf die zwei ersten redundant, denn diese Forderungen sind gemäß Norm darzulegen
- für c) in Kapitel 5.6, 7.5, 8.2, 8.4 und 8.5;
- für d) in Kapitel 6.1;
- für e) in Kapitel 8.2;
- für f) in Kapitel 5.6, 8.2, 8.4 und 8.5.

Das bedeutet, dass es bei der Darlegung im Handbuch genügen muss, hinsichtlich der Erfüllung der Darlegungsforderungen c) bis f) auf die angeführten Handbuch-Kapitel zu verweisen.

📖 Die wesentliche Forderung in Kapitel 4.1 besteht darin, die für die Wirksamkeit des QM-Systems erforderlichen Prozesse, Abläufe und Tätigkeiten mit ihrer Abfolge und den Wechselwirkungen zu ermitteln und zu beschreiben.

📖 Das sind alle Abläufe und Tätigkeiten (Prozesse) in der Organisation, die die Leistung der Organisation direkt beeinflussen und von denen die Kundenzufriedenheit abhängt.

📖 Praktisch kann in jedem Kapitel der Norm, insbesondere in den Hauptabschnitten 6, 7 und 8 ein Prozess des QM-Systems gesehen werden, der für das Funktionieren des Systems erforderlich ist.

📖 Es ist daher zweckmäßig, in diesem Kapitel 4.1 die Prozesse, die in Abfolge voneinander abhängen und jene, die nur in Wechselwirkung mit diesen stehen, in einem mitgeltenden Dokument aufzulisten.

Z.B. könnte „Schulung" als Prozess betrachtet werden. Dann sollte es genügen, dieses Thema mit seinen Teilprozessen, wie z.B. Bedarfsermittlung, Planung der Maßnahmen, Durchführen, Erfolgsbeurteilung - im Kapitel 4.1 kurz aufzuführen und in Kapitel 6.2.2 und dazugehörenden Dokumenten als Prozess in Einzelheiten darzulegen.

☞ Die Organisation muss diese Prozesse in Übereinstimmung mit den Forderungen dieser Norm leiten und lenken.

📖 Um nicht irrezuführen, müsste die Forderung auch hier wieder lauten:

Die Organisation muss in Übereinstimmung mit den Forderungen dieser Norm darlegen, wie sie die Prozesse a) bis f) leitet und lenkt.

Übungshalber vergleichen Sie bitte beide Texte oder Forderungen, um die Unterschiede zu verstehen: Erstere sind Forderungen der Norm an das QM-System, die so hier nicht gestellt werden sollten. Letztere sind Forderungen an die Darlegung, wie sie die Norm vorgeben müsste.

☞ Hat eine Organisation einen Prozess ausgegliedert, der die Produktkonformität mit der Forderung beeinflusst, muss die Organisation seine Lenkung sicherstellen. Die Lenkung solcher Prozesse muss in der Darlegung des QM-Systems erkennbar sein.

📖 Die Forderungen im Hauptabschnitt 7, die nicht im QM-System organisiert sind und daher auch nicht dargelegt werden, sind unter 4.2.2 aufzuzählen und ihr Ausschluss einzeln kurz zu begründen.

📖 Diese Norm enthält im Hauptabschnitt 7 die Forderungen, die nicht dargelegt werden müssen, wenn sie wegen

• der Art des Produkts;
• der Kundenforderungen;
• der Forderungen der Gesellschaft;

nicht organisiert sind.

4.2 Dokumentationsforderungen

4.2.1 Allgemeines

☞ Die Dokumentation zum QM-System muss enthalten:
- dokumentierte Qualitätspolitik und Qualitätsziele (a)
- ein QM-Handbuch (b)
- dokumentierte Verfahren, die von dieser Norm gefordert werden (c). Das bedeutet:
- in Dokumenten festgelegte Verfahren, die zu verwirklichen und wirksam zu erhalten sind,
- für das Funktionieren der Prozesse und ihrer Lenkung erforderliche Dokumente, (d),
- von der Norm geforderte Aufzeichnungen (4.2.4), früher Qualitätsaufzeichnungen genannt (e).

MP Die Dokumentation muss enthalten:
- jede andere Dokumentation, die durch nationale oder regionale Regularien festgelegt ist (f).
- Typweise Dokumentation der Produktspezifikationen, der Forderungen an das QM-System, der Herstellprozesse und, wenn zutreffend, der Installation und der Instandhaltungsprozesse.

☞§ Den Risiko-Klassen der Richtlinie 93/42/EWG (Klassifizierung nach der Verletzbarkeit des menschlichen Körpers) entsprechend, ist jeder MP-Hersteller verpflichtet zu dokumentieren und darzulegen:
- Produktplanung (Auslegung)
- Herstellung und Verpackung
- Leistungsdaten des Produkts und geplante Leistungsdaten zur Beurteilung der Konformität mit den Forderungen der Richtlinie
- Ergebnisse der Gefahrenanalyse

Die Mindestforderungen entsprechen der Klasse I (z.B. Sonderanfertigungen der Zahntechnik).
Weitergehende Forderungen sind in den Anhängen der Richtlinie vorgegeben. Andere Dokumentationsforderungen, wie z.B. zum Risikomanagement findet man in den Abschnitten 7 und 8.

📖 Die vielen Forderungen im Normtext beziehen sich im Grunde auf Selbstverständlichkeiten, denn gerade sie müssen durch eine geeignete Dokumentation erfüllt werden, wie sie diesem Kapitel direkt folgt.
Dennoch kann man hier zu Dokumentationsforderungen allgemein z.B: darlegen:
- Die Unterscheidung von Darlegung im Handbuch und Dokumentation des QM-Systems, wie in den Abschnitten 2 und 3 ausgeführt.
- Die Besonderheit der gewählten Struktur der gesamten QM-Dokumentation, wie sie im Inhaltsverzeichnis (Anhang I) erkennbar ist.

- Grundsätze
  - Es sind immer dann Dokumente zu erstellen, wenn ihr Fehlen die Wirksamkeit des QM-Systems und die Erfüllung gesetzlicher und gesetzlich bedingter Forderungen beeinträchtigen könnte.
  - Dokumente sind immer dann zu erstellen, wenn ihr Fehlen die Tätigkeit der Mitarbeiter so beeinträchtigt, dass Fehler entstehen können.
  -

☞ Der Umfang der Dokumentation des QM-Systems sollte abhängen von:
- Größe und Art der Organisation;
- Komplexität und Wechselwirkungen der Prozesse;
- Fähigkeit, also Eignung des Personals.

☞ Die Dokumente können in jeder Form oder Art eines Mediums realisiert werden.

4.2.2 Qualitätsmanagement-Handbuch

☞ Es muss ein QM-Handbuch erstellt und aufrecht erhalten werden, das Folgendes enthält:
- Geltungsbereich des QM-Systems einschließlich Einzelheiten und Begründungen für jegliche Ausschlüsse (siehe 1.2 der Norm);
- dokumentierte Verfahren oder Verweise darauf;
- eine Beschreibung der Abfolge und der Wechselwirkung der Prozesse des QM-Systems.

📖 Es ist ein QM-Handbuch zu erstellen und zu pflegen. Es muss enthalten:
- Hinweise auf die Teile der Organisation, die im QM-Handbuch nicht dargelegt sind. Z.B. könnte nur das QM-System des Hauptsitzes der Organisation beschrieben sein, die Zweigniederlassungen aber nicht.
- Das QM-System enthält gemäß Handbuch 4.1 (allgemeine Forderungen) im Hauptabschnitt 7 die Forderungen nicht, die nicht dargelegt werden müssen, weil sie wegen
  - der Art des Produkts;
  - der Kundenforderungen;
  - der Forderungen der Gesellschaft;
  nicht organisiert sind.
- Die Forderungen aus Hauptabschnitt 7 der Norm, die nicht im unternehmensspezifischen QM-System organisiert sind, sind hier aufzuzählen und ihr Ausschluss einzeln kurz zu begründen.
- das Handbuch muss enthalten: dokumentierte Verfahren, d.h. Verfahrensanweisungen, oder zweckmäßiger: Verweise auf sie.
- Das Handbuch muss enthalten: Beschreibungen der Abfolgen und der Wechselwirkungen der Prozesse des QM-Systems, oder zweckmäßiger: Verweise auf Ablauf- und Flussdiagramme.

☞ Im Handbuch muss die Struktur der Dokumente im Überblick dargestellt sein.

📖 Die Hierarchie der Dokumente und eine Beschreibung der einzelnen Dokumente-Arten sind wichtige Dokumentationsregeln (siehe auch Anhang III).

📖 Als Überblick ist eine Liste der numerierten Prozesse im QM-System zweckmäßig, aufgeteilt in Prozesse,
- die in Abfolge von einander abhängen und
- die in Wechselwirkungen stehen.

Diese Liste wird in 7.1 wieder gebraucht.

📖 Aus der Verpflichtung ergibt sich schon für den Hersteller von Medizinprodukten der Klasse I (z.B. Sonderanfertiger der Zahntechnik) als Mindestforderung, sein unternehmensspezifisches QM-System mit Risikomanagement (Stand der Technik) zu dokumentieren und die Dokumentation für nationale Behörden bereitzuhalten. Von Zertifizierung ist keine Rede!

4.2.3 Lenkung von Dokumenten

☞ Die für das QM-System erforderlichen Dokumente müssen gelenkt werden.

☞ Es muss in Dokumenten ein Verfahren festgelegt werden, das zu verwirklichen und wirksam zu erhalten ist, um:
- Dokumente vor ihrer Herausgabe bezüglich ihrer Angemessenheit zu genehmigen;
- Dokumente zu bewerten, nach Bedarf zu aktualisieren und neu zu genehmigen;
- den aktuellen Revisionsstand von Dokumenten zu kennzeichnen;
- sicherzustellen, dass gültige Fassungen zutreffender Dokumente am jeweiligen Einsatzort zur Verfügung stehen;
- sicherzustellen, dass Dokumente lesbar, leicht erkennbar und wiederauffindbar bleiben;
- sicherzustellen, dass Dokumente externer Herkunft gekennzeichnet sind und ihre Verteilung gelenkt wird;
- die unbeabsichtigte Verwendung veralteter Dokumente zu verhindern und sie in geeigneter Weise zu kennzeichnen, falls sie aus irgendeinem Grund aufbewahrt werden.

📖 In der Darlegungsnorm (ISO 9001) ist ganz allgemein die Rede von Dokumenten. Gemeint sind, weit gefasst, qualitätsbezogene Dokumente, also Dokumente
- mit einer Anweisung für das Qualitätsmanagement oder
- mit einer Forderung an ein Produkt oder
- mit Aufzeichnungen von Ergebnissen aus Qualitätsprüfungen.

Man unterscheidet bei qualitätsbezogenen Dokumenten zwei Grundarten. Die eine Dokumentart zum Qualitätsmanagement, die andere zur Qualität:
- qualitätsbezogene Dokumente zum Qualitätsmanagement sind z.B. folgende:

- QM-Dokument

  Dokument, das die Beschaffenheit von Tätigkeiten eines QM-Ablaufelements und/oder QM-Führungselements betrifft.

- QM-Verfahrensanweisung

  Dokumentierte Festlegung eines Verfahrens, dessen Anwendungsergebnis die Beschaffenheit eines Produkts beeinflusst.

- QM-Nachweisdokument

  Tätigkeitsbezogene Aufzeichnung zur Darlegung der Fähigkeit der QM-Elemente und Funktionen.

- Qualitätsdokument

  Dokument, das die Beschaffenheit eines Angebotsprodukts betrifft. Es gibt Qualitätsdokumente mit Forderungen an die Produkte und Qualitätsdokumente mit Ergebnissen aus Qualitätsprüfungen an diesen Produkten.

- Zu den qualitätsbezogenen Dokumenten zur Beschaffenheit zählen:

- Produktspezifikation

  Spezifikation, welche die Forderung an ein Produkt enthält.

- Aufzeichnung

  Dokument, das erreichte Ergebnisse oder den Nachweis ausgeführter Tätigkeiten enthält.

📖 Dokumentarten für das ganze Unternehmen festlegen, z.B. Aufgliedern in
- übergeordnete Dokumente, wie Normen, Verordnungen, Gesetze
- auftrags- und produktbezogene Dokumente, wie Zeichnungen, Rezepte, Spezifikationen,
- systembezogene Dokumente, wie Organisationsrichtlinien, Verfahrensanweisungen und Arbeits- und Prüfanweisungen.

📖 Regeln zur Lenkung übergeordneter Dokumente festlegen, vor allem hinsichtlich
- Beschaffung
- Archivierung
- Aktualisierung
- Bereitstellung

📖 Regeln zur Lenkung auftrags- und produktbezogener Dokumente festlegen, vor allem hinsichtlich
- Erstellen
- Prüfen und Genehmigen hinsichtlich
  - Verständlichkeit und Eindeutigkeit;
  - Vollständigkeit;
  - Durchführbarkeit oder Machbarkeit;
  - Verteiler;
- Herausgeben und Einziehen
- Verwalten
  - Kennzeichnen;
  - Archivieren;

- Ändern
- Änderungsbefugnis
- Prüfen und Genehmigen der Änderung hinsichtlich
  - Verträglichkeit mit Beibehaltenem;
  - Verständlichkeit und Eindeutigkeit;
  - Vollständigkeit;
  - Durchführbarkeit oder Machbarkeit;
  - Verteiler;
- Dokumente austauschen
- Änderungen erkennbar machen, z.b. im Dokument kennzeichnen, in Verzeichnissen mit Revisionsstand.

📖 Regeln zur Lenkung systembezogener Dokumente festlegen, z.B.
- Erstellen
- Prüfen und Genehmigen hinsichtlich
  - Verständlichkeit und Eindeutigkeit;
  - Vollständigkeit;
  - Durchführbarkeit oder Machbarkeit;
  - Verteiler;
- Herausgeben und Einziehen
- Verwalten
  - Kennzeichnen;
  - Archivieren;
- Ändern
- Änderungsbefugnis
- Prüfen und Genehmigen hinsichtlich
  - Verträglichkeit mit Beibehaltenem;
  - Verständlichkeit und Eindeutigkeit;
  - Vollständigkeit;
  - Durchführbarkeit oder Machbarkeit;
  - Verteiler;
- Dokumente austauschen
- Änderungen erkennbar machen, z.B. im Dokument kennzeichnen, in Verzeichnissen mit Revisionsstand.

🐭 Änderungen an Dokumenten sind hinsichtlich Durchführung und Genehmigung zu regeln.

🐭 Die Archivierungsdauer veralteter gelenkter Dokumente ist festzulegen.

🐭 Hersteller- und Prüfdokumente müssen mindestens während der Lebensdauer der Produkte zugänglich sein und nicht kürzer als die gesetzliche Archivierungsdauer von Aufzeichnungen (4.2.4).

4.2.4 Lenkung von Aufzeichnungen (früher Qualitätsaufzeichnungen)

Die Aufzeichnung ist ein Dokument, das erreichte Ergebnisse angibt oder einen Nachweis ausgeführter Tätigkeiten bereitstellt.

☞ Aufzeichnungen müssen erstellt werden und Bestand haben, um einen Nachweis der Konformität mit den Forderungen und einen Nachweis des wirksamen Funktionierens des QM-Systems bereitzustellen.

☞ Aufzeichnungen müssen lesbar, leicht erkennbar und wiederauffindbar bleiben.

📖 Regeln für die Lenkung der Aufzeichnungen in Verfahrensanweisungen festlegen:
- erstellen der Dokumente
  - formale Gestaltung, Kennzeichnung;
  - Zuständigkeit für die Erstellung;
  - zuständig für die Herausgabe und Verteilung;
  - Verteilerschlüssel festlegen;
- Verwalten der Dokumente
  - Verteiler festhalten und aktualisieren;
  - Ausgaben registrieren;
  - systematische Ablage und Aufbewahrung;
  - Aktualisierung;
  - Archivierung, Archivierungsdauer festlegen;
  - Vernichtung;
- Festlegen des Umfangs und Inhalts je Aufzeichnungsart.

☞ Ein Verfahren muss dokumentiert, verwirklicht und aufrechterhalten werden, um Lenkungsmaßnahmen festzulegen, die erforderlich sind für
- die Kennzeichnung,
- die Aufbewahrung,
- den Schutz,
- die Wiederauffindbarkeit,
- die Aufbewahrungsfrist von Aufzeichnungen,
- die Verfügung über Aufzeichnungen (Verfügung=Vernichtung)

📖 Qualitätsaufzeichnungen müssen
- lesbar sein;
- so aufbewahrt werden, dass sie
  - nicht beschädigt und nicht beeinträchtigt werden;
  - nicht verloren gehen;
  - leicht auffindbar sind;
- Aufbewahrungsdauern müssen festgeschrieben sein.

📖 Anstelle einer textreichen Verfahrensanweisung lässt sich die Verwaltung von Aufzeichnungen sehr einfach und übersichtlich tabellarisch in einem Verzeichnis regeln. Das Verzeichnis sollte mindestens die Spalten enthalten:

- Bezeichnung, (Benennung der Aufzeichnung);
- erstellt von (Verfasser, Autor);
- aufbewahrt bei (Standort);
- Aufbewahrungsdauer.

☞§ Aufzeichnungen sind mindestens fünf Jahre nach Auslieferung aufzubewahren. Bei implantierbaren Produkten beträgt dieser Zeitraum mindestens 15 Jahre.

5.   Verantwortung der Leitung

5.1   Selbstverpflichtung der Leitung

☞ Die oberste Leitung muss ihre Selbstverpflichtung bezüglich Entwicklung und Verwirklichung des QM-Systems und der ständigen Verbesserung der Wirksamkeit des QM-Systems nachweisen, indem sie:
- der Organisation die Bedeutung der Erfüllung der Kundenforderungen und der gesetzlichen und behördlichen Forderungen vermittelt,
- die Qualitätspolitik festlegt,
- sicherstellt, dass Qualitätsziele festgelegt werden,
- Managementbewertungen durchführt,
- die Verfügbarkeit von Ressourcen sicherstellt.

📖 Verpflichtungserklärung der obersten Leitung bezüglich Entwicklung und Verwirklichung des QM-Systems und Nachweisen der ständigen Verbesserung seiner Wirksamkeit, in dem sie
- den Mitarbeitern die Bedeutung der Erfüllung der Kundenforderungen, sowie der gesetzlichen und gesetzlich bedingten Forderungen vermittelt.
  Vermittelt werden kann dies in Schulungen, Sitzungen, Betriebsversammlungen, durch Aushang, Rundschreiben oder Mitteilungen der Geschäftsleitung.
  Der Nachweis kann z.B. durch zugehörige Dokumente und Protokolle geführt werden.
- Die Geschäftsleitung sollte das Verfahren bestimmen, in dem die Qualitätspolitik turnusmäßig festgelegt und bekannt gemacht wird. Siehe auch TO-DO-Liste 9.3.
- Die Geschäftsleitung sollte das Verfahren entwickeln, mit dem von der Qualitätspolitik abgeleitet die Qualitätsziele für die einzelnen Bereiche und Funktionen vereinbart und festgelegt werden.
- Die Geschäftsleitung sollte das Verfahren darlegen, nach dem sie die Wirksamkeit des QM-Systems und seine Verbesserung bewertet.
- Die Geschäftsleitung sollte das Verfahren darlegen, durch das die erforderlichen Mittel geplant und bereitgestellt werden (Personal- und Investitionsplanung). Die Planung kann sich z.B. auf Zeiträume aber auch auf Aufträge oder Projekte beziehen.

5.2   Kundenorientierung

☞ Die oberste Leitung muss sicherstellen, dass die Kundenforderungen ermittelt und mit dem Ziel der Erhöhung der Kundenzufriedenheit erfüllt werden (siehe 7.2.1 und 8.2.1).

📖 Hier wird auf die Abschnitte 7.2.1 und 8.2.1 verwiesen. Das irritiert, weil in diesen Abschnitten die Forderungen viel dezidierter vorgegeben werden, als in diesem Abschnitt (5.2). Und weil dort und im Abschnitt 7.2.2 gerade die Forderungen gestellt werden, die in einem funktionsfähigen QM-System ohnehin beachtet werden müssen.

Die Forderungen hier (5.2), sind verbindlich zu erfüllen, die von 7.2.1 können gemäß Punkt 1.2 der Norm bei der Darlegung ausgeschlossen werden.

📖 Zur Darlegung der Forderungen zur Kundenorientierung ist auf die Forderungen mit den Nummern 7.2.1, 7.2.2, 7.2.3, 7.3.2 zu verweisen.

Es ist daher unzweckmäßig, in diesem Abschnitt (5.2) die Behandlung der Kundenforderungen umfassend darzulegen.

📖 Wenn dennoch ausnahmsweise zweckmäßig, gilt:

Die Kundenzufriedenheit und damit die Kundenforderungen können sich beziehen auf z.B.:

- Qualität der Angebotsprodukte;
- Termintreue;
- Angemessene Preise;
- Flexibilität;
- Kundenberatung und Kundenbetreuung;
- Einsatz von Werkzeugen und Methoden der Qualitätstechnik;
- Zertifizierung des QM-Systems;
- QM-Vereinbarungen, Vereinbarungen mit Kunden zur Festlegung der Zuständigkeiten für Aufgaben des Qualitätsmanagements.

Die vier Forderungen aus 7.2.1 und die drei aus 7.2.2 sind ebenda zu behandeln.

📖 Die Geschäftsleitung muss ein Verfahren (als Geschäftsprozess) entwickeln, durch das die Kundenforderungen möglichst vollständig ermittelt werden:
- mit Hilfe von z.B. Fragen- und Checklisten mit Zwangslauf für alle Beteiligten,
- mit Hilfe umfassender Prüfungen durch die die Kundenzufriedenheit erhöht wird, wenn die Erfüllung der Kundenforderungen dadurch gesichert ist.

📖 Kriterien für die Prüfung der Kundenforderungen sind:
- Vollständigkeit,
- Eindeutigkeit,
- Erfüllbarkeit oder Machbarkeit,
- Verständnis und Einvernehmen,
- Verträglichkeit mit behördlichen und gesetzlichen Auflagen.

📖 Besonders zweckmäßig ist die Forderungsplanung mit Lasten- und Pflichtenheft, wie sie im Abschnitt 7.2 angewendet wird. Siehe auch Anhang V.

Hier (5.2) sollte es genügen, die Forderungsplanung nur kurz zu erwähnen.

📖 Die Erhöhung der Kundenzufriedenheit soll im Abschnitt 8.2.1 gemessen werden, deswegen sollte hier der Hinweis auf diesen Abschnitt genügen.

5.3 Qualitätspolitik

☞ Die oberste Leitung muss sicherstellen, dass die Qualitätspolitik
- für den Zweck der Organisation angemessen ist,
- eine Verpflichtung zur Erfüllung von Forderungen und zur ständigen Verbesserung der Wirksamkeit des QM-Systems enthält,
- einen Rahmen zum Festlegen und Bewerten von Qualitätszielen bietet,
- allen beteiligten Ebenen der Organisation vermittelt und verstanden wird,
- auf ihre fortdauernde Angemessenheit bewertet wird.

📖 Qualitätspolitik bezieht sich als Teil der Unternehmenspolitik auf umfassende qualitätsbezogene Absichten und Zielsetzungen der Organisation (siehe auch 5.2).

📖 Es muss sichergestellt sein, dass die Qualitätspolitik und Ziele auf allen Ebenen der Organisation verstanden werden, in dem man sie dem Personal vermittelt durch z.B.
- Aushang, Rundschreiben, Firmenschriften,
- Betriebsversammlungen,
- Schulungen.

📖 Qualitätspolitik muss Ziele für wichtige QM-Elemente als Leitlinien für Qualitätsmanagement-Grundsätze setzen, die so konkret sein müssen, dass sie direkt umgesetzt und gemessen werden können.

📖 Als QM-Elemente oder Elemente des QM-Systems der Organisation kommen z.B. in Betracht:
- Dokumentationsregeln;
- Verpflichtungen der obersten Leitung;
- Kundenorientierung;
- Qualitätsziele;
- Forderungsplanung;
- Zuständigkeit (Verantwortung und Befugnis);
- interne Kommunikation;
- Qualitätsaufzeichnungen;
- Qualitätsmanagement-Bewertung;
- Personal;
- Schulung;
- technische Ausrüstung;
- Planung der Realisierungsprozesse;
- Entwicklungsplanung;
- Entwicklungsbewertung, -Verifizierung, -Validierung;
- Beschaffung;
- Produktion;
- Dienstleistungserbringung;
- Rückverfolgbarkeit;
- Produktkonservierung (Handhabung);
- Prozessvalidierung;

- Prüfmittel;
- Messen und Überwachen
  - Kundenzufriedenheit;
  - interne Audits;
  - Prozesse;
  - Produkte;
- Fehlermanagement;
- Risikomanagement;
- Daten- und Informationsmanagement;
- Verbesserungsprozesse;
- Korrekturmaßnahmen;
- Vorbeugungsmaßnahmen;
- Verbesserungsmaßnahmen.

📖 Die Qualitätspolitik muss mit Zielsetzungen und Verpflichtungen dokumentiert sein und Grundsatzerklärungen der Geschäftsleitung zur Qualitätspolitik und zu Unternehmenszielen enthalten, Umwelt, Arbeitssicherheit und Risikomanagement eingeschlossen.

5.4 Planung (des QM-Systems)

In der Norm ist nur sehr unbestimmt von Planung die Rede. Gemeint ist die Planung des QM-Systems.

Auch „Qualitätsplanung" ist irreführend, da Qualität weder planbar noch gemeint ist. Es soll dargelegt werden, wie das QM-System der Organisation geplant wird, und dazu gehört vor allem die Planung der Qualitätsziele und die Planung des QM-Systems in Dokumenten.

5.4.1 Qualitätsziele

☛ Die oberste Leitung muss sicherstellen, dass für alle an der Qualität des Angebotsprodukts beteiligten Funktionen auf allen Ebenen Qualitätsziele festgelegt werden, einschließlich derer, die für die Erfüllung der Forderungen an Produkte erforderlich sind.

☛ Die Qualitätsziele müssen so konkret sein, dass sie gemessen werden können.

☛ Außerdem müssen sie mit der Qualitätspolitik und mit der Verpflichtung zur ständigen Verbesserung in Einklang stehen.

☛ Zu den Qualitätszielen müssen diejenigen Ziele gehören, „die zur Erfüllung der Forderungen für Produkte erforderlich sind". Der letzte Satzteil ist unverständlich und könnte lauten: .., die die Erfüllung der Forderung an Produkte erforderlich machen.

📖 Qualitätsziele der Organisation sind im Rahmen der Qualitätspolitik zu berücksichtigender Bestandteil der Forderung:
- an das Angebotsprodukt bezüglich Merkmalsgruppen, wie z.B.
  - leichte Bedienbarkeit;
  - Zuverlässigkeit und Lebensdauer;
  - Sicherheit;
  - Leistung und Funktion;
  - Wartbarkeit und Instandhaltung;
  - Umweltverträglichkeit;
  - Wiederverwertbarkeit;
  - Sparsamkeit beim Mittelverbrauch;
- an QM-Elemente des QM-Systems, wie z.B.
  - Fehlermeldesystem;
  - Fehlerkosten;
  - Vorbeugungsmaßnahmen;
  - interne und externe Kommunikation;
  - Qualitätsverbesserung;
  - Unternehmenskultur;
  - Prozessplanung mit Umsetzung und Bewertung.

📖 Über die Forderungen der Norm hinausgehend genügt die Erfüllung der Forderung alleine künftig nicht mehr. Um Kundenzufriedenheit zu erreichen, sind Kundenforderungen zu planen und zu erfüllen, wie z.B.
- Termintreue;
- angemessene Preise;
- Flexibilität;
- Kundenberatung/Kundenbetreuung;
- Darlegung und Zertifizierung des QM-Systems;
- Einsatz von Werkzeugen und Methoden der Qualitätstechnik und Management-Techniken.

5.4.2 Planung des QM-Systems

☛ Die oberste Leitung muss sicherstellen, dass
- die Planung des QM-Systems erfolgt, um die in Abschnitt 4.1 angegebenen Forderungen zu erfüllen und die Qualitätsziele zu erreichen,
- die Funktionsfähigkeit des QM-Systems aufrechterhalten bleibt, wenn Änderungen am QM-System geplant und umgesetzt werden.

📖 Es sind alle Tätigkeiten und Abläufe in der Organisation als Prozesse zu betrachten, also
- Herstell- oder Produktionsprozesse, in denen materielle Produkte erzeugt werden;
- Dienstleistungsprozesse, in denen immaterielle Produkte (Dienstleistungen) durch Tätigkeiten erbracht werden;

- Geschäftsprozesse, in denen durch Tätigkeiten Materialien, Energien oder Informationen transportiert oder umgeformt werden.

Die Prozesse sind zu planen, um die in Abschnitt 4.1 vorgegebenen allgemeinen Forderungen an QM-Systeme zu erfüllen.

☛ Diese allgemeinen Forderungen betreffen gemäß 4.1:
- Bestimmen der für das QM-System erforderlichen Prozesse,
- Erkennen der Abfolge und Wechselwirkungen der Prozesse,
- Festlegen der Kriterien und Methoden, um die Prozesse wirksam zu machen und zu lenken,
- Überwachen, Messen und Analysieren der Prozesse,
- Maßnahmen entwickeln, um die geplanten Ergebnisse und ständige Verbesserungen dieser Prozesse zu erreichen,
- Bereitstellen von Mitteln und Informationen, die für die Prozesse und ihre Überwachung benötigt werden.

📖 Von den Forderungen gemäß 4.1 ist für die Planung des QM-Systems ableitbar:
- Es sollten alle Prozesse in die Planung einbezogen werden, die zur Kundenzufriedenheit und zur Wertschöpfung auch nur indirekt beitragen.
- Bei der Planung sind Abfolge, Wechselwirkungen und Beziehungen der Prozesse zu beachten und aufzuzeigen, z.B. in Ablaufplänen, Flussdiagrammen, Prozessbeschreibungen.
- Planen der Kriterien und Methoden, um Prozesse wirksam zu machen und zu lenken, z.B. durch Planen von
  - Verfahrensanweisungen (VA),
  - Arbeitsanweisungen (AA),
  - Ablaufplänen,
  - Flussdiagrammen,
  - Entscheidungskriterien für die Lenkung der Prozesse.
- Planen der Prozessüberwachung und der Maßnahmen, die vorgegebenen Ergebnisse und Verbesserungen zu erreichen, durch Planen von Verfahren zur Analyse, Messung und Bewertung der Prozesse und ihrer Ergebnisse.
- Planen der einzusetzenden Mittel.

☛ Bei Einführung von Neuerungen in der Aufbau- und Ablauforganisation ist die Funktionsfähigkeit des QM-Systems zu gewährleisten.

📖 Organisatorische Neuerungen beziehen sich regelmäßig auf Änderungen von Verfahren und Abläufen. Es ist daher ratsam und eigentlich auch selbstverständlich,
- die Neuerungen zu planen, d.h. möglichst alle zu erwartende Probleme und mögliche Lösungen im Voraus zu überdenken und zu dokumentieren.
- Erstellen und probeweise einführen von Verfahrensanweisungen und Formblättern.
- Diskussion und Schulung der Neuerung.

- Realisieren, Umsetzen der Neuerung.
- Bewerten der Neuerung hinsichtlich Wirksamkeit und Verträglichkeit mit dem bisherigen System und seinen Regelungen und mit Forderungen der Gesellschaft.
- Ändern aufgrund der Bewertungsergebnisse
- Bewertung der Änderungsergebnisse.

  📖 Bei der Planung des QM-Systems und seinen Änderungen bietet sich die System-FMEA für Prozesse an!

  📖 Hinweis auf Kapitel 5.5.2.

  📖 Bei der Planung des QM-Systems ist von einem schon existierenden QM-System auszugehen. Deswegen ist es ratsam, bei der Planung nach folgenden Programmschritten vorzugehen:

1. Ist-Zustand erfassen,
2. Schwachstellen erkennen und analysieren, einschränkende Bedingungen auflisten,
3. Ziele formulieren, auf unerwünschte Entwicklungen hinweisen,
4. Änderungen planen mit Einzelmaßnahmen wie
   - Schulungen,
   - Motivationsprogramme,
   - Prozess-Änderungen,
   - Investitionen,
   - Schnittstellenprobleme regeln,
   - Verbesserungsmaßnahmen anordnen,
   - Anweisungen und Formblätter erstellen,
   - Kennzahlen entwickeln,
   - Prüfmethoden vorgeben.

Zu allen Programmschritten ist grundsätzlich festzulegen:
- Zuständigkeiten, d.h., Verantwortung und Befugnis,
- Termine,
- Einzelziele je Funktionsbereich

5.5 Verantwortung, Befugnis und Kommunikation

5.5.1 Verantwortung und Befugnis

☞ Die oberste Leitung muss sicherstellen, dass Verantwortung und Befugnis in der Organisation festgelegt und bekannt gemacht werden.

Die oberste Leitung muss die gegenseitigen Beziehungen aller Personen festlegen, die Arbeiten leiten, durchführen und bewerten, die sich auf die Qualität auswirken. Und sie muss die erforderliche Unabhängigkeit und Befugnis zur Durchführung dieser Aufgaben sicherstellen.

📖 Darlegen der Aufbauorganisation in Organigrammen ohne Namen der Stellen- oder Funktionsinhaber.

- Die Kästchen im Organigramm mit Funktionskurzzeichen versehen, um sich in anderen Dokumenten eindeutig und einfach darauf zu beziehen.
- Zu den Organigrammen ist grundsätzlich ein aktueller Stellen- (oder besser) Funktionenplan mit den Namen der Funktionsinhaber oder Funktionsleiter zu erstellen. Stattdessen ist jedoch der Aufgaben- und Funktionenplan zweckmäßiger (siehe weiter unten).

📖 Festlegen von Verantwortung und Befugnis, was zusammengefasst im Deutschen mit Zuständigkeit bezeichnet wird, für das gesamte Personal, auch das an der Wertschöpfung nur indirekt beteiligte, wie z.B. das der Verwaltung.

📖 Üblicherweise werden die Zuständigkeiten in Stellenbeschreibungen festgelegt. Es gibt gewichtige Gründe, Stellenbeschreibungen zu meiden:

- Dieser Begriff ist tarifpolitisch verbraucht, d.h. jede Stellenbeschreibung oder ihre Änderung bedarf der Zustimmung des Betriebsrates, was allgemein beim Thema Qualitätsmanagement hinderlich sein könnte.
- Stellenbeschreibungen sind vielfach unbefriedigend - vor allem für den Ersteller und für den Stelleninhaber.
- Sie werden oft in der Weise als verbindlich angesehen, dass der Stelleninhaber keine weiteren, der Organisation förderlichen, aber nicht festgeschriebenen Aufgaben zu erfüllen braucht.
- Der Begriff Stelle sollte im Prozessdenken verschwinden. Funktionen sind angesagt, die in der Organisation ein Ergebnis bewirken.
- Statt Stellenbeschreibungen ist zur Gesamtübersicht eine Zuständigkeitsmatrix in Form einer Organisationsrichtline oder Organisationsanweisung zweckmäßiger. Ein Beispiel:

Aufgaben	Funktionen mit Kurzzeichen				
	A	B	C	D	E

In den Matrixfeldern können zusätzlich für jede Aufgabe eingetragen werden:
- ein D für Durchführungsverantwortung,
- mehrere M für Mitwirkungsverantwortung,
- mehrere I für Informationsberechtigung.

📖 Um bei Aufgaben und Funktionen bezüglich der Zuständigkeiten ins Detail gehen zu können, ist der Aufgaben- und Funktionenplan als Organisationsrichtlinie oder Organisationsanweisung besonders zu empfehlen. Ein Beispiel für seine Gestaltung ist der Dokumentation eines Dentallabors entnommen:

Aufgaben und Funktionen	Kurzzei-chen	Zuständigkeit Vertreter

Geschäftsleitung
• Gesamtleitung des Unternehmens
• Personal- und Investitionsplanung
• Festlegen der Aufbauorganisation
• Festlegen der Ablauforganisation
• Ernennung der Beauftragten QMB, SMP, MPB, BDS, BAS, BUS, BFA
• Bewerten des QM-Systems
• Betreuen und Beraten der Zahnarzt-Praxen
• Planen, Umsetzen und Auswerten der Befragung der Zahnärzte
• Festlegen und Bewerten der Unternehmensziele, insbesondere zur Kundenzufriedenheit
• Erfassen, Beschreiben und Bewerten der generellen Kundenforderungen
• Planen, Leiten und Lenken der Dokumentation, auch der ZSW
• Schulen der Mitarbeiter
• Planen der Mitarbeiterschulung
• Planen der Schulung von Auszubildenden
• Analyse der Rückmeldungen
• Analyse der Erfüllung der Produktforderungen
• Analyse der Prozesse- und Produkt-Merkmale
• Analyse der Lieferantenbeziehungen
• Bestimmen der Qualitätsaufzeichnungen und Überwachen der Archivierung
• Risikomanagement bei Zahnärztlichen Sonderanfertigungen
• Kunden-Betreuung/Beratung
  - Fachliche Information der Zahnärzte über Zahnersatz, über neue Dental-Techniken und in sachgerechter Handhabung des Zahnersatzes.
  - Informationen der Zahnarztpraxen über
    ° Nebenwirkungen;
    ° wechselseitige Beeinflussungen;
    ° Fehlfunktionen;
    ° technische Mängel;
    ° Gegenanzeigen;
    ° Verfälschungen;
    ° oder sonstige Risiken.
  - Spezielle Betreuung/Beratung (telefonisch oder in der Zahnarzt-Praxis) zum Zahnersatz eines Patienten, z.B.
    ° bei der Abformung
    ° bei der Auslegung
    ° bei Anproben
    ° bei Implantaten
    ° bei Problemen, die auf Besonderheiten des Patienten zurückzuführen sind.
	GL	Meier
		Müller

5.5.2 Beauftragter der obersten Leitung (QMB)

☞ Die oberste Leitung muss ein Leitungsmitglied benennen, das unabhängig von anderen Zuständigkeiten, zuständig ist dafür
  - dass die für das QM-System erforderlichen Prozesse eingeführt, verwirklicht und aufrechterhalten werden,
  - dass der obersten Leitung über die Leistung des QM-Systems und jegliche Notwendigkeit für Verbesserungen berichtet wird,
  - dass das Bewusstsein über die gesetzlichen und die Kundenforderungen in der gesamten Organisation gefördert wird.
  - Anmerkung in der Norm: Der QMB kann bezüglich des QM-Systems auch Verbindungen zu externen Organisationen pflegen.

📖 Was die Anmerkung mit der Darlegung zu tun haben könnte, ist so sinnlos, dass sie nicht beachtet werden sollte.

📖 Unter „Leitungsmitglieder" sind Führungskräfte auf der Ebene unterhalb der Geschäftsleitung zu verstehen. Es ist aus unternehmerischen Gründen hier kein Mitglied der Geschäftsleitung zu engagieren.

📖 Wahl und Bestellung des Beauftragten (QM-Beauftragter, besser wäre System-Beauftragter, auf keinen Fall „Qualitätsbeauftragter") aus dem Kreis der Führungskräfte, nachweisen durch
  - Ernennungsschreiben
  - Aushang
  - Sitzungsprotokolle

📖 Organisatorische Einordnung des Beauftragten in die Aufbauorganisation (Organigramm). Eine Personalunion mit dem Leiter des Qualitätswesen ist häufig.

📖 Zuständigkeiten des Beauftragten gesondert, also auch neben der Zuständigkeitsmatrix festlegen.
  - Seine Zuständigkeiten sind weniger qualitätsorientiert, sondern mehr auf das QM-System und seine Prozesse gerichtet:
    - Sicherstellen, dass das QM-System und seine Prozesse geplant und verwirklicht werden und funktionsfähig bleiben;
    - Überwachen des QM-Systems hinsichtlich Funktionen und Schwachstellen;
    - die Unternehmensleitung über die Leistungsfähigkeit des QM-Systems informieren;
    - Überwachen der Umsetzung der Forderung der Darlegungsnorm;
    - Erhalt der Zertifizierung;
    - Überwachen der Umsetzung und Wirksamkeit der von der Unternehmensleitung angeordneten Korrekturen im QM-System.
  - Zur Lösung seiner Aufgaben hat der Beauftragte die Befugnis:
    - Zugang zu allen qualitätsbezogenen Daten und Informationen;
    - interne Audits durchzuführen oder zu veranlassen;

- Audits auszuwerten und die Verwirklichung zielgerichteter Korrekturen bei der Unternehmensleitung einzufordern;
- bei Änderungen der Aufbau- und Ablauforganisation in allen Geschäftsbereichen bei der Unternehmensleitung einzusprechen, wenn Änderungen mit dem dokumentierten QM-System unverträglich sind oder seine Funktionsweise beeinträchtigen können.

📖 Beobachten und bewerten der internen Kommunikation und ihrer Wirksamkeit bezüglich aller Prozesse, die die Kundenzufriedenheit beeinflussen könnten.

☛§ Nachdem sich der Gesetzgeber um Datenschutz, Arbeitssicherheit und Umweltschutz bemüht, muss jeder kleinere Betrieb Beauftragte zu diesen Themen benennen.

Sie sind der Vollständigkeit halber hier aufgeführt, ohne die gesetzlich bestimmten Aufgaben zu beschreiben:
- Beauftragter für Datenschutz (BDS)
- Beauftragter für Arbeitssicherheit (BAS)
- Beauftragter für Umweltschutz (BUS)

📖 Aus Gründen der Zweckmäßigkeit ist noch ein weiterer Beauftragter zu nennen, den die Darlegungsnormen nicht kennen:
Es ist der Beauftragte für Auszubildende (BFA).
Er ist zuständig für z.B. folgende Aufgaben:
- Ansprechpartner der Auszubildenden
- Betreuung der Auszubildenden bezüglich der Klärung persönlicher Fragen zu Ausbildung
- Veranlasst die Erstellung persönlicher Ausbildungspläne
- Überwacht die Fertigkeiten der Auszubildenden hinsichtlich der Lerninhalte und Ziele der Lehrjahre

☛§ Laut MPG ist ein Sicherheitsbeauftragter für Medizinprodukte (SMP) von der obersten Leitung zu benennen. Seine Aufgaben sind
- Sammeln von Meldungen über Risiken bei Medizinprodukten:
  - Nebenwirkungen;
  - wechselseitige Beeinflussungen;
  - Fehlfunktionen;
  - technische Mängel;
  - Gegenanzeigen;
  - Verfälschungen;
  - oder sonstige Risiken.
- Die Risiken sind schriftlich der Geschäftsleitung und dem Sicherheitsbeauftragten zu übermitteln.
- Bewerten und Koordinieren notwendiger Maßnahmen
- Anzeigen der Risiken bei der zuständigen Aufsichtsbehörde

☛§ Laut MPG ist ein Medizinprodukteberater (MPB) zu bestimmen. Seine Aufgaben sind

- Fachliche Information der Ärzte über Medizinprodukte, über neue Techniken und in sachgerechter Handhabung der Medizinprodukte.
- Informationen der Arztpraxen über
  - Nebenwirkungen;
  - wechselseitige Beeinflussungen;
  - Fehlfunktionen;
  - technische Mängel;
  - Gegenanzeigen;
  - Verfälschungen;
  - oder sonstige Risiken.
- Diese Informationen sind an die Geschäftsleitung und an den Sicherheitsbeauftragten schriftlich zu übermitteln.

5.5.3 Interne Kommunikation

☞ Die oberste Leitung muss sicherstellen, dass geeignete Kommunikationsprozesse innerhalb der Organisation geplant und verwirklicht werden und dass über die Wirksamkeit des QM-Systems kommuniziert wird.

📖 Zum abstrakten Begriff „Kommunikation" erscheint es zunächst zweckmäßig zu erklären, dass damit die „Verständigung untereinander" gemeint ist, also der gegenseitige Austausch von Informationen in allen Bereichen, auf und zwischen allen Ebenen der Organisation.

📖 Außerdem sollte zur Planung und Verwirklichung der Kommunikationsprozesse von der obersten Leitung der Grundsatz beschlossen und vorgegeben werden:
Überall da, wo
- fehlende Informationen,
- falsche Informationen,
- falsch verstandene Informationen

zu Fehlern führen können, muss für den Austausch der Informationen festgelegt werden:
1. Art und Inhalt der Information,
2. Nutzung der Information,
3. Sender/Empfänger, Mittel und Wege der Information, Zeitpunkt und Bedingungen für den Informationsfluss.

📖 Da interne Kommunikation eines der wichtigsten Elemente im QM-System einer jeden Organisation ist, sollten alle Kommunikationsprozesse in der Organisation ermittelt werden.

📖 Für jeden Kommunikationsprozess sollten dann fallweise die fünf Forderungen für den Informationsaustausch in die Verfahrensanweisungen eingearbeitet oder in besonderen Verfahrensanweisungen festgelegt werden, also z.B. für

1. Art und Inhalt der Information könnten z.B. Prüfergebnisse, Hinweise, Entscheidungen, Mitteilungen sein, die für einen Prozess oder eine Tätigkeit typisch sind.
2. Nutzung der Information, z.B. als Eingabe (Input) für den nachfolgenden Prozess.
3. Sender/Empfänger, wer hat die Informationspflicht, welche Empfänger kommen in Betracht (Verteiler).
4. Mittel und Wege der Information, wie, auf welchem Wege, mit welchem Medium wird informiert.
5. Zeitpunkt und Bedingungen, zu welchem Zeitpunkt oder aufgrund welcher Ereignisse ist zu informieren.

📖 Ein wesentlicher Teil der Internen Kommunikation erfolgt über Dokumente, deswegen sollte bei der Darlegung über das WIE der Kommunikation das Kapitel 4.2.3 mit herangezogen werden.

5.6 Managementbewertung

Die ständige Bewertung des QM-Systems sollten oberste Leitung und Führungskräfte als besonders wirksames Werkzeug zum eigenen Nutzen einsetzen. Zweckmäßigerweise sollte bei den wiederholten Bewertungen mit Kennzahlen gearbeitet werden.

5.6.1 Allgemeines

☛ Die oberste Leitung muss das QM-System in geplanten Abständen bewerten, um dessen fortdauernde Eignung, Angemessenheit und Wirksamkeit sicherzustellen.

☛ Diese Bewertung muss die Verbesserungsmöglichkeiten des QM-Systems und seinen Änderungsbedarf einschließlich der Qualitätspolitik und der Qualitätsziele enthalten.

☛ Aufzeichnungen über die Bewertung müssen aufrechterhalten werden (siehe 4.2.4).

📖 Die oberste Leitung muss Verfahren für die Bewertung des QM-Systems planen, um
- seine ständige Eignung;
- die Angemessenheit des Systems;
- und seine Wirksamkeit

in festgelegten Intervallen zu bewerten.

📖 Die Bewertung muss den Änderungsbedarf für das QM-System erkennen lassen hinsichtlich z.B.:
- Qualitätspolitik
- Qualitätsziele

- Qualitätsmanagement-Grundsätze
- Aufbau- und Ablauforganisation
- Angemessenheit von Personal und Mitteln
- Grad der Verwirklichung des QM-System
- erreichte Produktqualität
- Kundenzufriedenheit
- interne Kommunikation.

Zur Bewertung festlegen:
- Häufigkeit der Verfahren
- Diskussion der Ergebnisse
- Diskussion von Korrekturen
- Diskussion der Wirksamkeit von Korrekturen.

Die Bewertung muss aufgezeichnet werden (4.2.4).

Die Managementbewertung ist der klassische Fall für die TO-DO-Liste.

5.6.2 Eingaben für die Bewertung

Die Eingaben für die Bewertung müssen Informationen enthalten zu
- Ergebnissen von Audits;
- Rückmeldungen von Kunden;
- Leistung von Prozessen und Produktkonformität;
- Status von Vorbeugungs- und Korrekturmaßnahmen
- Folgemaßnahmen vorangegangener Managementbewertungen;
- Änderungen, die sich auf das QM-System auswirken könnten und
- Empfehlungen für Verbesserungen.

Die Überschrift für Medizinprodukte lautet statt Eingaben nun Vorgaben. Außerdem wurde zu den sieben Vorgaben noch eine achte erfunden:
- neue oder überarbeitete gesetzliche Anforderungen.

In die Bewertungsverfahren müssen Informationen und Daten eingehen und zwar:
- Ergebnisse von Audits des QM-Systems;
- Rückmeldungen von Kunden, vor allem z.b. aus Befragungsaktionen;
- Ergebnisse von Prozess- und Produktanalysen oder z.B. von System-F-MEAs für Prozesse und Produkte, Fehlerquoten, Ausfallzeiten und Ausfallmengen, Nacharbeiten, Kundenreklamationen;
- Stand und Wirksamkeit von Vorbeugungs- und Korrekturmaßnahmen;
- Stand und Wirksamkeit der Folgemaßnahmen vorausgegangener Bewertungen;
- Z.B. technisch, wirtschaftlich, rechtlich oder ISO-bedingte Änderungen, die sich auf das QM-System und seine Darlegung auswirken könnten;
- Verbesserungsmöglichkeiten
  - im QM-System
  - bei Prozessen

- bei Produkten.

📖 Die Ergebnisse der Bewertung müssen zu Maßnahmen führen bei
- der Verbesserung des QM-Systems und seiner Prozesse,
- der Produktverbesserung in Bezug auf Kundenforderungen,
- der Bereitstellung von Mitteln.

5.6.3 Ergebnisse der Bewertung

☞ Die Ergebnisse der Bewertung müssen Entscheidungen und Maßnahmen zu Folgendem enthalten:
- Verbesserung der Wirksamkeit des QM-Systems und seiner Prozesse,
- Produktverbesserung in Bezug auf Kundenforderungen, und
- Bedarf an Ressourcen.

📭 Statt Verbesserung der Wirksamkeit des QM-Systems ... muss es nun heißen: erforderliche Verbesserungen zur Aufrechterhaltung der Wirksamkeit des QM-Systems...

📖 Die Ergebnisse der Bewertung müssen zu Entscheidungen und Maßnahmen führen, mit den Zielen
- Verbesserung der Wirksamkeit des QM-Systems und seiner Prozesse,
- Verbesserung der Produkte in Bezug auf Erfüllung der Kundenforderungen,
- Bestimmung des Bedarfs an personeller und technischer Ausrüstung.

📖 Ergebnisse der Bewertung sind Qualitätsaufzeichnungen (4.2.4).

📖 Die Ergebnisse der Bewertung sollten als Kennzahlen vorliegen.
- Zur Kennzahl gehört immer eine Einheit oder Benennung.
- Kennzahlen sind meist Verhältnis- oder Beziehungszahlen und auch
  - Kennzahlen der Lage (Mittelwerte)
  - Kennzahlen der Streuung (Spannweite, Standardabweichung)

6. Management von Ressourcen

6.1 Bereitstellung von Ressourcen

☞ Es muss der Bedarf an Ressourcen (Mitteln) ermittelt und die erforderlichen Ressourcen müssen bereitgestellt werden, um
- das QM-System zu verwirklichen und
- es funktionsfähig zu halten
- seine Wirksamkeit ständig zu verbessern
- die Kundenzufriedenheit durch Erfüllen der Kundenforderungen zu erhöhen.

☞ Statt Kundenzufriedenheit heißt es hier:
- um die regulatorischen Anforderungen und Kundenanforderungen zu erfüllen.

📖 Für die vier zuvor genannten Ziele ist für die drei Bereiche
- Personal
- Infrastruktur
- Arbeitsumgebung

der Bedarf zu ermitteln.

Wie dies geschieht, ist in den Kapiteln 6.2 bis 6.4 darzulegen.

Die Forderung nach Ermittlung des Bedarfs an Ressourcen, um das QM-System zu verwirklichen, vermittelt den fälschlichen Eindruck, als wäre der Bedarf für eine auf der grünen Wiese neu zu bauende Fabrik zu ermitteln. Das ist praxisfremd.

Tatsächlich kann es hier nur um den zusätzlichen Bedarf an Ressourcen (Mittel und Personal) gehen, weil z.B. ein neuer Auftrag oder ein neues Projekt von der Organisation zu bearbeiten ist. Der Bedarf wird daher regelmäßig mit der Planung eines neuen Auftrags oder eines neuen Projekts zu ermitteln sein, z.B. im Zusammenhang mit der Ermittlung der Forderungen der Kunden gemäß Kapitel 7.2, also

📖 Bedarfsermittlung im Zuge der Planung neuer Aufträge und Projekte
- zusätzlicher Bedarf für die Auftragsabwicklung
- zusätzlicher Bedarf für die Produktion
- zusätzlicher Bedarf für die Abläufe bei Dienstleistungen und Tätigkeiten
- zusätzlicher Bedarf für Prüfungen gemäß Prüfplanung
- zusätzlicher Bedarf gemäß Forderungsplanung zum System (5.4.2).

6.2 Personelle Ressourcen

6.2.1 Allgemeines

☞ Personal mit qualitätsrelevanten Aufgaben muss aufgrund angemessener
- Ausbildung
- Schulung
- Fertigkeiten
- Erfahrungen,
  fähig sein.

📖 Die Fähigkeiten der Mitarbeiter, die Führungskräfte eingeschlossen, für ihre Tätigkeiten erreichen diese durch
- Ausbildung zur Fachkraft, wie z.b. als
  - Facharbeiter
  - Fachverkäufer
  - Fachingenieur
  was durch Zeugnisse und Zertifikate (Personal-Ordner) belegt werden kann.
- Interne und externe Schulung zu fachspezifischen Themen für Fachkräfte und tätigkeitsbezogene Unterweisungen für Hilfskräfte z.b. durch
  - Schulungsprogramme mit Teilnahmebestätigung
  - Protokolle von Unterweisungen mit Teilnehmerlisten
  nachweisbar in Personal- oder Schulungsordner.
- Notwendige Fertigkeiten erlangen die Mitarbeiter durch Training mit Unterweisung z.B. bei
  - Schweißer-Lehrgängen
  - CAD- und CAQ-Lehrgängen.
  Vor allem anzulernende Hilfskräfte sollten zu Beginn ihrer Tätigkeiten oder bei neuen Aufgaben systematisch trainiert werden, was zu belegen ist.
- Erfahrungen sammeln die Mitarbeiter in vielen Jahren der Berufspraxis. Auch das sollte belegt werden können.

6.2.2 Kompetenz, Schulung und Bewusstsein

☞ Es muss der Bedarf notwendiger Fähigkeiten des Personals ermittelt werden.

📖 Zur Bedarfsermittlung sollten die Forderungen an die Funktionen (Stellen oder Arbeitsplätze) ermittelt werden, wie sie sich aus der Beschreibung von Aufgaben, Tätigkeiten und Arbeitsabläufen ergeben, dargelegt in Kapitel 5.5, wobei die für die Unternehmensleistung bedeutsamen Prozesse schon gemäß den Forderungen von Kapitel 4.1 zu erfassen sind.
Einzelheiten sollten insbesondere aus den Verfahrens- und Arbeitsanweisungen ableitbar sein.

☛ Für die Deckung des Bedarfs an Schulungen sorgen oder andere Maßnahmen ergreifen.

📖 Der Schulungsbedarf, Training und Unterweisung eingeschlossen, ist regelmäßig von den Führungskräften, ihren Eigenbedarf eingeschlossen, für ihren Bereich zu ermitteln und z.b. in Schulungsrahmenplänen der obersten Leitung zur Genehmigung vorzulegen.

📖 Bei der Bedarfsermittlung sind z.b. folgende Kriterien und Anlässe für Schulungen denkbar:
- Erkennen von Schwachstellen aufgrund von Fehlern
- Erkennen von Schwachstellen bei Audits
- Defizite bei Kenntnissen und Informationen der Führungskräfte
- Einstellung neuer Mitarbeiter
- Einführung neuer Produkte
- Anschaffung neuer technischer Ausrüstung
- Einführung neuer Methoden und Abläufe
- Wiederholungsschulungen
- Vertrautmachen mit den systembezogenen Dokumenten
- Angebote externer Schulungsinstitute und Trainer
- Bewerbungen von Mitarbeitern für Weiterbildungsmaßnahmen.

📖 Nach Genehmigung des Schulungsbedarfs ist die Schulung mit Abstimmung der Themen und Termine für die Mitarbeiter zu planen.

📖 Die mit der Schulung zusammenhängenden Aufgaben sind im Aufgaben- und Funktionenplan (Kapitel 5.5) zu dokumentieren.

📖 Externe und interne Schulungen sind zu veranlassen, zu organisieren und der Nachweis für ihre Durchführung durch Teilnahmebescheinigungen, Zertifikate und Protokolle zu führen (Lenkung von Aufzeichnungen 4.2.4).

☛ Die Wirksamkeit der Schulungsmaßnahmen ist zu beurteilen.

📖 Die Beurteilung kann z.B. durch ein dokumentiertes Gespräch mit dem Geschulten, durch einen Kurzbericht oder durch einen Standard-Fragenkatalog erfolgen.

📖 Bei handwerklichen Trainingsmaßnahmen ist oft das tatsächliche oder praktische Arbeitsergebnis beurteilbar.

☛ Dem Personal sind Bedeutung und Wichtigkeit seiner Tätigkeit bewusst zu machen. Es muss wissen, wie es zum Erreichen der Qualitätsziele beiträgt.

📖 Förderung des Qualitätsbewusstseins der Mitarbeiter und Motivation
- durch Informationen über
  - neue Produkte
  - neue Kunden
  - neue Verfahren
  - Probleme und deren Lösung
  - Situation der Organisation

- durch Information über mittel- und langfristige Unternehmensplanung
  - Ziele mit Begründung
  - Organisatorische Änderungen mit Begründung
  - Lob und Anerkennung einzelner Mitarbeiter mit Begründung

📖 Förderungsmaßnahmen
- Schulungen
- Informationsveranstaltungen
- Qualitätszirkel und Workshops
- Wettbewerbe
- Arbeitsinhalte erklären mit den Folgen, wenn etwas schiefgeht. Diese Erklärungen für die Mitarbeiter dokumentieren, damit sie nachvollziehbar bleiben.

6.3 Infrastuktur

☞ Es muss die Infrastruktur ermittelt, bereitgestellt und funktionsfähig gehalten werden, um die Forderungen an Angebotsprodukte zu erfüllen. Zur Infrastruktur gehören:
- Gebäude, Arbeitsräume, Versorgungs- und Entsorgungseinrichtungen, Anlagen,
- technische Ausrüstung mit Maschinen, Geräten und Werkzeugen, Hardware und Software,
- unterstützende Dienstleistungen wie Transport oder Kommunikationsmittel.

☞ Es sind Wartungspläne zu erstellen, wenn Wartung die Produktqualität beeinflussen kann.
Über Wartungstätigkeiten sind Aufzeichnungen zu führen.

📖 Hier ist ISO 13485 weit hinter dem Mond!

📖 Die Einzelheiten der Infrastruktur sind zu planen, z.B. mittels Pflichtenheften oder Forderungskatalogen, um Ziele und Forderungen zu konkretisieren z.B. in Daten zu Leistungen, Kapazitäten, Sicherheit, Wirtschaftlichkeit, Produktivität und Verfügbarkeit.

📖 Nach der Planung ist die bereitzustellende technische Ausrüstung als Teil der Infrastruktur z.B. gemäß Pflichtenheft zu beschaffen.
- Es ist darzulegen, wie die geplanten Investitionen beschafft werden (siehe auch 6.1). Falls angemessen, kann man die Planungs- und Beschaffungstätigkeiten als Prozess darlegen.
- Die Beschaffung im Kapitel 7.4 bezieht sich auf Produktionsmaterial und Zulieferungen, also nicht auf Ressourcen.

📖 Neben der Planung und Bereitstellung/Beschaffung ist darzulegen, wie die Infrastruktur oder Teile davon funktionsfähig gehalten werden, wie also die Verfügbarkeit durch Instandhaltung gewährleistet werden soll.

- Bei Instandhaltung ist zu unterscheiden
  - Wartung, Maßnahmen zu Bewahrung des Sollzustandes,
  - Inspektion, Maßnahmen zur Feststellung des Istzustandes,
  - Instandsetzung (Reparatur), Maßnahmen zur Wiederherstellung des Sollzustandes.
- So weit angemessen und zutreffend kann systematische Instandhaltung als Prozess betrachtet werden, der für die Organisation und die Kunden- zufriedenheit bedeutsam ist.
- Systematische Instandhaltung kann z.b. umfassen:
  - Erfassen (Katalogisieren) der Teile der technischen Ausrüstung, die der systematischen Instandhaltung unterliegen sollen.
- Entwickeln von Instandhaltungsplänen mit Intervallen für
  - Wartung und
  - Inspektion
  zweckmäßigerweise z.b. mit Checklisten für die Dokumentation.
- Erstellen von Verfahrens- und Arbeitsanweisungen mit Zuständigkeiten und Beschreibung der Instandhaltungstätigkeiten.
- Vorgabe der Aufzeichnungen bezüglich Inhalt und Umfang von Tätigkei- ten der Inspektion, Wartung, Instandsetzung mit Ersatzteilbedarf.
- Planen der Werkzeugüberwachung.

6.4 Arbeitsumgebung

☞ Es muss die Arbeitsumgebung ermittelt, bereitgestellt und aufrechterhalten werden, die zum Erreichen der Konformität mit den Forderungen an die An- gebotsprodukte erforderlich ist. (Wie kann man die Arbeitsumgebung ermit- teln, bereitstellen und, wenn sie miserabel ist, aufrechterhalten?).

📖 Es sind die Arbeitsbedingungen zu analysieren und hinsichtlich Arbeitssi- cherheit und persönlicher Belastungen durch Umweltbedingungen und Ein- flüsse zu beurteilen.

📖 Je nach Beurteilung und fallweise möglicher Verbesserung der Arbeitsbedin- gungen sind verwirklichte Verbesserungen darzulegen.

📠 Es gelten folgende Forderungen:
- Forderungen an Gesundheit, Sauberkeit und Arbeitskleidung des Perso- nals, wenn der Kontakt von Personal und Produkt oder Arbeitsumgebung die Produktqualität beeinträchtigen könnte (a).

📠 Wenn Bedingungen der Arbeitsumgebung die Produktqualität beeinträchti- gen können, müssen Forderungen an die Umweltbedingungen bei der Arbeit, Verfahrensanweisungen und Arbeitsvorschriften für die Erfassung und Len- kung dieser Bedingungen der Arbeitsumgebung eingeführt werden (b).

📠 Es ist sicherzustellen, dass alle Personen, die zeitweilig unter besonderen Umgebungsbedingungen in ihrer Arbeitsumgebung arbeiten müssen, geeignet ausgebildet sind oder durch eine ausgebildete Person überwacht werden (c).

☞ Wenn zutreffend, sind für die Lenkung verunreinigter oder möglicherweise verunreinigter Produkte besondere Maßnahmen zu erarbeiten und zu dokumentieren, um die Verunreinigung anderer Produkte, der Arbeitsumgebung oder des Personals zu verhindern.

☞§ Die vier von ISO 13485 genannten Forderungsbereiche zur Arbeitsumgebung und Arbeitsbedingungen sind weitgehend in einschlägigen Dokumentationen mit Gesetzen, Verordnungen und Betriebsanweisungen der Berufsgenossenschaft geregelt.

Sie sind nicht Objekt der Darlegungsnormen. Gleichwohl muss ihre Beachtung gegenüber meist regionalen Institutionen nachgewiesen werden können.

Im Grunde sind dies alles Forderungen an das QM-System. Die Darlegung hat jedoch mit diesen Forderungen nur insoweit zu tun, als sie die Gestaltung des QM-Systems voraussetzt.

7. Produktrealisierung

(Allgemeines)

In Kapitel 1.2 der Norm ISO 9001, in den Fassungen von 2000 und 2008, befindet sich ein wichtiger Hinweis:

„Wenn sich auf Grund des Charakters einer Organisation und ihrer Produkte eine oder mehrere Anforderungen dieser Internationalen Norm nicht anwenden lassen, kann für diese ein Ausschluss in Betracht gezogen werden.

Wenn Ausschlüsse vorgenommen werden, ist das Beanspruchen der Konformität mit dieser Internationalen Norm nur zulässig, wenn die Ausschlüsse auf Anforderungen aus Abschnitt 7 beschränkt sind und derartige Ausschlüsse die Fähigkeit und Verantwortung der Organisation zur Bereitstellung von Produkten, die den Kunden- und zutreffenden gesetzlichen und behördlichen Anforderungen entsprechen, nicht beeinträchtigen."

Der entsprechende Hinweis in ISO 13485/1.2 verwirrt. Doch der ihm nachfolgende Satz befreit von allen Zweifeln:

„Wenn wegen der Art ... der Medizinprodukte, auf die das QM-System angewendet wird, ... Forderungen in Abschnitt 7 ... nicht anwendbar sind, muss die Organisation solche Forderungen nicht in ihr QM-System aufnehmen [siehe 4.2..2.a]."

Für zulässige Ausschlüsse bei der Darlegung bedeutet das:

☞ Es dürfen bei der Darlegung der Forderungen an das QM-System nur solche ausgeschlossen werden, die die Eignung und Verantwortung der Organisation, Kunden- und gesetzliche Forderungen zu erfüllen, nicht beeinträchtigen.

☞ Der Ausschluss ist auf die Forderungen beschränkt, die im Abschnitt 7 enthalten und begründet sind z.B.
  · mit der Art des Produkts
  · mit Kundenforderungen
  · mit Forderungen von Gesetzen und Behörden.

☞ Werden mehr oder andere Forderungen als nach den Normen zulässig ausgeschlossen, kann keine Konformität mit diesen Normen beansprucht werden.

☞ Konformität kann auch nicht in Fällen beansprucht werden, in denen die Erfüllung der Behördenforderungen Ausschlüsse zulässt, die über die von dieser Norm zugelassenen Ausschlüsse hinausgehen.

Für den rechtlich geregelten Bereich der Medizinprodukte wird die Dokumentation der Auslegung der Produkte (Planung und Entwicklung) und ihrer Herstellung (und Erbringung) gefordert.

Diese generelle Forderung wird in ISO 13485 nicht erwähnt. Das führt vor allem viele Sonderanfertiger (Produktklasse I) die kein zu „genehmigendes" QM-System organisieren müssen, in die Irre. Diese Forderung wird deswegen im Folgenden von der MP-Richtlinie als gesetzlich bedingte Forderung abgeleitet:

• Alle grundlegenden Forderungen sind vom MP-Hersteller zu erfüllen und die Erfüllung von ihm ist zu dokumentieren, damit sich beurteilen lässt, ob die Forderungen der Richtlinie erfüllt werden.

• Alle Forderungen des Anhangs I machen die Dokumentation der Tätigkeiten und ihrer Ergebnisse, die die Beschaffenheit der Medizinprodukte beeinflussen, notwendig. Schließlich ist der Nachweis, die Forderungen erfüllt zu haben, nur durch geeignete Dokumente zu führen.

• Das von jedem MP-Hersteller geforderte Rückmeldesystem, die Rückverfolgbarkeit und das Risikomanagement sind ohne eine umfassende und geeignete Dokumentation nicht realisierbar.

Als geeignete Dokumentation kommt die der Produktrealisierung in Betracht, wie das für Medizinprodukte die ISO 13485 vorgibt und die Richtlinie in Anhängen fordert.

☛§ Jeder MP-Hersteller ist zur Dokumentation seiner Produktrealisierung gemäß MP-Recht verpflichtet, unabhängig von der Absicht, sich zertifizieren zu lassen.

Die Mindestforderung der Richtlinie besagt: Der Hersteller verpflichtet sich, die Dokumentation der Auslegung und Herstellung (7. Produktrealisierung) für die zuständigen nationalen Behörden bereitzuhalten.

7.1 Planung der Produktrealisierung

(Allgemeines)

Hinweis: Die folgenden Forderungen sind zwar für die Darlegung der Produktrealisierung im Abschnitt 7 außerordentlich bedeutsam. Dennoch sind diese Forderungen hier wie auch das ganze Kapitel 7.1 für die Darlegung ungeeignet.

☛ Es müssen die Prozesse geplant und entwickelt werden, die für die Produktrealisierung erforderlich sind.

☛ Die Planung der Produkt-Realisierung muss mit den Forderungen der anderen QM-Prozesse im Einklang stehen.

📖 Die anderen Prozesse sind die gemäß Kapitel 4.1 ermittelten QM-Prozesse.

☛ Bei der Planung der Produkt-Realisierungsprozesse muss, soweit angemessen, festgelegt werden:

• Qualitätsziele für das Produkt, das Projekt oder den Vertrag;

• Forderungen für das Produkt;

• den Bedarf an einzuführenden Prozessen, zu erstellenden Dokumenten und produktspezifischen bereitzustellenden Mitteln und Einrichtungen;

• die erforderlichen Tätigkeiten für produktspezifisches
  - Überwachen, d.h.:
    ständiges Beobachten und Verifizieren des Zustandes eines Produkts.

- Prüfen, d.h.:
  Feststellen, inwieweit ein Produkt eine Forderung erfüllt.
- Verifizieren, d.h.:
  Bestätigen aufgrund einer Untersuchung und durch Nachweisen, dass die festgelegten Forderungen erfüllt worden sind.
- Validieren, d.h.:
  Bestätigen aufgrund einer Untersuchung und durch Nachweisen, dass die besonderen Forderungen für einen speziellen Zweck erfüllt worden sind.
- Planen der erforderlichen Produktannahmekriterien;
- Planen der Aufzeichnungen, die für das Erzeugen von Vertrauen in die Konformität der Prozesse und daraus resultierenden Produkten erforderlich sind.

Es müssen Forderungen an das Risikomamanagement zur gesamten Produktrealisierung erarbeitet werden.
Die Ergebnisse des Risikomanagements zählen zu den Aufzeichnungen (4.2.4).

Die Prozesse der Produktrealisierung (Produktplanung und Herstellung) müssen so geplant werden, dass unter Berücksichtigung des Standes der Technik etwaige Risiken für Patienten, vertretbar und mit einem hohen Maß an Gesundheitsschutz und Sicherheit vereinbar sind.

Die Produktrealisierung umfasst seit ISO 9001:2000 die Prozesse der
- Forderungsplanung für Produkte (7.2),
- Produktentwicklung (7.3),
- Beschaffung (7.4),
- Herstellung und Dienstleistungserbringung (7.5),
- Lenkung von Überwachungs- und Messmitteln (7.6).

Diese Realisierungsprozesse sind Gegenstand der Darlegung in den Kapiteln 7.2 bis 7.6.

Anstelle der überflüssigen Darlegung in 7.1 bleibt Gelegenheit, Ausschlüsse zu erklären und auf die Realisierung zu beachtende Gesetze zu verweisen. Kapitel 7.1 kann dann mit folgenden Sätze geschlossen werden:

Die Erfüllung der Forderungen an die Planung der Realisierungsprozesse wird in den nachfolgenden Kapiteln dargelegt.

Alle Forderungen zum Risikomanagement (RM) sind in einer spezifischen Dokumentation mit Aufzeichnungen in der RM-Akte archiviert.

7.2   Kundenbezogene Prozesse

7.2.1   Ermittlung der Forderungen in Bezug auf das Produkt

Hinweis: Alle Forderungen an Produkte zu ermitteln, ist eine der wichtigsten Aufgaben in jeder Organisation, weil hier etwa 70% der Fehlerquellen entstehen, die eine Organisation die Zukunft kosten können.

Bei Medizinprodukten ist besonders zu beachten, dass von gesetzlichen Forderungen gesetzlich bedingte Forderungen angeleitet und erfüllt werden müssen, um nicht gegen das MP-Recht zu verstoßen.

In ISO 13485:2003 ist zwar ständig von „regulatorischen Anforderungen" die Rede, doch die viel wichtigeren gesetzlich bedingten Forderungen werden dort mit keinem Wort erwähnt!

☞   Als erstes ist darzulegen, wie alle vom Kunden festgelegten Forderungen an das Produkt einschließlich der Forderungen an Belieferung und Tätigkeiten nach der Belieferung (Kundenforderungen) vollständig ermittelt werden (a).
- Neben den vom Kunden festgelegten Forderungen sind auch die vom Kunden nicht ausdrücklich vorgegebenen Forderungen zu erfassen, die - soweit bekannt - für den festgelegten oder beabsichtigten Gebrauch oder Verwendungszweck notwendig sind (b).
- Auch gesetzliche und behördliche Forderungen (was das gleiche ist) in Bezug auf das Produkt, sind zu erfassen (c).
- Ebenso sind alle von der Organisation festgelegten anderen Forderungen zum Produkt und vom Kunden zu erfassen (d).

☞§   Die MP-Richtlinie (93/42/EWG, Stand 21.03.2010) hält im Anhang I für zwei Bereiche eine Reihe Forderungen an Medizinprodukte bereit:
- Grundlegende Forderungen an die Beschaffenheitsgestaltung von Medizinprodukten (Abschnitt I),
- Grundlegende Forderungen an die Auslegungsmerkmale der MP-Kategorien (Abschnitt II).

Die Forderungen an die Beschaffenheitsgestaltung sind QM-Forderungen. Ihre Erfüllung ist deswegen darzulegen.

Die Forderungen an die Auslegungsmerkmale sind Forderungen an die Beschaffenheit. Sie sind bei der Konstruktion der Medizinprodukte vom Hersteller zu beachten. Ihre Realisierung ist von einer Benannten Stelle zu prüfen, z.B. durch eine Baumusterprüfung.

Da die Forderungen sich an Produkte und nicht an das QM-System richten, kommt eine Darlegung nicht in Betracht.

☞§   Die gesetzlich bedingten Forderungen sind von den gesetzlichen Forderungen an die Beschaffenheitsgestaltung abzuleiten.

Die gesetzlichen Forderungen sind gemäß Anhang I der Richtlinie
- Auslegung (Planung) und Herstellung der Medizinprodukte mit Minimierung der Risiken

- unter Beachtung des Standes der Technik.

Von den zuvor genannten gesetzlichen Forderungen sind folgende gesetzlich bedingte Forderungen abzuleiten:
- systematische Forderungsplanung,
- systematisches Fehlermenagement,
- systematisches Risikomanagement.

📖 Erstes Ziel ist hier, alle Forderungen, auch nicht formulierte (!), vollständig zu erfassen. Dazu ist es zweckmäßig, ein Verfahren zu entwickeln und festzuschreiben, mit dem diese Vollständigkeit ermöglicht wird. Dieses Verfahren nennt man Forderungsplanung.

Das Lastenheft nimmt alle an das Produkt zu stellen Froderungen auf und das Pflichtenheft die den Forderungen entsprechenden Lösungen. Hierbei sind allerdings die Lösungen im Pflichtenheft zunächst auch nur Forderungen, die zu verwirklichen sind.

Für dieses Verfahren ist es ratsam, die Arten der Angebotsprodukte und die Forderungsarten der Kunden zu unterscheiden und bei der Ermittlung der Kundenforderungen zu beachten.

Der Transparenz wegen sollte man drei Kategorien der Angebotsprodukte unterscheiden:
- Materielle Produkte, die entwickelt und produziert werden.
- Immaterielle Produkte, die als Dienstleistungen entwickelt und erbracht werden.
- Immaterielle Produkte, die als Software entwickelt werden.

In der Praxis wird man meist Angebotsprodukte als Kombination aus allen drei zuvor genannten Kategorien antreffen. Bei der Suche nach einer Systematik zur vollständigen Erfassung der Kundenforderungen sollten daher zwei Gesichtspunkte kundenbezogen betrachtet werden:
- Produktarten
- Forderungsarten

Die Produktarten lassen sich unterscheiden in:
1. Standardprodukte, nach Katalog oder Datenblättern bestellbar,
2. Standardprodukte mit Varianten (gleichbedeutend mit Sorten) nach Katalog oder Datenblättern bestellbar,
3. Standardprodukte mit Kundensonderwünschen (KSW) nach zusätzlichen Spezifikationen bestellbar,
4. Unikate, vom Einzelteil bis zum komplexen Projekt, nur nach Spezifikationen bestellbar.

☛§ 5. Sonderanfertigungen, so benannt nach dem Medizinproduktegesetz. Im Grunde sind es Unikate, die den Forderungen der namentlich benannten Patienten entsprechend hergestellt werden.

Die Forderungsarten lassen sich unterscheiden in
a. vom Kunden festgelegte Forderungen,

b. vom Kunden nicht festgelegte Forderungen, deren Erfüllung aber fachlich und sachlich notwendig ist,

c. gesetzliche Forderungen, also Forderungen der Gesellschaft,

☞§ d. gesetzlich bedingte Forderungen sind von den gesetzlichen Forderungen abgeleitete QM-Forderungen.

e. von der Organisation festgelegte Forderungen, z.B.
- um den Kunden besser zu betreuen,
- um dem Wettbewerb zuvor zu kommen,
- weil es der Unternehmenspolitik entspricht,
- weil es dem Kunden gegenüber besondere Forderungen zu erfüllen gibt.

Bei der Entwicklung des Verfahrens zur Ermittlung aller Forderungen bieten sich Checklisten an. Sie nützen allerdings nur, wenn sie für den Benutzer anwendungsgerecht vorgedacht wurden.

Das bedeutet, die Checklisten auf die Produktart und auf die Art der Forderungen auszurichten, um prüfen zu können, ob alle relevanten Forderungen vollständig und eindeutig erfasst wurden.

Im praktischen Fall sollten die Checklisten so gestaltet sein, dass die Art der Produkte (1, 2, 3, 4) und die Art der Forderungen (a bis e), soweit zutreffend und angemessen, berücksichtigt und darüber hinaus die Vollständigkeit der Erfassung geprüft werden kann.

Um die verschiedenen Forderungsarten sorgfältig zu ermitteln, sollte man die systematische Forderungsplanung mit Lasten- und Pflichtenheft anwenden. Diese Art der Forderungsplanung ermöglicht das Erfassen der Forderungen mit einem hohen Sorgfaltsgrad (siehe hierzu Anhang IV).

Da MP-Hersteller bei der Planung ihrer Produkte und Aufträge den Stand der Technik als gesetzliche Forderung zu berücksichtigen haben, ist davon auszugehen, dass für MP-Hersteller die gesetzlich bedingte Forderung gilt, mit besonderer Sorgfalt und geeigneten Verfahren zu planen.

Zur Erfüllung dieser gesetzlich bedingten Forderung bietet sich daher die Forderungsplanung mit Lasten- und Pflichtenheft besonders an.

Das Verfahren ist außerdem im folgenden Kapitel zur Bewertung der Forderungen in Bezug auf das Produkt unverzichtbar.

In Verbindung mit Sonderanfertigungen, bei denen der Arzt die Auslegungsmerkmale für den einzelnen Patienten schriftlich zu verordnen hat, werden z.B. in der Zahntechnik neben der Zahnärztlichen Verordnung der Auslegungsmerkmale auch noch Abformungen mitgeliefert, die die Forderungen des Zahnarztes ergänzend erklären sollen. Anstatt zu ergänzen, führen sie jedoch oft im Dentallabor zu erheblichem Mehraufwand und vielen Verständigungsfehlern, weil die Abformung unvollständige und irreführende oder falsche Forderungen vorgibt.

Hier kann nur helfen, die Zahnärztliche Verordnung zum Lastenheft umzufunktionieren, um alle Zahnarzt-Forderungen vollständig dokumentieren zu können.

§§ Die Implantatprothetik, bei der die Auslegungsmerkmale gemeinsam von Arzt und Zahntechnik geplant werden müssen, ist ohne ausführliche Dokumentation der Forderungen (im Lastenheft) nicht denkbar.

Der Begriff Verordnung oder Verschreibung sollte allerdings aus rechtlichen Gründen strikt erhalten bleiben (siehe hierzu Anhang V).

7.2.2 Bewertung der Forderungen in Bezug auf das Produkt

☞ Die Forderungen bezüglich des Produkts müssen bewertet werden. Diese Bewertung muss als Prüfung vor Angebotsabgabe, vor Auftragsannahme oder Vertragsschluss und vor Annahme von Forderungsänderungen vorgenommen werden, um sicherzustellen, dass
- die Kundenforderungen angemessen festgelegt und dokumentiert sind,
- Unterschiede bei Forderungen in der Anfrage, im Angebot oder im Auftrag geklärt sind,
- der Auftrag oder Vertrag durch die Organisation erfüllbar ist.

📖 Da es sich hier um kundenbezogene Prozesse handelt, erscheint es wichtig, die Bewertung, oder besser, die Prüfung auf alle Kundenforderungen auszudehnen.

📖 Verfahrensanweisungen erarbeiten und für alle beteiligten Mitarbeiter verbindlich machen.
- Durch z.B. Vordrucke und Checklisten mit Zwangslauf sicherstellen, dass
  - alle an der Forderungsprüfung Beteiligten in die Prüfung einbezogen werden,
  - alle Kundenforderungen geprüft werden
- Interne Regeln für die Verständigung mit den Kunden festlegen und einhalten.

📖 Kriterien für die Prüfung der Kundenforderungen:
- Vollständigkeit;
- Eindeutigkeit;
- Erfüllbarkeit oder Machbarkeit;
- Verständnis und Einvernehmen;
- Angemessenheit;
- Verträglichkeit mit gesetzlichen Forderungen.

📖 Die Prüfung der Kundenforderungen bedarf grundsätzlich eines besonderen Verfahrens. So bedingt die Erstellung des Angebots regelmäßig auch eine Prüfung der Forderungen.

☞ Aufzeichnungen der Prüfergebnisse und damit verbundene Folgemaßnahmen sind gemäß Kapitel 4.2.4 zu handhaben.

📖 Regeln für die Handhabung dieser Art von Aufzeichnungen schaffen bezüglich:
- Erstellen
- Kennzeichen

- Verteilen
- Archivieren

📖 Im einfachsten Fall kann das Prüfergebnis als Vermerk auf den Kundenpapieren aufgezeichnet werden. Andernfalls ist ein besonderes Dokument anzufertigen.

☛ Legt der Kunde seine Forderungen nicht dokumentiert vor, müssen diese vor Auftragsannahme von der Organisation dokumentiert und dem Kunden bestätigt werden.

📖 Als Bestätigung der Kundenforderungen gelten z.B.
- Angebote mit Produktbeschreibungen
- Lasten- und Pflichtenhefte
- Datenblätter und Kataloge
- Spezifikationen
- Anschauungsmuster (nicht Muster, weil deren Eigenschaften als zugesichert gelten können).

☛ Werden Forderungen geändert, muss die Organisation sicherstellen, dass die davon betroffenen Dokumente ebenfalls geändert werden und dass dem zuständigen Personal die geänderten Forderungen bewusst gemacht werden.

📖 Bei Änderung der Forderungen sicherstellen, dass
- alle geänderten Forderungen an die beteiligten Funktionen weitergegeben werden,
- alle geänderten Forderungen nach den Kriterien geprüft werden
  - Vollständigkeit
  - Eindeutigkeit und Klarheit
  - Erfüllbarkeit oder Machbarkeit
  - Verständnis und Einvernehmen
  - Angemessenheit
  - Verträglichkeit mit anderen, alten Kundenforderungen
  - Verträglichkeit mit behördlichen und gesetzlichen Auflagen.

📖 Die Prüfung der Forderungen nach den genannten Kriterien ist als Verfahren fester Bestandteil der Forderungsplanung mit Lasten- und Pflichtenheft (siehe hierzu Anhang IV).

☛§ Bei Medizinprodukten beruht die Prüfung der Forderungen und der gewählten Lösungen (die in der Planungsphase auch nur Forderungen sind) auf einer gesetzlich bedingten Forderung (Anhang I der Richtlinie).

7.2.3 Kommunikation mit dem Kunden

☛ Es müssen wirksame Regelungen für die Kommunikation mit den Kunden zu folgenden Punkten festgelegt und verwirklicht werden:
- Produktinformationen (a);

- Anfragen, Verträge oder Auftragsbearbeitung einschließlich Änderungen (b);
- Rückmeldungen von Kunden einschließlich Kundenbeschwerden (c),

🖩 Maßnahmenempfehlungen (d).

📖 Für die Kommunikation mit dem Kunden sind die Zuständigkeiten in der Organisation festzulegen und bekannt zu machen. Es geht hier vor allem um Verständigung und Kontaktstellen für den Kunden zu den oben genannten Themen. Je nach Produktart und Lieferbeziehungen können auch andere Themen für die Kommunikation bedeutsam sein, wie z.B.
- nicht vorgegebene Kundenforderungen (7.2.1),
- Prüfergebnisse einzelner Kundenforderungen (7.2.2),
- Produktentwicklung (7.3),
- Beschaffung (7.4),
- Produktion und Dienstleistungserbringung (7.5),
- Kundenzufriedenheit (8.2.1).

📖 Zu den Regelungen sollte auch gehören, Kommunikationswege und Teilnehmer zu bestimmen. Außerdem sollte der Austausch und das Verteilen von Informationen verbindlich geregelt sein.

📖 Bei Kundenbeschwerden oder gar Rückrufen sollten Regeln der Kommunikation mit Kunden festgelegt werden. Die Kommunikation mit Pannenplanung sollte es den Kunden ermöglichen, Schäden zu vermeiden oder zumindest zu begrenzen, möglicherweise auch Korrekturen selbst vorzunehmen.

7.3 Entwicklung

In der Norm ist nur die Rede von der Entwicklung von Produkten. Weil Angebotsprodukte gemeint sind, sollte eindeutig und umfassend bestimmt werden, was als Angebotsprodukt gelten soll: ein materielles Produkt, ein immaterielles Produkt, wie z.B. Software oder eine Dienstleistung. Oder eine Kombination, wie z.B. ein Produktionsprozess, bei dem der Kunde seine Produktforderungen einbringt, wie z.B. in Zeichnungen, Rezepturen, Lasten- und Pflichtenheften oder Spezifikationen, und die Organisation den Prozess mit allen Abläufen, Bedingungen, Tätigkeiten, Anlagen und Werkzeugen entwickelt (Prozessentwicklungsplan).

ISO 13485 spricht in diesem Abschnitt von Design und Entwicklung, ohne zu erklären, was man unter Design zu verstehen hat. Es empfiehlt sich daher, im Deutschen auf diesen modischen Begriff zu verzichten.

7.3.1 Entwicklungsplanung

☞ Die Entwicklung des Angebotsprodukts ist zu planen und zu lenken.

☞ Im Produktentwicklungsplan muss festgelegt werden:
- Phasen des Entwicklungsprozesses; (a)

- Bewertungs-, Verifizierungs- und Validierungsmaßnahmen angemessen für jede Entwicklungsphase (b);
- Verantwortungen und Befugnisse (Zuständigkeiten) für Entwicklungstätigkeiten (c).

📖 Pläne erstellen für alle Abläufe bei Entwicklungsprojekten mit Kurzbeschreibung der Aufgaben und Tätigkeiten, Zuständigkeiten, Terminen, z.B. in
- Meilenstein-Programmen;
- Ablaufplänen, Projektblättern;
- Zuständigkeitsmatrix für die Produktentwicklung.

📖 Die Planung sollte für alle Entwicklungsphasen und Stadien Haltepunkte für Bewertungen, Verifizierungen und Validierungen, wo angemessen, vorsehen.

📖 Zuordnen der Tätigkeiten und Aufgaben in einer Zuständigkeitsmatrix zu qualifiziertem Personal
- Qualifikation des Personals durch Ausbildung, Weiterbildung, Schulung und Berufserfahrung belegen.

📖 Aufgaben- und Funktionenbeschreibungen mit Stellvertreter-Regelung erstellen.

Anmerkung: Stellenbeschreibungen sind als Benennung tarifpolitisch verbraucht und sollten daher im Themenbereich Qualitätsmanagement vermieden werden (siehe Aufgaben- und Funktionenplan).

☛ Schnittstellen zwischen den Entwicklungsgruppen müssen geregelt werden, um eine wirksame Kommunikation auch durch eindeutige Zuständigkeit sicherzustellen (Verantwortung und Befugnis).

📖 Schnittstellenprobleme durch Verfahrensanweisungen lösen und dokumentieren, z.B.
- wer macht was;
- wer hat wen zu informieren;
- wer überprüft regelmäßig den Informationsfluss mit seinen Inhalten und Konsequenzen.

☛ Das Planungsergebnis muss, soweit angemessen, dem Fortschritt der Entwicklung entsprechend aktualisiert werden.

📖 Fortschritt der Projekte verfolgen
- Für jedes Projekt die Fortschritte ermitteln und dadurch den Plan aktualisieren;
- Auflisten der Projekte, Übersicht über Stand der Projekte.

7.3.2 Entwicklungseingaben

☛ Forderungen an das Produkt sind festzulegen und müssen umfassen:
- Forderungen an Funktion und Leistung,

MP Forderungen an die Sicherheit

- behördliche und gesetzliche Forderungen,

- regulatorische Forderungen

- gesetzliche und gesetzlich bedingte Forderungen des MP-Rechts
  - Informationen aus früheren ähnlichen Entwicklungsprojekten,
  - andere bedeutsame Forderungen und Erfahrungen.

☛ Die Eingaben müssen auf Angemessenheit geprüft werden. Unvollständige, mehrdeutige und sich widersprechende Forderungen müssen geklärt werden.

📖 Die Forderungen sind für das Entwicklungsprojekt als Entwicklungseingaben möglichst mit quantitativen Daten vorzugeben.

📖 Sie müssen enthalten:
- Forderungen hinsichtlich Funktion und Leistung des Produkts, d.h., um etwas zu bewirken und um Forderungen zu erfüllen.
- Forderungen der Gesellschaft, z.B. Verordnungen und Gesetze zu Arbeitssicherheit, Umweltschutz, Sparsamkeit des Mitteleinsatzes.
- Allgemeine und bedeutsame Erfahrungen aus anderen Entwicklungsbereichen (z.B. Bench-Marking, Literatur).
- Spezielle Erfahrungen bei früheren ähnlichen Entwicklungsprojekten.

§§ Die Eingaben müssen enthalten:
- gesetzliche Forderungen, wie z.B. Risikomanagement-Ergebnisse, entstanden unter Berücksichtigung des Standes der Technik,
- gesetzlich bedingte Forderungen, wie sie sich z.B. als risikomindernde Maßnahmen ergeben.

📖 Die Ein- oder Vorgaben sind zu prüfen und zu klären hinsichtlich z.B. der Kriterien
- Vollständigkeit,
- Eindeutigkeit,
- Erfüllbarkeit,
- Angemessenheit, d.h. Zweckmäßigkeit,
- Verträglichkeit miteinander,
- Verträglichkeit mit Gesetzen.

7.3.3 Entwicklungsergebnisse

☛ Die Ergebnisse des Entwicklungsprozesses müssen so dokumentiert werden, dass sie gegenüber den Entwicklungseingaben verifiziert werden können.

📖 Die Entwicklungsergebnisse sind in technischen Dokumenten festzulegen, z.B. in
- Zeichnungen, Stücklisten,
- Rezepturen,
- Spezifikationen,
- Anweisungen, Instruktionen,
- Software,

- Berechnungen,
- Analysen.

☞ Entwicklungsergebnisse müssen:
- Entwicklungsvorgaben erfüllen;
- geeignete Informationen für die Beschaffung, Produktion und Dienstleistungserbringung bereitstellen;
- Annahmekriterien für das Produkt enthalten oder darauf verweisen;
- die Merkmale des Produkts festlegen, die für einen sicheren und bestimmungsgemäßen Gebrauch wesentlich sind.

☞ Dokumente zu Entwicklungsergebnissen müssen vor der Herausgabe genehmigt werden.

☞ Die Entwicklungsergebnissen (z.B. Spezifikationen, Zeichnungen) sind als Aufzeichnungen zu führen.

7.3.4 Entwicklungsbewertung

☞ In zweckmäßigen Phasen müssen systematische Entwicklungsbewertungen durchgeführt werden, um:
- die Fähigkeit zur Erfüllung der Forderungen zu beurteilen;
- Probleme zu erkennen und Folgemaßnahmen vorzuschlagen.

☞§ In der ersten Entwicklungsphase in der die Forderungen geplant werden, sind die ersten Entwicklungsergebnisse als Lösungen im Pflichtenheft dokumentiert. Sie sind im Rahmen der Forderungsplanung zu prüfen (siehe hierzu Anhang IV).

☞§ Für die letzte Entwicklungsphase schreibt die MP-Richtlinie vor: Der Nachweis der Übereinstimmung mit den grundlegenden Forderungen (Anhang I) muss eine klinische Bewertung (Anhang X) umfassen.

📖 Bewerten der Entwicklungsergebnisse in den Entwicklungsplan (7.3.1) einarbeiten, z.B.
- als Haltepunkte in Meilenstein-Programmen;
- als Prüffolgen in Entwicklungsphasen;
- Auswahl und Bestimmung der Beteiligten;
- Dokumentation der Prüfergebnisse in Berichten als Aufzeichnungen.

📖 Bewerten des Entwicklungsergebnisses, ob es alle Forderungen erfüllt, durch z.B.
- Anfertigen und Prüfen von Mustern:
  - Entwicklungsmuster, Muster zur Prüfung des Entwicklungsstandes des Produkts,
  - Versuchsmuster, Muster für Funktionsversuche und Zuverlässigkeitsprüfungen.
- Probeläufe, vor allem im Bereich Software und Dienstleistungen,

- Simulationen, vor allem im Bereich Software und Dienstleistungen,
- Anwenden von Fehlerbewertungsmethoden, wie z.b. System-FMEA für
  - Produkte (System-FMEA-Produkte)
  - Prozesse (System-FMEA-Prozesse)
- Gefahren- oder Risiko-Analysen.

☞ Zu den Teilnehmern an derartigen Entwicklungsbewertungen müssen die Vertreter der Funktionsbereiche gehören, die von der bewerteten Entwicklungsphase betroffen sind.

☞ Die Ergebnisse der Bewertungen sowie Folgemaßnahmen müssen aufgezeichnet werden (siehe 4.2.4).

7.3.5 Entwicklungsverifizierung

☞ Das Entwicklungsergebnis ist gemäß Entwicklungsplan (7.3.1) zu verifizieren, um sicherzustellen. dass es die Entwicklungseingaben, d.h. die Vorgaben aus festgelegten Forderungen erfüllt.

📖 Verifizieren bedeutet:
Bestätigen aufgrund einer Untersuchung und durch Nachweisen, dass die festgelegten Forderungen erfüllt worden sind.

📖 Verifizierung kann hier umfassen:
- Prüfen von Entwicklungsmustern,
- Prüfen von Versuchsmustern,
- Erproben von Prototypen,
- Probeläufe, vor allem bei Software und Dienstleistungen,
- Simulationen, vor allem bei Software und Dienstleistungen,
- Anwenden von Fehlerbewertungsmethoden, wie z.B.:
  - System-FMEA-Produkte,
  - System-FMEA-Prozesse,
- Gefahren- oder Risiko-Analysen.

☞ Die Verfizierungsergebnisse müssen als Aufzeichnungen (4.2.4) geführt werden.

7.3.6 Entwicklungsvalidierung

☞ Das Entwicklungsergebnis ist gemäß Entwicklungsplan (7.3.1) zu validieren, d.h. es ist aufgrund einer Untersuchung nachzuweisen und zu bestätigen, dass die besonderen Forderungen für einen speziellen Gebrauch oder Zweck erfüllt worden sind.

☞ Wenn möglich, muss die Validierung vor Auslieferung oder Einführung des Produkts abgeschlossen werden.

☞ Wenn erst am Verwendungsort validiert werden kann, gilt die Auslieferung (Inverkehrbringen) als nicht abgeschlossen.

📖 Validierung schließt sich meist an eine Verifizierung an,
- Validiert wird üblicherweise unter festgelegten Betriebsbedingungen
- Validierung wird üblicherweise am Endprodukt ausgeführt, sie kann aber in früheren Phasen der Fertigstellung des Produktes erforderlich sein.
- mehrfache Validierungen können ausgeführt werden, wenn es unterschiedliche beabsichtigte Anwendungen des Produktes gibt.

☞ Ergebnisse der Validierung und Folgemaßnahmen müssen aufgezeichnet werden (siehe 4.2.4, Qualitätsaufzeichnungen).

📖 Die Validierung kann umfassen
- Prüfen von Entwicklungsmustern,
- Prüfen von Versuchsmustern,
- Erproben von Prototypen,
- Probeläufe, vor allem bei Software und Dienstleistungen,
- Simulationen, vor allem bei Software und Dienstleistungen,
- Anwenden von Fehlerbewertungsmethoden, wie z.B.:
  - System-FMEA-Produkte,
  - System-FMEA-Prozesse,
- Gefahren- oder Risiko-Analysen,
- Prüfen von Erstmustern (auch Ausfallmuster, Baumuster, Typmuster), Muster, das ausschließlich mit den für die Serienfertigung vorgesehenen Einrichtungen und Verfahren unter den zugehörigen Bedingungen der Serienfertigung entstanden ist.

📖 Die Erstmusterprüfung kommt als Validierung des Entwicklungsergebnisses aus temporären Gründen selten in Frage. Ist das Entwicklungsergebnis aber ein Prozess, kommt für seine Validierung nur die Erstmusterprüfung in Betracht.

7.3.7 Lenkung von Entwicklungsänderungen

☞ Originaltext: „Entwicklungsänderungen müssen gekennzeichnet und aufgezeichnet werden.

☞ Die Änderungen müssen, soweit angemessen, bewertet, verifiziert und validiert sowie vor ihrer Einführung genehmigt werden."

📖 Entwicklungsänderungen sind selbstverständlich vor ihrer Verwirklichung oder Einführung zu genehmigen. Die Genehmigung sollte aber von einer Prüfung (im Normtext ist von Bewertung die Rede), Verifizierung oder Validierung abhängig gemacht werden, und nicht umgekehrt, wie im Text der Norm „... validiert sowie vor ihrer Einführung genehmigt werden".

📖 Also im Klartext: Auch Änderungen z.B. durch Verifizieren oder Validieren genehmigen und dann verwirklichen oder einführen.

☞ „Die Bewertung der Entwicklungsänderung muss die Beurteilung der Auswirkungen der Änderungen auf Bestandteile und auf bereits gelieferte Produkte einschließen."

📖 Was die „Beurteilung der Auswirkungen der Änderungen auf Bestandteile und auf bereits ausgelieferte Produkte" bedeuten könnte, kann nur geraten werden.
In jedem Fall erscheint es zu kurz gegriffen, wenn man bei der Beurteilung nur an Bestandteile und bereits ausgelieferte Produkte denkt.

📖 Bedeutsam erscheint bei Entwicklungsänderungen
• alle Änderungen an die beteiligten Funktionen weiterzugeben,
• alle Änderungen nach z.b. den Kriterien zu prüfen
  - Vollständigkeit
  - Eindeutigkeit und Klarheit
  - Erfüllbarkeit oder Machbarkeit
  - Verständnis und Einvernehmen
  - Angemessenheit und Zweckmäßigkeit
  - Verträglichkeit mit anderen, alten Kundenforderungen
  - Verträglichkeit mit behördlichen und gesetzlichen Auflagen
  - Verträglichkeit mit den Forderungen der Gesellschaft.

📖 Immer dann, wenn Forderungen verändert werden, ist zu prüfen, ob sich daraufhin auch Qualitätsmerkmale in ihrer Ausprägung ändern, neue Qualitätsmerkmale hinzukommen oder auch entfallen. Diese Änderungen sind für alle Beteiligten deutlich als
• Änderungen bekannt zu machen,
• allgemein kenntlich zu machen und
• als Änderung besonders zu dokumentieren.

☞ Änderungen müssen, soweit angemessen, verifiziert und validiert sowie vor ihrer Verwirklichung genehmigt werden.

📖 Auch Änderungen in der Entwicklungsplanung sollten grundsätzlich bewertet, verifiziert und fallweise validiert werden, wie unter 7.3.4/7.3.5/7.3.6 beschrieben.

☞ Die Ergebnisse der Bewertung der Änderungen und der Folgemaßnahmen müssen als Aufzeichnung (4.2.4) dokumentiert werden.

📖 Verfahrensregeln für Entwicklungsänderungen festlegen mit Rücksicht auf
• Feststellung und Anlass;
• Dokumentation;
• Information;
• Prüfung;
• Genehmigung;
• Kennzeichnung der Änderung;
• Sicherstellung der Aktualität.

📖 Mit Entwicklungsänderung oder -Modifikation ist nur das Verändern fertiger und freigegebener Entwürfe gemeint und nicht jede Änderung während des Entwickelns.

📖 Verfahren entwickeln für Entwicklungsänderungen
- Änderungsantrag;
- Prüfung und Genehmigung;
- Änderungsmitteilung;
- Änderungsrealisierung und Überwachen der Umsetzung.

7.4 Beschaffung

(Allgemeines)

Zu diesem Kapitel kann es zu begründende Ausschlußmöglichkeiten geben!

Für die Darlegung ist es sehr zweckmäßig, die zu beschaffenden Produkte, in Produktkategorien geordnet aufzuzählen, weil ihre Beschaffungsprozesse meist sehr unterschiedlich sind, was darzulegen ist.

📖 Beschafft werden materielle und immaterielle Produkte. Als immaterielle Produkte kommen in Betracht: Dienstleistung und Software, wie z.b. Rechnerprogramme, Entwürfe und Zeichnungen, Bedienungsanleitungen, Handbücher als Anlagen-Dokumentation.

📖 Oft wird es vor allem bei Dienstleistungen eine Kombination von materiellen und immateriellen Produkten sein, wie z.b. bei zu liefernden und zu installierenden Datenverarbeitungssystemen mit Hardware und Software.

📖 Als Produktkategorien könnten z.B. in Betracht kommen:
- Werkstoffe;
- Halbzeuge, Fertigteile;
- Serienteile, Sonderprodukte;
- Systeme, Teilsysteme;
- Dienstleistungen verschiedener Art;
- Software verschiedener Art.

📖 Wichtiger ist oftmals die Unterscheidung der Produktkategorien in
- z.B. Produktionsmaterialien, die in das Angebotsprodukt eingehen;
- Hilfs- und Betriebsstoffe, die nicht im Angebotsprodukt verbleiben;
- Werkzeuge und Hilfsmittel, die für die Be- oder Verarbeitung gebraucht werden.

📖 Die Aufzählung in Produktkategorien ist meist hilfreich, weil die Beschaffenheitsforderungen, gleichbedeutend mit Produktforderungen oder Forderungen an zu beschaffende Produkte, unmittelbar von den Produktkategorien abhängen.

📖 Es sollte daher auch dargelegt werden, wo die Beschaffenheitsforderungen festgelegt sind, z.B. in
- Zeichnungen, Spezifikationen;

- Pflichten- und Lastenheften;
- Normen, Verordnungen und Richtlinien;
- Lieferbedingungen;
- Angebotskatalogen;
- Qualitätsmanagement-Vereinbarungen.

☞§ Beschaffte Produkte, die in Medizinprodukte eingehen oder Teil davon werden, gelten selbst als Medizinprodukte (MPG, §3).

7.4.1 Beschaffungsprozess

☞ Es ist sicherzustellen, dass beschaffte Produkte die festgelegten Beschaffenheitsforderungen erfüllen.

☞ Art und Umfang der Überwachung, um die Erfüllung der Beschaffenheitsforderungen sicherzustellen, müssen vom Einfluss des beschafften Produkts auf den Produktrealisierungsprozess oder auf das Endprodukt abhängig gemacht werden.

📖 Bei der Überwachung von Lieferanten und Zulieferprodukten sollte der Einfluss der Produktkategorien beachtet werden:
- ob z.B. das Zulieferprodukt in das Endprodukt als Teil eingeht;
- ob es sich um Hilfs- und Betriebsstoffe handelt;
- ob es Werkzeuge und Hilfsmittel sind, die man für die Produktrealisierung braucht.

☞ Lieferanten müssen auf Grund ihrer Fähigkeiten, Produkte entsprechend den Forderungen zu liefern, beurteilt und ausgewählt werden.

☞ Es müssen Kriterien für die Auswahl, Beurteilung und Neubeurteilung aufgestellt werden.

📖 Es ist ein System der Lieferantenbeurteilung einzurichten. Dazu kommen üblicherweise vier unterschiedliche Beurteilungsverfahren in Betracht.
Zu allen vier Verfahren sind Beurteilungskriterien erforderlich, die wiederum von Produkt-Kategorien abhängig gemacht werden sollten.
Die üblichen Lieferantenbeurteilungsverfahren sind zu entwickeln:

📖 Beurteilung vor Auftragserteilung, um neue Lieferanten nach ihrer Fähigkeit auszuwählen.
Die Beurteilung kann basieren auf:
- Auditieren der Lieferanten und Betriebsbesichtigungen;
- Bewertung durch den Endkunden;
- Zertifizierung durch einen akkreditierten Zertifizierer;
- Probelieferungen.

📖 Diese Lieferantenbeurteilung führt oft zur „Liste freigegebener Lieferanten".

📖 Beurteilung während der Vertragsdauer
- durch Überwachen des QM-Systems des Lieferanten durch die Organisation (Kunde) oder durch unabhängige Stellen in Form von QM-Bewertungen (siehe hierzu auch 5.6 für externe Anwendung)
- durch Überwachen der Realisierungsprozesse des Lieferanten durch die Organisation (Kunde) oder unabhängige Stellen, wie z.B. Klassifikationsgesellschaften. Das setzt allerdings vertragliche Vereinbarungen voraus,
- durch Bewerten der Daten der
  - Eingangsprüfung;
  - Be- oder Verarbeitung;
  - Anwendungsphase des Endprodukts;
  - Lieferanten-Audits;
  - Liefertreue hinsichtlich Zeit und Menge;
  - Handhabung der Reklamationen.

☞ Die Ergebnisse der Lieferantenbeurteilung und davon abgeleitete Maßnahmen sind als Aufzeichnungen (4.2.4) zu behandeln.

7.4.2 Beschaffungsangaben

☞ Beschaffungsdokumente müssen das zu beschaffende Produkt beschreiben.

📖 Regeln für die Beschaffungsdokumentation festlegen
- über die Art der Dokumente
  - Spezifikationen, Zeichnungen, Rezepturen, Normen, Pflichten- und Lastenhefte bei Produkten;
  - Spezifikationen, Verfahrens- und Arbeitsanweisungen zu Prozessen;
  - Prüfmethoden, Prüfbedingungen;
  - Qualitätsnachweise.
- Zu Struktur und Aufbau der Dokumente.
- Art der Vorgaben,
  - Quantitative Vorgaben sind qualitativen vorzuziehen;
  - Nenn- oder Sollwerte immer mit Toleranzen angeben;
- Verantwortung für die Angemessenheit und Richtigkeit der Daten bestimmen;
- Zuständigkeiten für die Dokumentation regeln, auch für Verhandlungen mit Lieferanten;
- Handhabung der Dokumente.

☞ Soweit angemessen, müssen die Beschaffungsdokumente auch enthalten:
- Forderungen für die Genehmigung oder Qualifikation von
  - Produkt,
  - Verfahren,
  - Prozessen,
  - Ausrüstung,
  - Personal;

📖 Soweit angemessen (!!) können in den Beschaffungsdokumenten Qualifikationsforderungen gestellt werden:
- zu Produkten durch Qualitätsnachweise, z.b. nach DIN 55 350 Teil 18 oder DIN EN 10 204 (ehemals DIN 50 049) oder branchenspezifische Nachweise;
- bei Verfahren und Prozessen können Testläufe mit Prüfergebnissen bis hin zur Verifizierung oder sogar Validierung mit z.b. Ausfall- oder Erstmustern gefordert werden;
- für die technische Ausrüstung können z.b. Qualitätsfähigkeitskennzahlen (QCS, Quality Capabilty Statistics) gefordert werden, wie z.b. C_{pm}-, C_{pk}-Werte;
- beim Personal könnten die Qualifikationsforderungen durch Befähigungsnachweise, wie z.b. Zeugnisse, Zertifikate, Meisterbrief erfüllt werden.

☛ Soweit angemessen (!!) können in den Beschaffungsdokumenten Forderungen an das QM-System enthalten sein;

📖 Dies könnten z.b. Forderungen sein
- vom Kunden vorgegebene QM-Elemente, durch den Lieferanten darzulegen;
- vom Lieferanten darzulegende QM-Elemente;
- Zertifizierung des QM-Systems des Lieferanten;
- bestimmte, z.b. in QM-Vereinbarungen festgelegte QM-Elemente zu organisieren; typische Elemente sind: spezielle Prüfungen des Herstellers (Lieferanten), Kennzeichnung und Rückverfolgung der Produkte.

☛ Die Organisation muss vor der Freigabe der Beschaffungsdokumente die Angemessenheit der darin enthaltenen Forderungen sicherstellen.

📖 Bestellunterlagen müssen vor Herausgabe an den Lieferanten geprüft werden hinsichtlich:
- Eindeutigkeit
- Verständlichkeit
- Richtigkeit
- Vollständigkeit
- Angemessenheit und Zweckmäßigkeit.

MP Für die Rückverfolgung erforderliche Beschaffungsangaben müssen in gelenkten Dokumenten (4.2.3) und Aufzeichnungen (4.2.4) aufbewahrt werden.

7.4.3 Verifizierung von beschafften Produkten

☛ Zur Verifizierung des beschafften Produkts müssen die erforderlichen Maßnahmen ermittelt und verwirklicht werden.

📖 Es sind die Verifizierungsmaßnahmen, d.h. die zum Nachweis der Erfüllung der Forderungen erforderlichen Prüfverfahren an beschaffte Produkte festzulegen und zu verwirklichen.

☞ Schlägt die Organisation oder ihr Kunde Verifizierungstätigkeiten beim Lieferanten vor, muss die Organisation die beabsichtigten Verifizierungsmaßnahmen und -methoden zur Freigabe des Produkts in den Beschaffungsangaben
festlegen.

📖 Ist die Verifizierung beim Lieferanten beabsichtigt, müssen die Prüfverfahren
- zweckmäßigerweise in QM-Vereinbarungen - festgelegt werden.

📝 Es sind über die Verifizierung Aufzeichnungen zu führen (4.2.4).

7.5 Produktion und Dienstleistungserbringung

(Allgemeines)

Bei den Produktrealisierungsprozessen wird das Erstellen von Software nicht genannt. Zur Realisierung von Produkten sind aber mindestens drei Prozessarten zu
betrachten:
- Die Herstellung von Produkten, auch Produktion genannt;
- die Erbringung von Dienstleistungen;
- die Erstellung von Software, wie z.B. von Bedienungsanleitungen, Verfahrensanweisungen, Protokollen, Zeichnungen, Spezifikationen, Rezepturen
  und das Entwickeln von Rechnerprogrammen als spezielle Art von Software.

7.5.1 Lenkung der Produktion und der Dienstleistungserbringung

7.5.1.1 Allgemeine Anforderungen (MP)

📝 Die Prozesse der Produktion und Dienstleistungserbringung müssen unter
beherrschten Bedingungen gelenkt werden. Beherrschte Bedingungen enthalten, falls zutreffend
- die Verfügbarkeit von Angaben, welche die Merkmale der Produkte festlegen (a);
- die Verfügbarkeit von Arbeitsanweisungen, soweit erforderlich (b);

📝 „die Verfügbarkeit von dokumentierten Verfahren, dokumentierte Anforderungen, Arbeitsanweisungen, Referenzmaterialien und Referenzmessverfahren,
soweit notwendig" (b);
- den Gebrauch (und die Instandhaltung) geeigneter Ausrüstungen für die
  Produktion und die Dienstleistungserbringung (c);
- die Verfügbarkeit und den Gebrauch von Prüfmitteln (d);

📝 die Verfügbarkeit und den Gebrauch von Erfassungs- und Messmitteln (d);
- Überwachungstätigkeiten (e);

📝 die Implementierung von Erfassungen und Messungen (e);
- festgelegte Prozesse für die Freigabe und Lieferung und Tätigkeiten nach
  der Lieferung (f).

- die Implementierung von Freigabe und Liefertätigkeiten und Tätigkeiten nach der Lieferung (f);

- die Implementierung festgelegter Arbeitsvorgänge für das Kennzeichnen und Verpacken (g);

- Es müssen für jedes Los Aufzeichnungen (4.2.4) geführt werden, die die Rückverfolgung gemäß 7.5.3 ermöglichen und die die hergestellte und die für den Vertrieb genehmigte Menge ausweisen.
Die Aufzeichnungen über das Los müssen verifiziert und genehmigt werden.
Ein Los kann ein einzelnes Medizinprodukt sein.

Der Nonsens vom Implementieren bestimmter Tätigkeiten, weil diese zu beherrschten Bedingungen zählen, konnte bisher nicht geklärt werden.

Die Forderung, wegen der notwendigen Rückverfolgung aufzuzeichnen, ist in 7.5.3 festgelegt.

Die Lenkung beherrschter Prozesse (beherrschte Bedingungen sind in der Fachsprache nicht bekannt) setzt voraus, dass zwei grundlegende Forderungen erfüllt sind:
- die Kenntnis der Ursachen und Bedingungen für Änderungen der Prozessparameter, und
- die Kenntnis ihrer Korrigierbarkeit

Oder pragmatischer: Den Prozess beherrscht, wer weiß, an welcher Schraube er zu drehen hat.

Bei den Prozessen in der Produktion, bei der Erbringung von Dienstleistungen und bei der Erstellung von Software sind zur Lenkung vorbeugende, überwachende und korrigierende Tätigkeiten mit dem Ziel zu organisieren, unter Einsatz von Qualitätstechniken die Forderungen zu erfüllen.

Die Lenkung kann erfolgen durch:
- Bereitstellen von Daten, die Produktmerkmale (Beschaffenheit) festlegen.
- Das Zuverlässigkeitsmerkmal „Verfügbarkeit" ist im Text der Norm irreführend verwendet. Von Bereitstellen ist zu sprechen.
- Möglicherweise ist hier die Bereitstellung von Daten für z.B. die Fertigungsplanung gemeint, damit die in einzelnen Arbeitsfolgen entstehenden Produktmerkmale festgelegt sind.

Erstellen von Arbeits- und Verfahrensanweisungen immer dann, wenn ihr Fehlen Fehler entstehen lassen könnte.

Einsatz und Instandhaltung geeigneter Ausrüstung und Arbeitsbedingungen.

Wobei zu den Maßnahmen der Instandhaltung zählen:
- Wartung zur Bewahrung des Sollzustandes,
- Inspektion zur Feststellung und Beurteilung des Istzustandes,
- Instandsetzung zur Wiederherstellung des Sollzustandes.

Planen der Realisierungsprozesse mit Wartung, um diese Prozesse zu qualifizieren.

⬚ Einsatz systematisch überwachter Prüfmittel.

⬚ Entwickeln und Anwenden von Überwachungs- und Lenkungsverfahren für Prozess-Parameter und Produktmerkmale, wie z.b.
- Stichprobenprüfungen durch Lauf- und Zwischenprüfungen
- Regelkartentechnik (SPC).

⬚ Verfahren für die Freigabe von Prozessen und Einrichtungen entwickeln und anwenden, z.b.
- Beurteilung der Qualitätsfähigkeit
- Erstmusterprüfung
- Erststückprüfung, Letztstückprüfung
- Probefertigung und Tests
- Nullserienfertigung und Tests.

7.5.1.2 Lenkung der Produktion und der Dienstleistungserbringung - Besondere Forderungen (MP)

7.5.1.2.1 Sauberkeit von Produkten und Beherrschung der Kontamination (MP)

🕮 Es müssen Forderungen an die Sauberkeit von Produkten dokumentiert und eingeführt werden, wenn
- a) das Produkt vom Hersteller vor der Sterilisation und/oder vor seiner Verwendung gereinigt wird,
- b) das Produkt unsteril ausgeliefert wird und vor der Sterilisation und/oder vor seiner Verwendung gereinigt werden muss,
- c) das Produkt ungereinigt geliefert wird und seine Sauberkeit bei der Verwendung von wesentlicher Bedeutung ist,
- d) während der Herstellung Substanzen beseitigt werden müssen.

Wenn das Produkt nach a) oder b) gereinigt wird, gelten die Forderungen nach 6.4 a und b nicht vor dem Reinigen.

🕮 Die Norm verlangt zwar, Forderungen an die Sauberkeit zu dokumentieren, vergisst aber zu erklären, was als „sauber" gelten soll.
Im Hinblick auf Kontamination als Verunreinigung bietet sich für Sauberkeit die selbstentwickelte Definition an:
Frei von Fremdkörpern und Stoffen, die die Funktion des Produkts beeinträchtigen oder die Sicherheit und die Gesundheit des Patienten oder Dritter gefährden könnten.
Anstatt sich mit den abstrusen Formulierungen der Norm zu den vier besonderen Forderungen an die Sauberkeit zu plagen, erscheint es zweckmäßiger, z.B. in Arbeits- oder Fertigungsplänen festzulegen, nach welchen Arbeitsfolgen gereinigt werden muss und die Sauberkeit zu prüfen ist.

7.5.1.2.2 Tätigkeiten bei der Installation (MP)

🕮 Falls zutreffend, müssen Forderungen festgelegt werden, die die Annahmekriterien für die Installation des Medizinprodukts und ihre Verifizierung enthalten.

Falls Vereinbarungen mit Kunden die Installation durch Dritte zulassen, muss der Hersteller Anweisungen für die Installation und ihre Verifizierung zur Verfügung stellen.

Die Installationsarbeiten und deren Verifizierung sind aufzuzeichnen (4.2.4).

Nach den Regeln der Technik sind Installationspläne mit speziellen Anweisungen vom Hersteller üblich.

Bei elektronischen Medizinprodukt-Geräten wird die Installation und Funktion des Gerätes mit Hilfe eines besonderen Testprogramms validiert werden müssen.

7.5.1.2.3 Tätigkeiten zur Instandhaltung (MP)

Falls Instandhaltung als Forderung festgelegt ist, muss der Hersteller, soweit erforderlich, Verfahren, Arbeitsanweisungen, Referenzmaterialien und Referenzmessverfahren für die Instandhaltungsarbeiten vorgeben.

Außerdem ist die Instandhaltung zu verifizieren (ob die für den wiederhergestellten Sollzustand festgelegten Forderungen erfüllt sind).

Über die Instandhaltungsarbeiten (siehe auch hierzu 7.5.1) sind Aufzeichnungen zu führen (4.2.4).

7.5.1.3 Besondere Anforderungen für sterile Medizinprodukte (MP)

Es sind für jede Charge (oder Los) Aufzeichnungen über die Prozessparameter des Sterilisierungsverfahrens zu führen, das für diese Charge verwendet wurde (4.2.4)

Solche Aufzeichnungen über die Sterilisation müssen auf jedes Produktionslos von Medizinprodukten rückverfolgbar sein (7.5.1.1).

7.5.2 Validierung der Prozesse zur Produktion und zur Dienstleistungserbringung

7.5.2.1 Allgemeine Forderungen (MP)

Es müssen alle Prozesse der Produktion und Dienstleistungserbringung validiert werden, deren Ergebnis nicht durch nachfolgende Messung verifiziert werden kann. Dies betrifft auch alle Prozesse, bei denen sich Mängel eventuell erst zeigen, nachdem das Produkt verwendet wird oder die Dienstleistung erbracht worden ist.

Derartige Prozesse werden „Spezielle Prozesse" genannt. Sie sind z.B. in der chemischen Produktion mit Prozessketten häufig zu finden.

Spezielle Prozesse sind auch bei Prozessen der Dienstleistungserbringung und vor allem bei der Entwicklung von Software üblich.

Die Validierung muss die Fähigkeit der Prozesse zur Erreichung der geplanten Ergebnisse darlegen.

📖 Die Fähigkeit der Prozesse ist durch ihre Validierung unter Betriebsbedingungen darzulegen.

📖 Unter Prozessvalidierung ist hier zu verstehen:
Bestätigung auf Grund einer Untersuchung und durch Bereitstellung eines Nachweises, dass die besonderen Forderungen an einen bestimmten Prozess erfüllt sind.

🖋 Es müssen Regeln zur Validierung festgelegt werden, die - soweit zutreffend - enthalten:
- Qualifikation von Prozessen;
- Qualifikation der Ausrüstung und des Personals;
- Gebrauch festgelegter Methoden und Verfahren;
- Forderungen zu Aufzeichnungen;
- erneute Validierung.

7.5.2.2 Besondere Anforderungen für sterile Medizinprodukte (MP)

(Anmerkung des Verfassers: Es wird versucht, aus einem konfusen Text mit 45 Wörtern den möglichen(!) Sinn in 26 Wörtern auszudrücken)

🖋 Es sind Validierungsverfahren für Rechnersoftware festzulegen, die in der Produktion und Dienstleistungserbringung eingesetzt wird und die die Eignung des Produkts, festgelegte Forderungen zu erfüllen, beeinflussen kann. Solche Softwareanwendungen müssen vor dem ersten Einsatz validiert werden.
Über die Validierung müssen Aufzeichnungen geführt werden (4.2.4).

(Prozessvalidierung als Qualifikationsprüfung: ob der Prozess die besonderen Forderungen erfüllt)

📖 Bevor ein Prozess validiert werden kann, muss er zu anderen Prozessen abgegrenzt, entwickelt und beschrieben sein hinsichtlich
- Verfahren, Abläufen und Tätigkeiten;
- Funktionen und Mitteln;
- Schnittstellen interner wie externer Lieferanten;
- Forderungen interner und externer Kunden;
- Zuständigkeiten (Verantwortung und Befugnis).

📖 Regeln zur Validierung festlegen hinsichtlich
- der zu qualifizierenden Einheit, wie z.B.:
  - Prozess oder Teile davon;
  - Abläufe und Verfahren;
  - Methoden;
  - Personal;
  - Ausrüstung;
  - Software.
- der zu erfüllenden Einzelforderungen an die Einheit;
- Beurteilungskriterien zur Qualifikation;

- zu qualifizierender Merkmale;
- Methoden und Verfahren der Qualifikationsprüfung;
- Dokumentation.

📖 Validieren von Prozessen der Produktion:
- Qualifikation von Prozessen (Verfahren, Abläufen und Tätigkeiten) durch Bestimmen und Nachweisen der Fähigkeit
  - Zur Fähigkeit von Prozessen gehört deren Beherrschung und Präzision, ausgedrückt in „Quality capability statistics" (QCS), wie z.B. in C_{pk}-Werten.
  - Am zweckmäßigsten erscheint zur Prozessvalidierung in der Produktion die Erstmusterprüfung; aber auch die
  - Typprüfung, als Qualifikationsprüfung an einem Produkt
  - die Bauartprüfung, als Qualifikationsprüfung im Hinblick auf Konzeption und Ausführung.
- Qualifikation der Ausrüstung durch Bestimmen und Nachweisen der Fähigkeit
  - Zur Fähigkeit von Maschinen und Methoden gehört deren Beherrschung und Präzision, ausgedrückt in QCS, wie z.B. in C_{mk}-Werten.
- Qualifikation des Personals durch z.B.
  - Nachweise der Aus- und Weiterbildung mit Abschlusszeugnis;
  - Vorlage von Mustern und Beispielen für Fertigkeits- und Fähigkeitsnachweise;

📖 Validieren von Prozessen der Dienstleistungserbringung:
- Die Qualifikation könnte ähnlich der von Prozessen der Produktion dargelegt werden;
- Statt Erstmuster-, Typ- und Bauartprüfung werden jedoch Probeläufe und Simulationen zweckmäßiger dargelegt.

📖 Validieren von Prozessen der Software-Entwicklung:
- Zu den Qualifikationsprüfungen könnten ähnlich den Prozessen der Dienstleistungserbringung dargelegt werden
  - Prüf- und Testprogramme;
  - Probeläufe und
  - besonders Simulationen.

7.5.3 Kennzeichnung und Rückverfolgbarkeit/ Identifikation und Rückverfolgbarkeit (MP)

☛ Soweit erforderlich, muss das Produkt während der gesamten Produktionsabläufe und Dienstleistungserbringung gekennzeichnet werden.

📖 Die Möglichkeit des Nachweises von Werdegang, Verwendung und Ort eines Produkts oder gleicher Produkte kann sich beziehen auf
- das Produkt, und zwar auf die Herkunft von Material und Teilen
- die Verarbeitungsgeschichte

- die Verteilung des Produkts nach seiner Belieferung an Kunden oder an das Verteilungslager
- die Kalibrierung von Prüfmitteln mit Normalen oder Referenzmaterial
- Qualitätsdaten von Produkten im Hinblick auf Prozesse, Abläufe, Tätigkeiten, Personen und Einrichtungen
- den Prüfstatus
- Projektstand
- Bearbeitungsstand.

📖 Festlegen der Forderungen an die Identifikation hinsichtlich
- Verfahren
- Mittel
- Zuständigkeiten
- Arten der Identifikation durch
  - Kennzeichnung der Produkte,
  - Zuordnung der Produkte zu Dokumenten,
  - Zuordnung der Produkte zu Arbeitsplätzen, Tätigkeiten, Änderungen,
  - Zuordnung der Produkte zu Prüfaufzeichnungen,
  - Zuordnung der Produkte zu Personal,
  - Zuordnung der Produkte zu Produktions- und Prüfeinrichtungen,
  - Zuordnung der Produkte zu Projekten und Dienstleistungen.

☞ Der Produktstatus muss bezüglich der geforderten Prüfungen gekennzeichnet sein.

📖 Beim Prüfstatus muss erkennbar sein, ob die Forderung an ein Produkt gemäß den geplanten und durchgeführten Prüfungen erfüllt oder nicht erfüllt ist (Konformität oder Nichtkonformität).
- Um den Zustand von Produkten zu erkennen, sollten Regeln entwickelt werden hinsichtlich
  - Zuständigkeit,
  - Kennzeichnungsverfahren,
  - Befugnis zur Freigabe.

📖 Mittel zur Kennzeichnung des Prüfstatus können sein:
- Markierungen, Stempel
- Anhänger, Etiketten
- Lagerort, Verpackung
- Begleitunterlagen
- als mögliche Stadien für Produkte kommen in Frage:
  - ungeprüft
  - geprüft und angenommen oder freigegeben
  - geprüft und vorläufig gesperrt
  - geprüft und beanstandet.

☞ Soweit Rückverfolgbarkeit gefordert wird, ist die eindeutige Kennzeichnung zu lenken und aufzuzeichnen (4.2.4).

📖 Bei der Rückverfolgbarkeit sollte zweckmäßigerweise im ersten Schritt der Grad der Rückverfolgbarkeit in der Organisation bestimmt werden. Davon unabhängig sind Kundenforderungen bezüglich spezieller Rückverfolgung, die mit dem Kunden detailliert zu vereinbaren ist.

📖 Zu beachten ist, dass die festgelegte oder vereinbarte Rückverfolgung realisiert werden muss und als Aufzeichnung gilt (4.2.4).

7.5.3.1 Identifikation (MP)

Das Produkt muss mit geeigneten Mitteln während der gesamten Produktrealisierung identifizierbar sein. Es müssen Verfahren zur Identifizierung der Produkte festgelegt werden. Die Verfahren müssen sicherstellen, dass rückgelieferte Produkte identifiziert und von den den Forderungen entsprechenden Produkten unterschieden werden können.

7.5.3.2 Rückverfolgbarkeit

7.5.3.2.1 Allgemeines

☜ Es müssen Verfahren zur Rückverfolgbarkeit festgelegt werden, in denen der Umfang der Rückverfolgbarkeit und die erforderlichen Aufzeichnungen bestimmt sind (4.2.4, 8.3 und 8.5). Es muss die eindeutige Identifizierung gelenkt und aufgezeichnet werden, wenn Rückverfolgbarkeit gefordert ist (4.2.4).

7.5.3.2.2 Besondere Forderungen für aktive implantierbare Medizinprodukte und implantierbare Medizinprodukte

☜ Beim Festlegen der Aufzeichnungen für die Rückverfolgbarkeit müssen alle verwendeten Bauteile und Materialien, sowie Bedingungen der Arbeitsumgebung einbezogen werden, wenn diese dazu führen könnten, dass das Medizinprodukt seine festgelegten Forderungen nicht erfüllt.
Im Hinblick auf die Rückverfolgbarkeit müssen Aufzeichnungen über die Auslieferung von Medizinprodukten zur Einsicht bereitgehalten werden.
Aufzeichnungen müssen Namen und Anschrift des Empfängers der Versandverpackung enthalten (4.2.4)

7.5.3.3 Identifikation des Produktstatus (MP)

☜ Der Status von Produkten bezüglich ihrer durchlaufenen Prüfungen muss identifizierbar sein.
Die Identifizierung des Produktstatus muss während der Herstellung, Lagerung und Installation und bei Instandhaltungen am Produkt aufrecht erhalten werden, um sicherzustellen, dass nur Produkte, die die geforderten Inspektionen und Prüfungen durchlaufen haben (oder die unter einer autorisierten

Sonderfreigabe verwendet wurden), zum Versand kommen,verwendet oder installiert werden.

☞ Zur Rückverfolgbarkeit bestimmt die MP-Richtlinie (in den Anhängen) je nach Produktklasse (I, IIa, IIb, III) unterschiedliche Forderungen (Pflichten), des MP-Herstellers in Bezug auf Kennzeichnung, Identifikation, Aufzeichnung und Rückverfolgbarkeit.
Die Forderungen mit dem geringsten Umfang gelten für Medizinprodukte der Klasse I bei Sonderanfertigungen.
Danach verpflichtet sich der Hersteller für zuständige nationale Behörden Dokumente bereitzuhalten, aus denen die Daten des Produkts hervorgehen aus der Auslegung, Herstellung, von Prüfungen, Rückmeldungen und vom Risikomanagement.

7.5.4 Eigentum des Kunden

☞ Mit Eigentum des Kunden ist solange sorgfältig umzugehen, wie es sich im Lenkungsbereich oder im Gebrauch der Organisation befindet.

📖 Was diese Forderung oder Feststellung mit der Darlegung von Teilen des QM-Systems zu tun hat, ist unklar.

☞ Das vom Kunden zum Gebrauch oder zur Einfügung in das Angebotsprodukt überlassene Eigentum ist zu kennzeichnen, zu verifizieren, zu schützen und instandzuhalten.

📖 Eingangsprüfung organisieren. Sie kann bestehen aus:
- Identitätsprüfung und Kennzeichnung;
- Prüfung der Unversehrtheit;
- Prüfung der Qualität, d.h. Prüfung, inwieweit ein beigestelltes Produkt die Forderung erfüllt.

☞ Fälle von verlorengegangenem, beschädigtem oder anderweitig für unbrauchbar befundenem Eigentum des Kunden müssen aufgezeichnet und dem Kunden mitgeteilt werden (4.2.4).

☞ Anmerkung: Zum Eigentum des Kunden können auch geistiges Eigentum oder vertrauliche Angaben zur Gesundheit gehören.

📖 Informationen einholen über besondere Handhabung der beigestellten Produkte
- Besondere Kennzeichnung und Lagerung
- Zustand überwachen.

📖 Dem Kunden in Mängelberichten mitteilen
- Art und Umfang der Beschädigungen oder Verluste;
- Gründe und Ursachen für Beschädigungen und Verluste erläutern;
- Frage nach den Konsequenzen, Handhabung der Produkte.

7.5.5 Produkterhaltung

(Erhaltungs- und Schutzmaßnahmen bei der Handhabung von Produkten)

☛ Es muss die Beschaffenheit des Produkts entsprechend den Kundenforderungen während der internen Verarbeitung und Auslieferung zum Bestimmungsort erhalten bleiben.

ℳℙ Die Erhaltung gilt auch für die Bestandteile des Produkts.

☛ Dies muss die Kennzeichnung, Handhabung, Verpackung, Lagerung und den Schutz beinhalten.

📖 Planen der Vorsorge, um zum Schutz der Beschaffenheit Verfahrensanweisungen zu erstellen, z.b. durch
- Erfassen aller Möglichkeiten der Beschädigung und Beeinträchtigung
- Aufstellen der Forderungen an den Schutz
  - Forderungen z.b. in einem Pflichtenheft erfassen
- Entwickeln und Planen der Schutzmaßnahmen durch z.b.
  - materielle Vorkehrungen
  - organisatorische Vorkehrungen
- auf der Grundlage des Geplanten Verfahrensanweisungen erstellen.

📖 Schulungen für das Personal für alle mit der Handhabung der Produkte zusammenhängenden Tätigkeiten organisieren.

📖 Verwirklichen der Vorkehrungen und überwachen ihrer Wirksamkeit.

☛ Kennzeichnung

📖 Was Schutzmaßnahmen zum Erhalt der Produktbeschaffenheit mit der Kennzeichnung von Produkten direkt verbindet, ist schwer erklärbar.
Wenn statt Kennzeichnung die Identifikation der Produkte gemeint ist, könnte die Forderung nach Kennzeichnung sinnvoller unter 7.5.3 behandelt werden.

☛ Lagerung

📖 Verfahrensanweisungen für die Lagerverwaltung erstellen, in denen
- die Befugnis für die Entgegennahme von Produkten erteilt ist;
- die Befugnis, an das Lager oder aus dem Lager zu liefern, festgelegt ist;
- Zugang zum Lager regeln.

📖 Mögliche Beschädigungen und Beeinträchtigungen erfassen und davon die Konzeption der Lagerstätten und die Lagerbedingungen ableiten.

📖 Planen und Durchführen von Prüfungen im Lager, um den Produktzustand zu beurteilen:
- Mögliche Beeinträchtigungen erfassen;
- Prüfmerkmale festlegen;
- Prüfverfahren festlegen;
- Prüfintervalle festlegen;

- Verfallsdatum prüfen.

☛ Verpackung

☛§ Die Tätigkeiten des Verpackens von Medizinprodukten zählen zur Herstellung.

📖 Planen und Festschreiben der Verpackungsprozesse in Verfahrensanweisungen:
- Kundenforderungen hinsichtlich Verpackung ermitteln;
- Funktionsforderungen an die Verpackung ermitteln;
- Kennzeichnungsforderungen ermitteln.

📖 Den Verpackungsprozess mit den Tätigkeiten planen und verwirklichen:
- Produkte und Verpackungsmaterial bereitstellen;
- Einpacken;
- Verpacken mit Informationsbeilagen, wie z.b. Bedienungsanleitungen oder Pflegehinweise;
- Kennzeichnen.

☛ Konservierung

📖 Methoden entwickeln und verwirklichen zum Schutz und zur Getrennthaltung der Produkte bis zur Übergabe an den Kunden oder seinen Beauftragten:
- Mögliche Beschädigungen und Beeinträchtigungen ermitteln;
- Forderungen an den Schutz ermitteln;
- Schutzmaßnahmen entwickeln und verwirklichen.

☛ Versand, Auslieferung zum Bestimmungsort

📖 Schutzmaßnahmen planen für die Zeit nach der Fertigstellung des Produkts bis hin zum Einsatz des Produkts beim Kunden (im Sinne des zufriedenen Kunden ist es dabei bedeutungslos, ob dazu vertragliche Vereinbarungen bestehen oder ob das Produkt nur bis zum Bestimmungsort die Forderungen erfüllt).
- Mögliche Beschädigungen, Beeinträchtigungen und Versandbedingungen ermitteln, die
  - von der Eigenart des Produkts stammen;
  - von Transport- und Lagerungseinflüssen stammen.

📖 Schutzmaßnahmen verwirklichen und ihre Wirksamkeit verfolgen, d.h. Prüfen, ob Forderungen an den Versand ausreichend erfüllt sind.

7.6 Lenkung von Überwachungs- und Messmitteln

(Allgemeines)
Warum man den übergeordneten Begriff Prüfmittel nicht mehr verwendet, ist nicht bekannt. Gilt doch immer noch: Sowohl zum Überwachen als auch zum Messen werden ausschließlich Prüfmittel eingesetzt.

Unter Prüfmittellenkung oder PM-Management versteht man die Gesamtheit der systematischen Tätigkeiten der Kalibrierung, Justierung, Eichung und Instandhaltung von Prüfmitteln und Prüfhilfsmitteln. Dazu im einzelnen noch einige wichtige häufig gebrauchte Begriffe:

* Gebrauchsnormale sind Normale, die unmittelbar oder über einen Schritt mit einem Bezugsnormal kalibriert sind und routinemäßig benützt werden, um Maßverkörperungen oder Messgeräte zu kalibrieren oder zu prüfen.

* Bezugsnormale sind Normale von der höchsten an einem vorbestimmten Ort verfügbaren Genauigkeit, von denen an diesem Ort vorgenommene Messungen abgeleitet werden.

In ISO 13485 wurde Überwachung durch Erfassung unbegründet ersetzt. Damit gilt das DIN als Erfinder des Erfassungsmittels.

☛ Es müssen zum Nachweis der Konformität des Produkts mit festgelegten Forderungen vorzunehmende Überwachungen und Messungen und die erforderlichen Überwachungs- und Messmittel ermittelt werden.

📖 Alle Prüfmittel im Unternehmen erfassen (inventarisieren). Von allen Prüfmitteln, diejenigen bestimmen, die zur Prüfung der Produktqualität eingesetzt werden:

* Diese Prüfmittel besonders kennzeichnen, dass sie der Kalibrierung unterliegen. Zweckmäßigerweise sind die übrigen Prüfmittel ebenfalls zu kennzeichnen, dass sie der Kalibrierung nicht unterliegen.

* Die Prüfmittel kalibrieren und justieren mit Hilfe zertifizierter Gebrauchsnormale, die wiederum an nationale Normale angeschlossen sind;

* Wo solche Normale fehlen, muss die benützte Kalibriergrundlage dokumentiert werden;

* Neubeschaffung von Prüfmitteln zweckmäßigerweise mit Kalibrier-Zertifikat;

☛ Es müssen Prozesse eingeführt werden, um sicherzustellen, dass Überwachungen und Messungen durchgeführt werden können und in einer Weise durchgeführt werden, die mit den Forderungen an die Überwachung und Messung vereinbar ist.

📖 Die Glanzleistung deutscher Formulierungskunst könnte bedeuten:

Prüfmittel müssen so ausgewählt, eingesetzt und verwendet werden, dass ihre Eignung zur Messung mit den Forderungen zur Messunsicherheit vereinbar sind. Wobei die Messunsicherheit ein Maß für die Genauigkeit der Messungen ist.

☛ Soweit zur Sicherstellung erforderlich, müssen die Messmittel:

* in festgelegten Abständen oder vor dem Gebrauch kalibriert oder verifiziert werden anhand von Messnormalen, die auf internationale oder nationale Messnormale zurückgeführt werden können. Wenn es derartige Messnor-

male nicht gibt, muss die Grundlage für die Kalibrierung oder Verifizierung aufgezeichnet werden;

- bei Bedarf justiert oder nachjustiert werden;
- gekennzeichnet werden, damit der Kalibrierstatus erkennbar ist;
- gegen Verstellungen gesichert werden, die das Messergebnis ungültig machen würden;
- vor Beschädigung und Verschlechterung während der Handhabung, Instandhaltung und Lagerung geschützt werden;

📖 Die gesamte Prüfmittelüberwachung in Verfahrensanweisungen festlegen und dabei berücksichtigen:

- Genauigkeitsforderungen;
- Geräte-Identifikation und Kennzeichnung;
- Einsatzort;
- Einsatzhäufigkeit;
- Intervalle für Kalibrieren und Justieren bestimmen;
- Beurteilung der Eignung neuer Prüfmittel;
- Maßnahmen bei nichtzufriedenstellenden Ergebnissen.

📖 Der Kalibrierstatus kann durch Aufkleber und andere Kennzeichnungen am Prüfmittel selbst oder z.B. an seinem Schutzbehälter oder Lagerort kenntlich gemacht werden. Das Führen von Listen reicht aber auch oft aus.

📖 Es muss sichergestellt werden, dass Prüfmittel so fachgerecht gehandhabt, geschützt und gelagert werden, dass Genauigkeit und Gebrauchstauglichkeit nicht beeinträchtigt werden.

📖 Diese Forderung lässt sich erfüllen durch z.B.

- Bedienungs- und Pflegeanweisungen
- Schulung oder Training
- besondere Vorkehrungen bei der Lagerung.

📖 Mögliche Einflüsse auf Prüfmittel und Prüfsoftware ermitteln und Vorkehrungen treffen, um diese Einflüsse zu verhindern.

☛ Außerdem muss die Gültigkeit früherer Messergebnisse bewertet und aufgezeichnet werden, wenn festgestellt wird, dass die Messmittel die Forderungen nicht erfüllen.

☛ Es müssen geeignete Maßnahmen bezüglich der Messmittel und aller betroffenen Produkte ergriffen werden.

📖 Der Einsatz fehlerhafter Prüfmittel sollte innerhalb des letzten Kalibrierungsintervalls rückverfolgt werden können, um die Prüfergebnisse nachträglich nochmals zu bewerten und dies zu dokumentieren.

☛ Aufzeichnungen über Ergebnisse der Kalibrierung und Verifizierung müssen geführt werden (4..2.4).

⊞   Die Dokumentation über Kalibrierung sollte von Anfang an intensiv geplant werden. Sie ist für das Funktionieren der Kalibrierung unerläßlich und zählt zu den Aufzeichnungen (4.2.4).

⊞   Wenn mit fehlerhaften Prüfmitteln gearbeitet wurde, bieten sich als geeignete Maßnahmen z.B. an
  • Instandhaltung der Prüfmittel mit Kalibrierung und
  • Eingrenzung der möglicherweise fehlerhaften Produktmenge,
    - aussortieren und
    - nacharbeiten oder
    - entsorgen.

☛   Bei Rechnersoftware zur Überwachung und Messung festgelegter Forderungen muss die Eignung für die beabsichtigte Anwendung bestätigt werden. Dies muss vor dem Erstgebrauch vorgenommen werden und wenn notwendig auch später bestätigt werden.

⊞   Zur Prüfung vorgesehene Rechnersoftware ist als Prüfmittel zu validieren. D.h., es ist unter Anwendungsbedingungen nachzuweisen, dass die Prüfsoftware die festgelegten Forderungen erfüllt.

8.   Messung, Analyse und Verbesserung

Zum Begriff Messung existieren in der nationalen wie internationalen Fachsprache mehrere unterschiedliche Definitionen:
Die kürzeste lautet: Gesamtheit der Tätigkeiten zur Ermittlung eines Größenwertes.
Allen Definitionen ist gemeinsam, dass (nur) quantitative Werte ermittelt werden. Daraus ist für den Abschnitt 8 zu folgern, dass nur (quantitative) Messwerte darzulegen sind. Die nicht quantitativen Merkmalswerte, ehemals als qualitative bezeichnet, sind von der Darlegung demnach ausgeschlossen?
Oder: Sind alle Prüfungen, bei denen nicht gemessen wird, bei der Darlegung zu vernachlässigen?
Der Begriff Messung ist hier unzutreffend verwendet! Es wird empfohlen, ihn durch Prüfen zu ersetzen, denn das heißt: Feststellen, inwieweit z.B. ein Produkt oder ein Prozess eine Forderung erfüllt.
Im Abschnitt 8 wurde gemäß ISO 13485 Überwachung wieder krampfhaft durch Erfassung ersetzt. Auch hier empfiehlt sich:
Es ist für die Erfüllung der Darlegungsforderungen beider Normen zweckmäßig, die Begriffe Messung und Erfassung durch die sie umfassenden Begriffe Prüfung und Überwachung gedanklich zu ersetzen.

Anmerkung zur Überschrift
Der Überschrift mit ihren drei Tätigkeiten folgend, müsste hier dargelegt werden, wie in einer Organisation gemessen, analysiert und verbessert wird.

Das ist insofern irreführend, als dem Normtext zufolge nicht die Ausführung dieser Tätigkeiten darzulegen ist, sondern die Methoden der Messung, Analyse und Verbesserung, wie sie in der Organisation z.B. in Verfahrensanweisungen festgelegt sind!

8.1   Allgemeines (zur Prüfplanung)

☛   Die Überwachungs-, Meß-, Analyse- und Verbesserungsprozesse sind zu planen und zu verwirklichen, die erforderlich sind, um
  · die Konformität des Produkts mit den Forderungen darzulegen;
  · die Konformität des QM-Systems mit den Darlegungsforderungen der Norm sicherzustellen;
  · die Wirksamkeit des QM-Systems ständig zu verbessern.

☛   Dies (was?) muss die Festlegung von zutreffenden Methoden einschließlich statistischer Methoden und das Ausmaß ihrer Anwendung enthalten.

⚐   Anmerkung: In nationalen oder regionalen Vorschriften kann die Anwendung
  statistischer Verfahren und Methoden gefordert werden (wie z.B. Ringversuche bei IVD).

📖 Es sind alle die Prüfungen als Prozesse mit Analyse und Bewertung der Prüfergebnisse zu planen und zu verwirklichen, die erforderlich sind
- um Konformität der Angebotsprodukte mit den Forderungen sicherzustellen. Wobei als Angebotsprodukte in Betracht kommen:
  - materielle Produkte,
  - immaterielle Produkte, wie Dienstleistungen,
  - immaterielle Produkte, wie Software oder
  - eine Kombination aus allen drei Produktarten;
    (diese Aufzählung ist nicht in der Norm enthalten)

📖 Es sind alle die Prüfungen als Prozesse mit Analyse und Bewertung der Prüfergebnisse zu planen, die erforderlich sind,
- um Konformität des QM-Systems mit den Forderungen der Norm und der Angemessenheit zu ermitteln, um
  - die Leistungsfähigkeit des Systems zu ermitteln,
  - die Erreichung der Ziele zu ermitteln,
  - notwendige Korrektur- und Vorbeugungsmaßnahmen abzuleiten,
  - Verbesserungspotential zu ermitteln.

📖 Regeln zur Prüfplanung schaffen:
- Planung der Prüfungen durch z.B.
  - das Qualitätswesen
  - die Arbeitsvorbereitung
- Kriterien für die Erstellung von Prüfplänen anhand z.B.
  - der Fehlergewichtung
  - gemäß den Kundenforderungen
  - Schwierigkeitsgrad der Prüfung
  - Fertigkeiten des Personals
- Zeitpunkt der Prüfplanung
  - bei Auftragsannahme
  - während der Produktentwicklung
  - während der Fertigungsplanung (Arbeitsvorbereitung)
  - gelegentlich des Musterbaus oder der Probefertigung
- Inhalt und Struktur der Prüfpläne festlegen z.B. mit
  - Prüfspezifikationen
  - Festlegen der Prüfmerkmale, Merkmalswerte, Prüfverfahren, Prüfmittel
  - Prüfanweisung
    Anweisung zur Durchführung der Prüfung, z.B. gemäß Prüfspezifikation
  - Prüfablaufplan
    Festlegung der Abfolge der Prüfungen.

(Einsatz statistischer Methoden)

📖 Abläufe, insbesondere Prüfungen, daraufhin analysieren, ob und welche statistischen Methoden angemessen angewendet werden können.
- Hauptkriterien für die Anwendung statistischer Methoden sollte das Entstehen von Datenmengen sein. Schon das Berechnen von Durchschnit-

ten, das Anfertigen und Auswerten von Strichlisten ist zu statistischen Methoden zu zählen.

📖 Die Anwendung statistischer Methoden zur Lösung qualitätsrelevanter Fragen kann sich beziehen auf
- Methoden der Beschreibung von Sachverhalten
- Methoden des Schätzens und Planens
- Methoden der Analyse
- Methoden der Entscheidungsfindung

📖 Verfahrensanweisungen für die Anwendung statistischer Methoden in den ermittelten Fällen erstellen, um die Methoden zu verwirklichen und ihren fachgerechten Einsatz zu überwachen.
- Verfahrensanweisungen für das Beschreiben von Datenmengen erstellen
  - Untersuchungen planen
  - Klassieren von Werten
  - Kennzahlen der Lage und Streuung berechnen
  - grafische Darstellungen anfertigen
- Verfahrensanweisungen für das Schätzen erstellen
  - Aussagesicherheit und Aussagegenauigkeit
  - Schätzverfahren für Qualitätsberichte festlegen
- Verfahrensanweisungen für Analysen zur Erkennung
  - von Ursachen und Einflüssen
  - von Zusammenhängen, Abhängigkeiten und Unterschieden
  - statistische Versuchsplanung
- Verfahrensanweisungen der Entscheidungsfindung bei bekanntem Risiko erstellen
  - Analysen der Fähigkeit von Prozessen
  - Stichprobenverfahren im Wareneingang
  - Regelkartentechnik (SPC)
  - statistische Testverfahren.

8.2 Überwachung und Messung/Erfassung und Messung (MP)

8.2.1 Kundenzufriedenheit/Rückmeldungen (MP)

(Ein Meisterstück internationaler Formulierungskünste)

☞ Die Organisation muss Informationen über die Wahrnehmung der Kunden in der Frage, ob die Organisation die Kundenforderungen erfüllt hat, als eines der Maße für die Leistung des QM-Systems überwachen.

☞ Die Methoden zur Erlangung und zum Gebrauch dieser Informationen müssen festgelegt werden.

Als eine der Leistungsmessungen des Qualitätsmanagementsystems muss die Organisation die Informationen erfassen, ob die Organisation die Kundenanforderungen erfüllt hat.

Die Organisation muss ein dokumentiertes Verfahren für ein Rückmeldesystem (siehe 7.2.3) einführen, damit frühzeitige Warnungen betreffend Qualitätsprobleme und als Vorgabe für die Korrektur- und Vorbeugungsmaßnahmen (siehe 8.5.2 und 8.5.3) ermöglicht werden.

Wenn nationale oder regionale Vorschriften von der Organisation fordern, aus der Phase nach der Produktion Erfahrungen zu gewinnen, muss die Bewertung dieser Erfahrungen einen Teil des Systems zur Rückmeldung bilden (siehe 8.5.1).

Es muss die Beurteilung der Kundenzufriedenheit durch die Erfüllung der Kundenforderungen als eines der Maße für die Leistung des QM-Systems überwacht werden.

Als Kundenzufriedenheit kann man sich z.B. vorstellen:
Bewertung des Kunden, in welchem Grade sich sein Zustand durch die Leistung des Lieferanten unmittelbar verbessert hat.

Verfahren zur Messung der Kundenzufriedenheit mit z.B. folgenden Schritten einrichten:
- Informationen erfassen;
- Analysieren und Bewerten;
- Entscheidungen über Änderungen beschließen;
- Änderungen realisieren und umsetzen;
- Nachprüfen, ob die Änderungen angemessen und effizient sind.

Bei der Messung der Kundenzufriedenheit kann man sich z.B. auf typische Informationen stützen:
- Rückmeldungen über das Produkt;
- Kundenforderungen, Wünsche und Erwartungen;
- Kundendienstdaten;
- veränderte Marktbedürfnisse;
- Markt- und Wettbewerbsinformationen;
- direkte Kommunikation mit Kunden;
- Fragebogen-Aktionen;
- Berichte von Verbraucherorganisationen;
- Branchenstudien.

8.2.2 Internes Audit

Interne Audits müssen in geplanten Abständen durchgeführt werden, um zu ermitteln, ob das QM-System

die im Kapitel 7.1 geplanten vier Regelungen, so weit angemessen, erfüllt
- Qualitätsziele und Forderung an das Produkt;
- die Notwendigkeit,

- Prozesse einzuführen,
- Dokumente zu erstellen,
- produktspezifische Ressourcen bereitzustellen;
  - die erforderlichen Verifizierungen, Validierungen und Prüfungen sowie Produktannahmekriterien;
  - die erforderlichen Aufzeichnungen (siehe 4.2.4), um nachzuweisen, dass die Forderungen an Produkte und Realisierungsprozesse erfüllt werden,

☞ die Forderungen der ISO 9001/ISO 13485 und Forderungen, die die Organisation festgelegt hat, erfüllt und

☞ wirksam verwirklicht und aufrechterhält.

☞ Audits müssen als Programm besonders geplant werden, wobei Stand und Bedeutung der zu auditierenden Prozesse und Bereiche, sowie Ergebnisse früherer Audits berücksichtigt werden müssen.

📖 Im Gegensatz zum externen Audit, bei dem nur formale Auditfragen gestellt werden, die sich aus der Norm ableiten, ist beim internen Audit die für jeden Bereich besondere Situation, wie sie z.B. in Anweisungen dokumentiert ist, zu erfragen und zu bewerten, so auch ganz besonders Ergebnisse früherer Audits.

☞ Die Auditkriterien, der Auditumfang, die Häufigkeit und die Methoden müssen festgelegt werden.
  - Die Auswahl der Auditoren und das Auditieren müssen Objektivität und Unparteilichkeit des Audits sicherstellen.
  - Auditoren dürfen ihre eigene Tätigkeit nicht auditieren.

📖 Interne Qualitätsaudits sind systematische und von persönlichen Zwängen unabhängige Untersuchungen, um festzustellen, ob die qualitätsbezogenen Tätigkeiten und damit zusammenhängende Ergebnisse den geplanten Anordnungen entsprechen, und ob diese Anordnungen tatsächlich verwirklicht und geeignet sind, die Ziele zu erreichen.

📖 Das Qualitätsaudit wird meist auf ein QM-System oder auf QM-Elemente, auf Prozesse oder auf Produkte angewendet. Solche Qualitätsaudits werden daher auch „System-Audit", „Verfahrensaudit", „Produktaudit" genannt. Von Verfahrensaudit und Produktaudit wird gesprochen, wenn die Wirksamkeit von QM-Elementen anhand von Verfahren und Produkten untersucht wird. Beim Systemaudit geht es um die Untersuchung der Wirksamkeit des QM-Systems als Ganzes. Dabei sind System-Audit, Dienstleistungs- und Verfahrensaudit nicht einfach unterscheidbar.

📖 Das Produktaudit bezieht sich auf materielle Produkte. Vom Dienstleistungsaudit wird gesprochen, wenn sich das Audit auf das immaterielle Produkt Dienstleistung bezieht.

📖 Ziel und Zweck interner Audits können umfassen:
  - die Wirksamkeit des QM-Systems zu beurteilen;

- Schwachstellen zu erkennen;
- Abhilfemaßnahmen zu beschließen und zu veranlassen;
- die Realisierung der Maßnahmen zu überwachen;
- die Wirksamkeit von Korrektur- und Vorbeugungsmaßnahmen zu beurteilen.

Diese Ziele sollten zum internen Qualitätsaudit im Einzelfall besonders konkretisiert werden.

Als Auditoren kommen nur Mitarbeiter in Frage, die folgende Bedingungen erfüllen:
- Sie müssen die Aufbau- und Ablauforganisation des Unternehmens, insbesondere sein QM-System kennen;
- Sie müssen zum Kreis der Führungskräfte zählen;
- Sie dürfen in dem zu auditierenden Bereich weder Verantwortung noch Kompetenzen haben;
- Sie müssen sich mit dem Unternehmen identifizieren;
- Ihnen muss bewusst sein, dass sie die zu Auditierenden kollegial unterstützen müssen. Vor allem, wenn Schwachstellen aufgedeckt wurden.

Zweckmäßigerweise sind interne Audits in einer Audit-Matrix grob zu planen (Kopfzeile: Stellen- oder Funktionsbezeichnungen; Seitenzeile links: Aufgaben, Tätigkeiten).

Die Matrix-Felder sind einerseits für die Zeitplanung verwendbar, in dem die Audit-Termine dort eingetragen werden. Andererseits dienen die Felder der Kennzeichnung durch Ankreuzen, in dem ein Kreuz auf die Beziehung QM-Element/Stelle oder Funktion hinweist.

Nach dieser Grobplanung, die einerseits der Abschätzung des Befragungsumfangs dient und andererseits die zu auditierenden Stellen über Umfang und Inhalt des Audits informiert, ist die Feinplanung vorzunehmen.

Bei der Feinplanung geht es
- um die Formulierung der
- Audit-Fragen für die einzelnen Bereiche;
- die Auditfragen für die jeweiligen Stellen, Funktionen oder Bereiche zielen auf die in Dokumenten festgelegten Tätigkeiten und Abläufe;
- und auf die Fragen:
  - ob und wie die qualitätsbezogenen Tätigkeiten und die damit zusammenhängenden Ergebnisse den geplanten Anordnungen entsprechen;
  - ob und wie die Anordnungen wirkungsvoll verwirklicht sind;
  - ob und wie die Anordnungen geeignet sind, die vorgegebenen Ziele zu erreichen.
- Darüber hinaus sollte beim Audit die Effizienz der Tätigkeiten und Abläufe ermittelt werden.

Es ist äußerst zweckmäßig, das zu auditierende Personal auf erste Audits vorzubereiten, zu trainieren.

☛ Verantwortung und Forderungen zur Planung und Durchführung von Audits, sowie zur Berichterstattung über Ergebnisse und zur Führung von Aufzeichnungen (4.2.4) müssen als Verfahren dokumentiert sein.

📖 Zur Planung und Durchführung interner Audits ist von der Organisation ein umfassendes Verfahren zu planen und zu verwirklichen, das sich auch auf die Berichterstattung und auf Aufzeichnungen erstreckt, wie zuvor schon behandelt.

📖 Verfahrensanweisungen für die Planung interner Systemaudits sollten enthalten

- den Auditplan mit z.B.:
  - Auditziel
  - zu auditierende Organisationseinheiten oder Systemteile
  - zu auditierendes Personal
  - zu auditierende Tätigkeiten
  - Referenzdokumente
  - Auswahl der Auditoren
  - Zeitpunkt und Dauer des Audits
  - Verteiler für den Auditbericht
- Arbeitsdokumente wie z.B.
  - Audit-Matrix
  - Fragenkatalog
  - Checklisten
  - Vordrucke für die Berichterstattung

📖 Verfahrensanweisungen für die Durchführung interner Systemaudits sollten Tätigkeiten des Auditierens und Berichtens enthalten

- Sammeln von Nachweisen durch
  - Befragen
  - Prüfen von Unterlagen
  - Beobachten von Tätigkeiten
- Auditfeststellungen
  - Aufzeichnen
  - Prüfen, um zu entscheiden, was als Unzulänglichkeit gefunden wurde
  - Unzulänglichkeiten durch Nachweise belegen und eindeutig dokumentieren
- Zusammenstellen des Auditberichts
  - Beurteilung der Unzulänglichkeiten, inwieweit die Forderungen der Darlegungsnorm erfüllt werden
  - Auditbericht erstellen
  - Auditbericht herausgeben und verteilen
  - Auditbericht erläutern und diskutieren

☛ Die für den auditierten Bereich zuständige Leitung muss sicherstellen, dass Maßnahmen ohne ungerechtfertigte Verzögerung zur Beseitigung erkannter Fehler und ihrer Ursachen ergriffen werden.

📖 Die Leitung des auditierten Bereichs muss ohne Verzögerung Korrekturmaßnahmen zur Beseitigung erkannter Fehler und ihrer Ursachen einleiten. Wie sie dies organisiert, ist unter 8.5.2 zu beschreiben.

📖 Die Antworten auf die Auditfragen sollten während des Audits zur Auswertung dokumentiert werden.

📖 Außerdem bietet sich eine Kurzbewertung an, z.b. nach Noten:
1 bedeutet „gut erfüllt"
2 ist „noch akzeptabel"
3 „reicht nicht mehr aus"

☞ Folgemaßnahmen müssen die Verifizierung der ergriffenen Maßnahmen und die Berichterstattung über die Verifizierungsergebnisse enthalten (siehe 8.5.2).

📖 Durch Audits begründete Folgemaßnahmen müssen verifiziert werden, das heißt, die Wirksamkeit der Korrekturmaßnahmen muss durch Verifizierung nachgewiesen werden, wie auch in 8.5.2 beschrieben.

📖 Für interne Audits sollten auch die Ergebnisse der QM-Bewertung (5.6) zum Anlass genommen werden, insbesondere die Verifizierung der Korrekturmaßnahmen.

8.2.3 Überwachung und Messung von Prozessen/
Erfassung und Messung von Prozessen (MP)

(Bis auf die Überschrift stimmen die Forderungen der beiden Normen an Prozesse überein)

☞ Es müssen geeignete Methoden zur Überwachung und, falls zutreffend, der Messung der Prozesse des QM-Systems angewendet werden.

☞ Diese Methoden müssen geeignet sein, darzulegen, dass die Prozesse in der Lage sind, die geplanten Ergebnisse zu erreichen.

📖 Mit Überwachung und Messung von Prozessen ist Prozesslenkung gemeint. Das sind in der QM-Fachsprache:
Die vorbeugenden, überwachenden und korrigierenden Tätigkeiten bei der Verwirklichung eines Prozesses mit dem Ziel, unter Einsatz von Qualitätstechnik die Forderungen zu erfüllen.

☞§ Medizinprodukte-Hersteller haben bezüglich ihrer Herstellprozesse feste Vorgaben der MP-Richtlinie zu erfüllen, vom „vollständigen QS-System" bis zur EG-Prüfung sind alle Dokumentationsforderungen festgelegt.
Eine Ausnahme dazu besteht für Sonderanfertiger, weil sie „nur" gemäß Anhang VIII/3.1 der MP-Richtlinie gesetzlich verpflichtet sind, Unterlagen für Behörden bereitzuhalten, aus denen die Fertigungsstätte, Auslegung, Herstellung und Leistungsdaten des Produkts hervorgehen, einschließlich der vorgesehenen Leistung, so dass sich beurteilen lässt, ob das Produkt mit den

Forderungen der Richtlinie konform ist.

Das vermittelt den Eindruck, man müsse mit der Dokumentation nur die Beurteilung der Konformität sicherstellen, nicht aber das QM-System dokumentieren.

Die Konformität des Produkts zu beurteilen, ist aber hier nur die eine gesetzliche Forderung der Richtlinie. Denn es gibt mindestens noch zwei weitere Forderungen an Sonderanfertiger, die nach einer umfassenderen Dokumentation des QM-Systems verlangen, als die für die Konformitätsbeurteilung des Produkts erforderlich ist:

Das ist erstens die Forderung nach Korrekturen (am QM-System), wenn Fehler aufgetreten sind (Anhang VIII/5) und zweitens die Forderung, die Risiken zu minimieren (Anhang I/2).

Diese zwei Forderungen bedingen die geeignete Dokumentation des unternehmensspezifischen QM-Systems, denn:

- Fehler sind grundsätzlich durch Korrekturen am System zu beseitigen. Korrekturen setzen die Kenntnis der Fehlerursachen voraus. Das wiederum bedingt Rückverfolgbarkeit (7.5.3). Und die verlangt nach einer geeigneten Dokumentation der Auslegungs- und Herstellprozesse und ihrer Ergebnisse.
- Die gesetzliche Forderung, Risiken zu minimieren, setzt ebenfalls eine geeignete Dokumentation der Auslegungs- und Herstellprozesse voraus, um alle potentiellen Schadensquellen ermitteln, analysieren und bewerten zu können.

Es müssen geeignete Methoden der Prozesslenkung für die unter Punkt 4.1 bestimmten Prozesse des QM-Systems in z.B. Verfahrensanweisungen beschrieben werden. Zu diesen zu lenkenden Prozessen zählen:

- Herstellprozesse, in denen materielle Produkte für Kunden erzeugt werden,
- Dienstleistungsprozesse, in denen durch Tätigkeiten Dienstleistungen erbracht werden,
- Geschäftsprozesse, in denen Informationen transportiert und umgeformt werden.

Die Methoden müssen geeignet sein, die Effektivität (Wirksamkeit) und Effizienz (Leistungsfähigkeit) der QM-Prozesse aufzuzeigen,

Es sind die Methoden zur Überwachung, das heißt, zur Bewertung der Wirksamkeit und Leistungsfähigkeit der QM-Prozesse mit Zuständigkeiten für die

- Überwachung,
- Datenerfassung und Aufzeichnung,
- Analyse der Bewertung der Daten,
- Berichterstattung,

in z.B. Verfahrensanweisungen, Prüf- und Arbeitsanweisungen vorzugeben.

📖 Zur Bewertung der Prozesse sollten unternehmensinterne Kennzahlen gebildet werden, die turnusmäßig ausgewertet werden, also z.B.:
- Mittelwerte,
- Spannweiten,
- Verhältniszahlen,
- Trend-Entwicklungen.

📖 Die statistischen Überwachungsmethoden sind denen des betriebswirtschaftlichen Controllings sehr ähnlich, was man bei der Darlegung nutzen sollte.

📖 Die Wirksamkeit der Prozesse kann z.b. anhand der folgenden „Meßgrößen" bewertet werden, die vor Einsatz der Methoden für jeden Prozess zu planen sind:
- Kundenzufriedenheit,
- Arbeitssicherheit,
- Termintreue,
- Anzahl der Fehler,
- Nacharbeiten,
- Mehrarbeit,
- Ausschuß,
- Fehlerkosten,
- Wertminderungen.

📖 Die Leistungsfähigkeit der Prozesse kann z.b. anhand der folgenden „Meßgrößen" bewertet werden, die vor Einsatz der Methoden für jeden Prozess zu planen sind:
- Taktzeiten,
- Auslastung,
- Durchlaufzeiten,
- Bearbeitungszeiten,
- Liegezeiten,
- Stillstandszeiten,
- Ausfallzeiten,
- Reparaturhäufigkeiten.

☛ Werden die geplanten Ergebnisse nicht erreicht, müssen, soweit angemessen, Korrekturen ergriffen werden, um die Produktkonformität sicherzustellen.

📖 Die Forderungen nach Korrekturen an Prozessen ist so selbstverständlich, dass sie zu erwähnen überflüssig erscheint. Dennoch sollten hier die Korrekturmaßnahmen in z.B. Verfahrensanweisungen geplant und festgelegt werden, wie und welche Maßnahmen ergriffen werden, wenn die geplanten Ergebnisse nicht erreicht werden.
Hier dürfte der Hinweis auf die Ausführungen in Kapitel 8.5 für die Darlegung genügen.

8.2.4 Überwachung und Messung des Produkts/ Erfassung und Messung des Produkts (MP)

☞ Es müssen die Produktmerkmale verifiziert werden, um zu bestätigen und nachzuweisen, dass die festgelegten Forderungen erfüllt worden sind (Verifizierung).

☞ Diese Verifizierung muss in geeigneten Phasen des Produktrealisierungsprozesses in Übereinstimmung mit der Planung, wie sie in Kapitel 7.1 beschrieben ist, durchgeführt werden.

📖 Es ist oft ratsam mit einem Prüfablaufplan oder QM-Plan einen Überblick über die im Produktrealisierungsprozess angeordneten Prüfungen zu geben, von der Eingangsprüfung über Zwischenprüfungen bis hin zu Endprüfungen.

Eingangsprüfung

📖 Darlegen, wie sichergestellt ist, dass zugelieferte Produkte geprüft oder in anderer Weise freigegeben, verarbeitet oder weitergegeben werden, ausgenommen Produkte mit Sonderfreigabe.

📖 Regeln zur Eingangsprüfung und zum Freigabeverfahren durch Prüfplanung festlegen, z.B. zur
- Identitätsprüfung
- Prüfung auf Unversehrtheit
- Sichtprüfung
- Qualitätsprüfung mit Prüfmittel-Einsatz
- 100%-Prüfung oder Stichprobenprüfung.

📖 Freigabeverfahren und Konsequenzen bei Beanstandungen festlegen.

📖 Verfahren und Ablauf der Wareneingangsprüfung festlegen
- Wareneingangsmeldung
- getrennter Lagerbereich für ungeprüfte Lieferungen
- Identifikation und Kennzeichnung
- Prüfpläne, Prüfanweisungen
- Prüfschärfen-Regulierung.

📖 Bei der Festlegung der Eingangsprüfungen hinsichtlich Umfang und Intensität ist die Fähigkeit der Lieferanten zu berücksichtigen, das bedeutet:
- Erfahrungen aus vorausgegangenen Lieferungen, wie in Kapitel 7.4.1 behandelt, einbeziehen;
- Mitliefern von Prüfbescheinigungen, z.B. nach DIN 50049 oder jetzt nach EN 10204 berücksichtigen;
- Bewertung des QM-Systems des Lieferanten durch Audits des Kunden oder durch akkreditierte Zertifizierer.

Zwischenprüfungen

📖 Geeignete Zwischenprüfungen sind im Kapitel 7.1 beschrieben. Sie sollten eng mit der Prozessüberwachung gekoppelt sein und auch so dargelegt werden, wie z.B.

- Erst- und Letztstückprüfungen beim Einrichten der Fertigung und an ihrem Ende
- Prozesslenkung durch SPC
- Parameter-Überwachung

📖 Regeln für Zwischenprüfungen entwickeln

- Ablauf und Methode festlegen, in
    - Prüfspezifikationen mit Prüfmerkmalen, Merkmalswerten, Prüfverfahren, Prüfmittel
    - Prüfanweisungen zur Durchführung der Prüfungen, z.B. gemäß Prüfspezifikation
    - Prüfablaufplan mit Festlegung der Abfolge von Prüfungen
- statistische Lenkungsmethoden festlegen
- Identifikation und Kennzeichnung der Produkte
- Art und Umfang von Qualitätsdaten
- Prozess- und Parameterüberwachung
- Selbstprüfung und die Überwachung der Selbstprüfung.

Endprüfungen

☞ Produktfreigabe und Dienstleistungserbringung dürfen erst nach zufriedenstellender Vollendung der festgelegten Tätigkeiten (siehe 7.1) erfolgen, sofern nicht anderweitig von einer zuständigen Stelle und, falls zutreffend, durch den Kunden genehmigt.

📖 Durch obige Formulierung entsteht der Eindruck, als müsse jedes Produkt vor der Übergabe an den Kunden verifiziert und freigegeben werden.
Der Hinweis auf die Vollendung der in Kapitel 7.1 festgelegten Tätigkeiten bedeutet aber, dass die Freigabe im Umfang der z.B. im Kapitel 7.1 geplanten Prüfungen zu erfolgen hat.
Sind in Kapitel 7.1 keine Prüfungen festgelegt, ist es für die hier darzulegende Verifizierung erforderlich:

📖 Regeln für die Endprüfung im QM-Plan oder in Verfahrensanweisungen durch Prüfplanung festlegen. Der QM-Plan und die Verfahrensanweisungen sollten Prüfpläne enthalten, mit Prüfspezifikationen, Prüfanweisungen und Prüfablaufplänen.

📖 Darüber hinaus kann die Freigabe auch darin bestehen, dass man die Vollständigkeit der Prüfvermerke vorausgegangener Prüfungen bestätigt, also auf Endprüfungen verzichtet.

8.2.4.1 Allgemeine Forderungen

🔹 Bei den Verifizierungen muss ein Nachweis über die Konformität mit den Annahmekriterien geführt werden. Das heißt, die Prüfergebnisse müssen gemäß Kapitel 4.2.4 dokumentiert werden.

🔹 Das für die Produktfreigabe zuständige Personal muss angegeben werden.

📖 Für die Dokumentation der Prüfergebnisse mit dem für die Freigabe zuständigen Personal sind Formblätter zweckmäßig.

📖 Bei der Verifizierung von Dienstleistungen sind häufig Checklisten vorteilhaft, die sich auch für die Dokumentation nach 4.2.4 eignen.

📖 Die Dokumentation der Prüfergebnisse sollte nach Art, Inhalt und Umfang in Verfahrensanweisungen geplant sein, mit Verantwortung für das Erstellen der Aufzeichnungen, Aufbewahrung und Verwaltung.

8.2.4.2 Besondere Forderungen für aktive implantierbare Medizinprodukte und implantierbare Medizinprodukte

🔹 Es muss die Identität der Personen aufgezeichnet werden (4.2.4), die Inspektionen oder Prüfungen vornehmen.

8.3 Lenkung fehlerhafter Produkte

Allgemeines

Es sind bei diesem Thema drei Produktkategorien zu beachten, weil die Lenkungsmaßnahmen, vor allem die nach Auslieferung an den Kunden, sehr unterschiedlich sein können. Das betrifft die Kategorie der materiellen Produkte und die der immateriellen Produkte wie Dienstleistungen und Software.

☛ Es muss sichergestellt werden, dass fehlerhafte Produkte gekennzeichnet und gelenkt werden, um Gebrauch und Auslieferung zu verhindern.

☛ Die Handhabung fehlerhafter Produkte muss mit allen Zuständigkeiten als Verfahren dokumentiert werden. Zur Handhabung zählen und sind darzulegen, um mit fehlerhaften Produkten umzugehen:
- Maßnahmen, um erkannte Fehler zu beseitigen;
- Genehmigung zum Gebrauch, zur Freigabe oder Annahme nach Sonderfreigabe durch eine zuständige Stelle und falls zutreffend durch den Kunden;
- Maßnahmen ergreifen, um den ursprünglich beabsichtigten Gebrauch oder die Anwendung auszuschließen.

☛§ Die Medizinprodukte-Sicherheitsplanverordnung (MPSV) bestimmt im Abschnitt 2 Meldepflichten der Hersteller (und Betreiber) von Medizinprodukten als gesetzliche Forderung. Sie werden hier der Vollständigkeit halber erwähnt, damit der MP-Hersteller in Abhängigkeit von der Klassifizierung seiner

Produkte ein Meldesystem unter Einschluss der zuständigen Behörden einrichtet und, wie eingerichtet darlegt.

📖 Zum Umgang mit fehlerhaften Produkten ist ganz allgemein zweckmäßig, die Voraussetzungen dafür zu schaffen und darzulegen. Das sind die folgenden Punkte:

📖 Regeln entwickeln zur Handhabung fehlerhafter eigener und zugelieferter Produkte, um ihre Weitergabe zu verhindern:
- Kennzeichnung und Identifikation der Produkte
- Beschreiben des Fehlers mit
  - Fehlerort
  - Fehlerart
  - Fehlerschwere
  - Fehlerursache, wenn möglich.
- Wenn angemessen, getrenntes Lagern und Transportieren
  - Sperrlager
  - besondere Kennzeichnung
  - Unbrauchbarmachen.

📖 Fehlermeldeverfahren entwickeln, z.B. über Vordruck mit Vorgabe des Informationsweges (Zwangslauf):
- Meldepflicht festlegen
- Informationswege für alle Beteiligten festlegen
- Informationsart und Umfang vorgeben und festlegen
  - Fehlerart
  - Fehlerort
  - Fehlerschwere
  - Fehlermenge

📖 Verfahren der internen und externen Sonderfreigabe entwickeln, z.B. über Vordrucke zur Fehlerbeschreibung und Vorgabe des Entscheidungsweges (Zwangslauf):
- Fehlerbeschreibung und Fehlerbewertung
  - Fehlerort
  - Fehlerart
  - Fehlerschwere
  - Fehlermenge
  - Fehlerursache
  - geplante Korrekturmaßnahmen
- Ablauf bei Antrag auf Sonderfreigabe
- Ablauf des Genehmigungsverfahrens mit Zuständigkeiten.

📖 Entscheidungsverfahren für die Bewertung und Behandlung in der Organisation erkannter fehlerhafter Produkte festlegen mit
- Informations-, Entscheidungswegen und Bedingungen;
- Zuständigkeiten;

- Informationspflichten gegenüber beteiligten Stellen hinsichtlich Konsequenzen.

Die Entscheidungen können z.B. sein:
- Nacharbeit, um bei einem fehlerhaften Produkt nachträglich die Forderung zu erfüllen. Nacharbeit erfordert erneute Verifizierung;
- mit oder ohne Reparatur durch Sonderfreigabe angenommen;
- für andere Verwendungen neu eingestuft;
- Ausschuss, entsorgen.

📖 Bei Serienprodukten sollten grundsätzlich alle Bestände ermittelt werden, in denen ebenfalls Fehler zu vermuten sind.

☞ Wird ein fehlerhaftes Produkt nach der Auslieferung oder im Gebrauch entdeckt, müssen Maßnahmen ergriffen werden, die den möglichen Folgen des Fehlers angemessen sind.

📖 Bewertung und Behandlung fehlerhafter Produkte in Kundenhand mit den Entscheidungen:
- Rückruf,
- Nacharbeit,
- Sonderfreigabe durch Kunden,
- Ersatzlieferung, Ersatzleistung,
- Schadensausgleich.

📖 Bei fehlerhaften Produkten, insbesondere bei fehlerhaften Dienstleistungen sollten grundsätzlich kompetente Ansprechpartner für Kunden bestimmt werden.

☞ Es müssen die Art der Fehler und die ergriffenen Folgemaßnahmen einschließlich der Sonderfreigaben gemäß Kapitel 4.2.4 aufgezeichnet werden.

📖 Es muss sichergestellt werden, dass Sonderfreigaben nur erteilt werden, wenn die gesetzlichen Vorschriften eingehalten werden.
Die Identität der die Sonderfreigabe genehmigenden Personen ist aufzuzeichnen (4.2.4).

📖 Wird ein Produkt nachgearbeitet, muss die Nacharbeit in einer Arbeitsanweisung dokumentiert sein. Diese Arbeitsanweisung muss das gleiche Genehmigungsverfahren durchlaufen, wie die ursprüngliche Arbeitsanweisung.
Vor der Entscheidung nachzuarbeiten, müssen mögliche nachteilige Auswirkungen der Nacharbeit aufgezeichnet werden (4.2.4).

📖 Aufzeichnungen sind nur bei systematischen Fehlern sinnvoll, nicht aber bei zufälligen Fehlern.

📖 Für Aufzeichnungen bieten sich die Formblätter des Fehlermeldeverfahrens an. Bei Sonderfreigaben muss das ganze Freigabeverfahren dokumentiert werden.

📖 Um die Fehler-Ursachen zu finden, sollte man Datenanalyse gemäß Kapitel 8.4 betreiben.

8.4 Datenanalyse

☞ Es sind solche Daten auszuwählen, zu erfassen und zu analysieren, mit denen die Eignung und Wirksamkeit des QM-Systems dargelegt und beurteilt werden kann, wo ständige Verbesserungen der Wirksamkeit des QM-Systems vorgenommen werden können.

☞ Dazu gehören Daten, die durch Überwachung und Messung und aus anderen relevanten Quellen gewonnen wurden, z.b. aus den Hauptabschnitten 7 und 8, aber z.b. auch aus Kapitel 5.6.

☞ Die Datenanalyse muss Ergebnisse liefern zu
- Kundenzufriedenheit (8.2.1), Rückmeldungen bei MP)
- Erfüllung der Produktforderungen (8.2.4),
- Prozess- und Produktmerkmale und deren Trends einschließlich Möglichkeiten für Vorbeugungsmaßnahmen, und
- Lieferanten (8.2.3/8.2.4/7.4).

📖 Ergebnisse der Datenanalyse müssen aufgezeichnet werden (4.2.4).

📖 Zur Analyse und Beurteilung der Kundenzufriedenheit können z.B. als Daten verwendet werden:
- Ergebnisse von Kundenbefragungen;
- Kundenreklamationen;
- Ausfälle während der Nutzung,
- Ausfall-Häufigkeiten,
- Gewährleistungsfälle,
- Reparatur-Häufigkeiten, Stillstandszeiten,
- Rücklieferungen,
- Falsch- und Fehllieferungen,
- Termintreue.

📖 Zur Analyse und Beurteilung der Erfüllung der Kundenforderungen könnten z.B. als Daten verwendet werden:
- Fehlerhäufigkeiten, absolut und relativ,
- Fehlerkosten,
- Kundenreklamationen
- Ausfälle während der Nutzung,
- Ausfall-Häufigkeiten,
- Gewährleistungsfälle,
- Reparatur-Häufigkeiten,
- Lebensdauer und Zuverlässigkeit,
- Zwischen- und Endprüfungen,
- Produktaudits.

📖 Zur Analyse und Beurteilung der Prozess- und Produktmerkmale und deren Trends könnten z.B. als Daten verwendet werden:
- Fehlerhäufigkeiten, absolut und relativ,
- Fehlerkosten,
- Qualitätsfähigkeitsindizes,
- Be- und Verarbeitungszeiten,
- Stillstandszeiten,
- Taktzeiten,
- Stördauern und -Häufigkeiten (Unklardauer).

Es ist allerdings kaum erklärbar, wie festgelegte Merkmale einen Trend haben können. Analysierbar ist nur der Trend von Merkmalswerten.

📖 Zur Analyse und Beurteilung der Lieferanten könnten z.B. als Daten verwendet werden:
- Ergebnisse von Eingangsprüfungen,
- Auditergebnisse bei Lieferanten,
- Termintreue,
- Reklamationen,
- Reaktionszeiten und Flexibilität.

📖 Aus diesen Daten sollten Kennzahlen gebildet werden. Das sind zumeist Verhältniszahlen, wie sie im betriebswirtschaftlichen Controlling üblich sind.

📖 Kennzahlen sollten so gewählt werden, dass sie die wesentlichen Prozesse in ihrer Wirksamkeit erkennen lassen und auf Verbesserungspotentiale hinweisen.

📖 Zu einem wirksamen QM-System gehören leistungsfähige Werkzeuge der Analyse und Beurteilung. Auch wenn diese Norm hier keinerlei Forderungen stellt, ist es sehr vorteilhaft, geeignete statistische Methoden anzuwenden und auch darzulegen.

📖 Abläufe, insbesondere Prüfungen, daraufhin analysieren, ob und welche statistischen Methoden angemessen angewendet werden können.
- Hauptkriterien für die Anwendung statistischer Methoden sollte das Entstehen von Datenmengen sein. Schon das Berechnen von Durchschnitten, das Anfertigen und Auswerten von Strichlisten ist zu den statistischen Methoden zu zählen.

📖 Die Anwendung statistischer Methoden zur Lösung qualitätsrelevanter Fragen kann sich beziehen auf
- Methoden der Beschreibung von Sachverhalten
- Methoden des Schätzens und Planens
- Methoden der Analyse
- Methoden der Entscheidungsfindung

📖 Verfahrensanweisungen für die Anwendung statistischer Methoden in den ermittelten Fällen erstellen, um die Methoden zu verwirklichen und ihren fachgerechten Einsatz zu überwachen.

- Verfahrensanweisungen für das Beschreiben von Datenmengen erstellen
  - Untersuchungen planen
  - Klassieren von Werten
  - Kennzahlen der Lage und Streuung berechnen
  - grafische Darstellung anfertigen
- Verfahrensanweisungen für das Schätzen erstellen
  - Aussagesicherheit und Aussagegenauigkeit
  - Schätzverfahren für Qualitätsberichte festlegen
- Verfahrensanweisungen für Analysen zur Erkennung
  - von Ursachen und Einflüssen
  - von Zusammenhängen, Abhängigkeiten und Unterschieden
  - statistische Versuchsplanung

8.5 Verbesserung

Der Norm-Text im folgenden Kapitel verwirrt möglicherweise:

Durch den „Einsatz der Qualitätspolitik oder der Qualitätsziele" ständige Verbesserungen der Wirksamkeit des QM-Systems zu erzielen, ist wahrscheinlich manchem Anwender der ISO 9001 kaum verständlich.

Noch merkwürdiger wird es für MP-Hersteller, die Veränderungen (welche?) implementieren(?) müssen, die zur Sicherstellung und Aufrechterhaltung der fortdauernden Eignung und Wirksamkeit des QM-Systems erforderlich sind.

8.5.1 Ständige Verbesserung/Allgemeines (MP)

☞ Es muss die Wirksamkeit des QM-Systems mit Hilfe der QM-Elemente
- Qualitätspolitik,
- Qualitätsziele,
- Auditergebnisse,
- Datenanalyse,
- Korrekturmaßnahmen,
- Vorbeugungsmaßnahmen,
- Managementbewertung

ständig verbessert werden.

☞ Es sind alle Veränderungen zu ermitteln und zu verwirklichen, die zur Sicherstellung und Aufrechterhaltung der fortdauernden Eignung und Wirksamkeit des QM-System erforderlich sind (dazu sind die sieben QM-Elemente zu verwenden).

☞ Es müssen Verfahren für die Herausgabe und Verwirklichung von Maßnahmenempfehlungen festgelegt werden.
Diese Verfahren müssen jederzeit zu verwirklichen sein.

☞ Untersuchungen bei Kundenbeschwerden müssen aufgezeichnet werden (4.2.4).

Liegen Beschwerdegründe außerhalb der Organisation, müssen entsprechende Angaben zwischen den beteiligten Organisationen ausgetauscht werden.

🔖 Folgen einer Kundenbeschwerde keine Korrektur- oder Vorbeugungsmaßnahmen, ist die Begründung dafür zu genehmigen (5.5.1) und aufzuzeichnen (4.2.4).

§§ Bleiben Kundenbeschwerden ohne Korrektur- oder Vorbeugungsmaßnahmen im QM-System, so sollte aus haftungsrechtlichen Gründen diese Unterlassung sorgfältig begründet werden (4.2.4).

🔖 Wenn nationale oder regionale Vorschriften eine Meldung über nachteilige Ereignisse gemäß bestimmter Meldekriterien fordern, so muss ein Meldesystem aufgebaut werden, das die Behörden einbezieht.

📖 Was der Einsatz der Qualitätspolitik, der Qualitätsziele, Auditergebnisse, Datenanalyse, Korrektur- und Vorbeugungsmaßnahmen und Managementbewertung mit ständiger Verbesserung des QM-Systems direkt zu tun hat, ist in der neuen Ausgabe der ISO 9001 nicht eindeutig geklärt.

📖 Die obigen Forderungen könnten bedeuten: Das QM-System muss ständig verbessert werden
- durch die Umsetzung der Qualitätspolitik;
- durch Erreichen der Qualitätsziele;
- an Hand der Auditergebnisse;
- auf Basis von Datenanalysen;
- mit Hilfe von Korrektur- und Vorbeugungsmaßnahmen;
- und durch QM-Bewertungen.

📖 Um die erfolgreiche Entwicklung des QM-Systems durch die sieben und andere Einsatzfaktoren zeigen zu können, sind statistische Methoden unerläßlich.

📖 Kenngrößen sollten so gewählt werden, dass sie Ansatzpunkte für ständige Verbesserungen bieten und Auskunft über alle Tätigkeiten und Funktionen hinsichtlich der Verbesserung der Wirksamkeit des QM-Systems liefern können.

📖 Für ständige Verbesserungen der Wirksamkeit des QM-Systems sollte Kapitel 5.6 praktische Hinweise geben.

📖 Um die Forderungen nach ständiger Verbesserung zu erfüllen und darzulegen, kann man Kennzahlen für die zuvor aufgezählten sieben Einsatzfaktoren bilden, wobei ausdrücklich zu beachten ist, dass grundsätzlich die Angemessenheit derartiger Kennzahlen kritisch zu betrachten ist.

📖 Von der Entwicklung der einzelnen Kennzahlen sind dann Verbesserungsmaßnahmen oder sogar Projekte ableitbar.

8.5.2 Korrekturmaßnahmen

(Allgemeines zu Korrektur- und Vorbeugungsmaßnahmen)

Zur Abgrenzung zu ähnlichen Themen ist bedeutsam, dass es sich hier nicht um Korrektur von Produktfehlern handelt, sondern um Korrekturmaßnahmen bei Fehlerursachen.

Für die Verwirklichung von Korrektur- und Vorbeugungsmaßnahmen zur Beseitigung von Fehlerursachen ist zwischen tatsächlichen und möglichen Fehlern zu unterscheiden, weil zu ihrem Erkennen unterschiedliche Analysenarten erforderlich sind:

- Korrekturmaßnahmen können nur von tatsächlichen Fehlern abgeleitet werden. Die Analyse bezieht sich infolgedessen auf die Ursachen tatsächlicher Fehler.
- Vorbeugungsmaßnahmen können ebenfalls von tatsächlichen Fehlern abgeleitet werden. Sie zielen aber auf die Vermeidung möglicher Fehler. Deswegen beziehen sich die Analysen nicht auf Fehlerursachen, sondern zunächst auf mögliche Fehler.

☞ Es müssen Korrekturmaßnahmen zur Beseitigung der Fehlerursachen ergriffen werden, um Wiederholfehler zu verhindern.

📖 Schon bei der Datenanalyse gemäß Kapitel 8.4 sollte aufgrund der statistischen Auswertung, z.B. durch eine Pareto-Analyse festgelegt werden, welche Fehler man aufgrund ihrer Häufigkeiten zu den zufälligen und welche zu den systematischen, sich häufig wiederholenden zählen will.

☞ Korrekturmaßnahmen müssen den Fehlerfolgen angemessen sein.

📖 Um ein erneutes Auftreten eines Fehlers zu vermeiden, müssen die Ursachen von Fehlern während der Auftragsplanung und während der Auftragsabwicklung erkannt und analysiert werden.

📖 Um ein erneutes Auftreten eines Fehlers oder einer Störung zu verhindern, müssen die Ursachen durch Korrekturmaßnahmen beseitigt werden.

Die Korrekturmaßnahmen müssen dem Schadensrisiko entsprechen (angemessen sein).

📖 Das Erfordernis von Korrekturmaßnahmen ergibt sich aus erkannten Fehlern. Fehler werden im allgemeinen erkannt

- beim Bearbeiten der Kundenreklamationen,
- bei Prüfungen nach oder während einzelner Tätigkeiten oder Abläufe,
- bei internen Audits.

📖 Für die in diesen drei Bereichen erkannten Fehler kann man drei Ursachen-Analysen organisieren:

- die Analyse der Kundenreklamationen,
- die Analyse der Fehlermeldungen,
- die Analyse der Auditprotokolle mit aufgezeigten Fehlern und Problemen.

📖 Regeln entwickeln und in Verfahrensanweisungen festschreiben.

- Planen von Untersuchungen, um die Ursachen mit Hilfe statistischer Methoden zu analysieren
- Analysieren der Ursachen in
  - Prozessen;
  - Arbeitsfolgen;
  - Arbeitsunterlagen, qualitätsbezogenen Dokumenten;
  - Sonderfreigaben;
  - Kundendienstberichten, Schadensmeldungen;
  - Reklamationen;
  - sonstigen Aufzeichnungen.

📖 Regeln entwickeln zur Bewertung der Fehlerschwere, um das Schadensrisiko abzuschätzen, z.B. durch
- Gewichtung der Qualitätsmerkmale
- Fehlergewichtung

wobei beide Gewichtungen schon anlässlich der Forderungsplanung (7.2, 7.3) und der Prüfplanung (8.1, 8.2) erfolgt sein sollten.

☛ Es muss ein Verfahren eingeführt und dokumentiert werden, um Forderungen festzulegen zur
- Bewertung der Fehler;
- Ermittlung der Ursachen von Fehlern;
- Beurteilung des Handlungsbedarfs zur Verhinderung des erneuten Auftretens von Fehlern;
- Festlegung und Verwirklichung der erforderlichen Korrekturmaßnahmen;
- Aufzeichnung der Ergebnisse ergriffener Maßnahmen (4.2.4);
- Bewertung der ergriffenen Korrekturmaßnahmen (4.2.4).

☞ Es müssen Verfahren eingeführt und dokumentiert werden, um Forderungen festzulegen zum
- Festlegen und Verwirklichen auch der erforderlichen Aktualisierung der Dokumentation;
- Aufzeichnen auch der Untersuchungsergebnisse (4.2.4);
- Bewerten der Korrekturmaßnahmen und ihrer Wirksamkeit (was könnte man denn sonst noch bewerten?).

📖 Die Korrekturmaßnahmen sind in Verfahrensanweisungen festzulegen, wobei zweckmäßigerweise zwei Bereiche zu unterscheiden sind:
- Fehler am Auftrag oder am Angebotsprodukt, also
  - am materiellen Produkt;
  - an einer Dienstleistung;
  - in einer Software.

  Hier können Korrekturmaßnahmen meist unmittelbar festgelegt, angeordnet und realisiert werden, was in Verfahrensanweisungen beschrieben werden sollte.
- Fehler im System oder Störungen in der Organisation. Diese erkannten Fehler sollten zunächst z.B. auf einem Formblatt „Korrektur- und Vorbeu-

gungsmaßnahmen" als Feststellung dokumentiert werden, denn zur Beseitigung ihrer Ursachen bedarf es meist eines größeren Aufwandes.

Bei Korrekturmaßnahmen für Fehler im System oder Störungen in der Organisation sind mindestens sechs Schritte zu beachten und in Verfahrensanweisungen festzuschreiben:

- Korrekturmaßnahmen ergeben sich aus erkannten Fehlern. Deswegen sollte auf die Informationsquellen für die Fehlererkennung hingewiesen werden.
- Analyse der Fehler, um die Ursachen zu ermitteln. Die Analyse sollte sich beziehen auf
  - die Art des Fehlers oder auf seine Ausprägung und auf
  - die Häufigkeit des Auftretens des Fehlers oder der Störung.
- Bestimmen des Schadensrisikos, um den Handlungsbedarf zur Verhinderung des erneuten Auftretens von Fehlern zu beurteilen, also die Bedeutung des Fehlers und die Prioritäten der Korrekturmaßnahmen abschätzen.
- Festlegen geeigneter Korrekturmaßnahmen, realisieren und überwachen der Realisierung.
- Aufzeichnen und berichten der Ergebnisse von Korrekturmaßnahmen.
- Bewerten der Ergebnisse von realisierten Korrekturmaßnahmen.

Für die Entwicklung, Realisierung und Bewertung von Korrekturmaßnahmen bietet sich in Verbindung mit den sechs Schritten die System-FMEA für Prozesse an.

8.5.3 Vorbeugungsmaßnahmen

Es müssen Maßnahmen zur Beseitigung der Ursachen von möglichen Fehlern festgelegt werden, um deren wiederholtes Auftreten zu verhindern.

Vorbeugungsmaßnahmen müssen den Folgen der möglichen Probleme angemessen sein.

Um ein Auftreten möglicher Fehler oder Störungen zu verhindern, müssen die Ursachen möglicher Fehler erkannt und durch Vorbeugungsmaßnahmen beseitigt werden.

Die Vorbeugungsmaßnahmen müssen dem Schadensrisiko entsprechen (angemessen sein).

Die Vorbeugungsmaßnahmen sind in Verfahrensanweisungen festzulegen, wobei auch hier wieder zwei Bereiche wie zuvor zu unterscheiden sind:

- mögliche Fehler im System oder mögliche Störungen in der Organisation.

Diese Unterscheidung ist zweckmäßig, weil sich hier die Fehlerbewertungsmethoden, bekannt als FMEA-Werkzeug, mit großem Nutzen anwenden lassen:

- System-FMEA für Produkte
- System-FMEA für Prozesse

- System-FMEA für QM-Elemente (Elemente des QM-Systems)

☞ Es ist ein Verfahren zu entwickeln und zu dokumentieren, in dem folgende Forderungen festgelegt sind:
  - Erkennen möglicher Fehler und ihrer Ursachen,
  - Beurteilen des Handlungsbedarfs, um das Auftreten von Fehlern zu verhindern,
  - Bestimmen und verwirklichen der erforderlichen Vorbeugungsmaßnahmen,
  - Aufzeichnung der Ergebnisse der Untersuchungen und der ergriffenen Maßnahmen (siehe 4.2.4),
  - Bewerten der Wirksamkeit der ergriffenen Vorbeugungsmaßnahmen.

📖 Bei Vorbeugungsmaßnahmen sollten mindestes sieben Schritte beachtet werden:
  - Erkennen potentieller Fehler;
  - Analysieren der Fehlerursachen;
  - Festlegen der Vorbeugungsmaßnahmen;
  - Überwachen der Realisierung der Vorbeugungsmaßnahmen;
  - Erfassen und aufzeichnen der Ergebnisse der realisierten Vorbeugungsmaßnahmen;
  - Bewerten und berichten der Ergebnisse der Vorbeugungsmaßnahmen;
  - Korrigieren der Maßnahmen aufgrund der Ergebnisse der realisierten Maßnahmen.

📖 Vorbeugungsmaßnahmen ergeben sich aus erkannten Fehlerursachen. Deswegen sollten Informationsquellen gesucht werden, wie z.B.:
  - Aufzeichnungen aus Prozessen und Tätigkeiten
  - Sonderfreigaben
  - Qualitätsaudits
  - Wartungs- und Reparaturberichte
  - Kundenreklamationen
  - Fehlerbewertungen, wie FMEA
  - Erstmusterprüfungen
  - Letztstückprüfungen
  - Datenanalysen

📖 Um die Ursachen möglicher Fehler, Beziehungen und Wechselwirkungen zu erkennen, kann man sich neben den FMEA-Methoden auch anderer Werkzeuge bedienen, wie z.B.:
  - Fehlerbaum-Analyse (auch Ursache-Wirkungs-Diagramm, Ishikawa-Diagramm, Fischgräten-Diagramm genannt)
  - Ereignisablauf-Analyse (DIN 25419).

9. Hilfen zur Planung des unternehmensspezifischen QM-Systems

Die Bedeutung der oft zitierten grundlegenden Forderung, den Stand der Technik zu berücksichtigen, wird häufig falsch eingeschätzt. Viele MP-Hersteller beziehen beispielsweise diesen Standard nur auf die Auslegung von Produkten, wie dies die MP-Richtlinie bestimmt.

Da bei Medizinprodukten der Stand der Technik mit Gesundheit und Sicherheit verbunden ist, muss dieser wissenschaftlich-technische Standard auch bei der Herstellung (und beim Qualitätsmanagement) beachtet werden, um etwaige Risiken zu beherrschen. Das verpflichtet jeden Hersteller, den Stand der Technik schon bei der Planung des QM-Systems zu berücksichtigen.

Doch wird erfahrungsgemäß mancher Hersteller bei der Umsetzung einzelner QM-Themen auf Schwierigkeiten stoßen, geeignete Techniken und Methoden zu verwirklichen, die dem heutigen Stand der Technik entsprechen.

Aus diesem Grund sind im Folgenden Beispiele als Hilfen zur Planung des unternehmensspezifischen QM-Systems beschrieben. Es sind Beispiele aus der Praxis, die so oder so ähnlich zur Gestaltung des QM-Systems übernommen werden können.

Die Beispiele zum Forderungs- und Risikomanagement sind einer Musterdokumentation zur Darlegung von QM-Systemen der Zahntechnik entnommen. Sie sind bewusst gewählt, um zu zeigen, dass selbst in einem Gesundheitshandwerk, das abfällig als Zahnklempnerei bezeichnet wird, die „Auslegung" von Zahnersatz so kompliziert ist, dass man auf ein besonders gestaltetes Forderungsmanagement angewiesen ist, um Planungsfehler zu vermeiden.

Darüber hinaus gilt es auch zu zeigen, wie Gesundheitsrisiken, die oft verkannt werden, mit einem Standardverfahren für die Zahntechnik geschätzt werden können.

9.1 Struktur der QM-Dokumentation zur Darlegung im Handbuch

1. **Beispiel zu ISO 9001:2008**

HB-Erstausgabe vom Märze 2012 (0312)

Nr.	Handbuch-Kapitel	Revisions-	
		Stand:	Ausgabe-Datum
0	Inhaltsverzeichnis		
1	Hinweise zum Handbuch		
2	Firmenportrait		
3	Verbindlichkeitserklärung der Geschäftsleitung		
4	Qualitätsmanagementsystem		

Nr.	Handbuch-Kapitel	Revisions-Stand:	Ausgabe-Datum
4.1	Allgemeine Forderungen		
4.2	Dokumentationsforderungen		
4.2.1	Allgemeines		
4.2.2	Qualitätsmanagementhandbuch		
4.2.3	Lenkung von Dokumenten		
4.2.4	Lenkung von Aufzeichnungen (Qualitätsaufzeichnungen)		
5	**Verantwortung der Leitung**		
5.1	Selbstverpflichtung der Leitung		
5.2	Kundenorientierung		
5.3	Qualitätspolitik		
5.4	Planung		
5.4.1	Qualitätsziele		
5.4.2	Planung des Qualitätsmanagementsystems		
5.5	Verantwortung, Befugnis und Kommunikation		
5.5.1	Verantwortung und Befugnis		
5.5.2	Beauftragter der obersten Leitung		
5.5.3	Interne Kommunikation		
5.6	Managementbewertung		
5.6.1	Allgemeines		
5.6.2	Eingaben für die Bewertung		
5.6.3	Ergebnisse der Bewertung		
6	**Management von Ressourcen**		
6.1	Bereitstellung von Ressourcen		
6.2	Personelle Ressourcen		
6.2.1	Allgemeines		
6.2.2	Kompetenz, Schulung und Bewusstsein		
6.3	Infrastruktur		
6.4	Arbeitsumgebung		
7	**Produktrealisierung**		
7.1	Planung der Produktrealisierung		
7.2	Kundenbezogene Prozesse		
7.2.1	Ermittlung der Forderungen in Bezug auf das Produkt		

Nr.	Handbuch-Kapitel	Revisions-Stand:	Ausgabe-Datum
7.2.2	Bewertung der Forderungen in Bezug auf das Produkt		
7.2.3	Kommunikation mit den Kunden		
7.3	Entwicklung		
7.3.1	Entwicklungsplanung		
7.3.2	Entwicklungseingaben		
7.3.3	Entwicklungsergebnisse		
7.3.4	Entwicklungsbewertung		
7.3.5	Entwicklungsverifizierung		
7.3.6	Entwicklungsvalidierung		
7.3.7	Lenkung von Entwicklungsänderungen		
7.4	Beschaffung		
7.4.1	Beschaffungsprozess		
7.4.2	Beschaffungsangaben		
7.4.3	Verifizierung von beschafften Produkten		
7.5	Produktion und Dienstleistungserbringung		
7.5.1	Lenkung der Produktion und Dienstleistungserbringung		
7.5.2	Validierung der Prozesse zur Produktion und zur Dienstleistungserbringung		
7.5.3	Kennzeichnung und Rückverfolgbarkeit		
7.5.4	Eigentum des Kunden		
7.5.5	Produkterhaltung		
7.6	Lenkung von Überwachungs- und Messmitteln		
8.	**Messung, Analyse und Verbesserung**		
8.1	Allgemeines		
8.2	Überwachung und Messung		
8.2.1	Kundenzufriedenheit		
8.2.2	Internes Audit		
8.2.3	Überwachung und Messung von Prozessen		
8.2.4	Überwachung und Messung des Produkts		
8.3	Lenkung fehlerhafter Produkte		
8.4	Datenanalyse		
8.5	Verbesserung		

Nr.	Handbuch-Kapitel	Revisions-	
		Stand:	Ausgabe-Datum
8.5.1	Ständige Verbesserung		
8.5.2	Korrekturmaßnahmen		
8.5.3	Vorbeugungsmaßnahmen		
9.	Verzeichnisse und Dokumente zum Handbuch		
9.1	Verzeichnis der Verweise zu den Handbuch-Kapiteln (VZ 9.1)		
9.2	Verzeichnis der Aufzeichnungen (VZ 9.2)		
9.3	Risikomanagement-Akte		
9.4	TO-DO-Liste		
10	Anhang, Verzeichnisse mitgeltender Dokumente		

2. Beispiel zu ISO 13485:2003

HB-Erstausgabe vom Märze 2012 (0312)

Nr.	Handbuch-Kapitel	Revisions-	
		Stand:	Ausgabe-Datum
0	Inhaltsverzeichnis		
1	Hinweise zum Handbuch		
2	Firmenportrait		
3	Verbindlichkeitserklärung der Geschäftsleitung		
4	Qualitätsmanagementsystem		
4.1	Allgemeine Forderungen		
4.2	Dokumentationsforderungen		
4.2.1	Allgemeines		
4.2.2	Qualitätsmanagementhandbuch		
4.2.3	Lenkung von Dokumenten		
4.2.4	Lenkung von Aufzeichnungen (Qualitätsaufzeichnungen)		
5	Verantwortung der Leitung		
5.1	Verpflichtung der Leitung		
5.2	Kundenorientierung		
5.3	Qualitätspolitik		
5.4	Planung		

| Nr. | Handbuch-Kapitel | Revisions- | |
		Stand:	Ausgabe-Datum
5.4.1	Qualitätsziele		
5.4.2	Planung des Qualitätsmanagementsystems		
5.5	Verantwortung, Befugnis und Kommunikation		
5.5.1	Verantwortung und Befugnis		
5.5.2	Beauftragter der obersten Leitung		
5.5.3	Interne Kommunikation		
5.6	Managementbewertung		
5.6.1	Allgemeines		
5.6.2	Vorgaben für die Bewertung		
5.6.3	Ergebnisse der Bewertung		
6	**Management von Ressourcen**		
6.1	Bereitstellung von Ressourcen		
6.2	Personelle Ressourcen		
6.2.1	Allgemeines		
6.2.2	Fähigkeit, Bewusstsein und Schulung		
6.3	Infrastruktur		
6.4	Arbeitsumgebung		
7	**Produktrealisierung**		
7.1	Planung der Produktrealisierung		
7.2	Kundenbezogene Prozesse		
7.2.1	Ermittlung der Forderungen in Bezug auf das Produkt		
7.2.2	Bewertung der Forderungen in Bezug auf das Produkt		
7.2.3	Kommunikation mit den Kunden		
7.3	Design und Entwicklung		
7.3.1	Design- und Entwicklungsplanung		
7.3.2	Design- und Entwicklungsvorgaben		
7.3.3	Design- und Entwicklungsergebnisse		
7.3.4	Design- und Entwicklungsbewertung		
7.3.5	Design- und Entwicklungsverifizierung		
7.3.6	Design- und Entwicklungsvalidierung		
7.3.7	Lenkung von Design- und Entwicklungsänderungen		
7.4	Beschaffung		

Nr.	Handbuch-Kapitel	Revisions-Stand:	Ausgabe-Datum
7.4.1	Beschaffungsprozess		
7.4.2	Beschaffungsangaben		
7.4.3	Verifizierung von beschafften Produkten		
7.5	Produktion und Dienstleistungserbringung		
7.5.1	Lenkung der Produktion und Dienstleistungserbringung		
7.5.1.1	Allgemeine Forderungen		
7.5.1.2	Lenkung der Produktion und Dienstleistungserbringung - Besondere Forderungen		
7.5.1.2.1	Sauberkeit von Produkten und Beherrschung der Kontamination		
7.5.1.2.2	Tätigkeiten bei der Installation		
7.5.1.2.3	Tätigkeiten zur Instandhaltung		
7.5.1.3	Besondere Forderungen für sterile Medizinprodukte		
7.5.2	Validierung der Prozesse zur Produktion und zur Dienstleistungserbringung		
7.5.2.1	Allgemeine Forderungen		
7.5.2.2	Besondere Forderungen für sterile Medizinprodukte		
7.5.3	Identifikation und Rückverfolgbarkeit		
7.5.3.1	Identifikation		
7.5.3.2	Rückverfolgbarkeit		
7.5.3.2.1	Allgemeines		
7.5.3.2.2	Besondere Forderungen für aktive implantierbare Medizinprodukte und implantierbare Medizinprodukte		
7.5.3.3	Identifikation des Produktstatus		
7.5.4	Eigentum des Kunden		
7.5.5	Produkterhaltung		
7.6	Lenkung von Erfassungs- und Messmitteln		
8	**Messung, Analyse und Verbesserung**		
8.1	Allgemeines		
8.2	Erfassung und Messung		
8.2.1	Rückmeldungen		
8.2.2	Internes Audit		
8.2.3	Erfassung und Messung von Prozessen		

Nr.	Handbuch-Kapitel	Revisions-Stand:	Ausgabe-Datum
8.2.4	Erfassung und Messung des Produkts		
8.2.4.1	Allgemeine Forderungen		
8.2.4.2	Besondere Forderungen für aktive implantierbare und implantierbare Medizinprodukte		
8.3	Lenkung fehlerhafter Produkte		
8.4	Datenanalyse		
8.5	Verbesserung		
8.5.1	Allgemeines		
8.5.2	Korrekturmaßnahmen		
8.5.3	Vorbeugungsmaßnahmen		
9.	Verzeichnisse und Dokumente zum Handbuch		
9.1	Verzeichnis der Verweise zu den Handbuch-Kapiteln (VZ 9.1)		
9.2	Verzeichnis der Aufzeichnungen (VZ 9.2)		
9.3	Risikomanagement-Akte		
9.4	TO-DO-Liste		
10	Anhang, Verzeichnisse der Dokumente		

9.2 Regeln zur Dokumentation

9.2.1 Struktur und Regeln zur Handhabung systembezogener Dokumente

1. Zweck und Geltungsbereich

In dieser Organisationsrichtlinie sind Struktur und Regeln zur Handhabung systembezogener Dokumente für das Qualitätsmanagement festgeschrieben.

Ihre Beachtung ist eine Voraussetzung für ein einheitliches und umfassendes Qualitätsmanagement. Sie ist für alle Mitarbeiter und die Geschäftsleitung verbindlich.

2. Arten systembezogener Dokumente

Die systembezogenen QM-Dokumente werden in drei Arten, die drei Anwendungs-
ebenen zugeordnet sind, unterschieden:

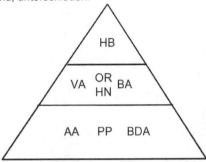

2.1 Dokument der ersten Ebene

Das QM-Handbuch (QM-HB) ist das Dokument der ersten Ebene. Es dient der Beschreibung des Qualitätsmanagementsystems, entsprechend den Forderungen zur
Darlegung gemäß DIN EN ISO 13485. Der Umfang der Darlegung ergibt sich aus
der Leistungsart des Unternehmens, der Inhalt aus dem unternehmensspezifischen
QM-System.

2.2 Dokumente der zweiten Ebene

Die Dokumente der zweiten Ebene umfassen Organisationsrichtlinien (OR), Verfahrensanweisungen (VA), Betriebsanweisungen (BA) und Haus-Normen (HN). In ihnen
sind Grundlagen und Prinzipien, die für Abläufe und Verfahren im Unternehmen gel-
ten, festzuschreiben:
- **Organisationsrichtlinien (OR)**
  Sie enthalten unternehmensweit geltende Regelungen vorwiegend organisa-
  torischer Belange, insbesondere der Information und Zusammenarbeit,
- **Verfahrensanweisungen (VA)**
  Sie enthalten bereichsübergreifende Regelungen von Verfahren und Abläu-
  fen.
- **Betriebsanweisungen (BA)**
  Sind Regelungen betriebsinterner Belange, die sich auf die Arbeitssicherheit
  beziehen,
- **Haus-Normen (HN)**
  Sie enthalten vorwiegend besondere Regeln der Technik und ergänzen oft
  z.b. DIN-Normen, wie z.B. unternehmensspezifische Grenzwerte.

2.3 Dokumente der dritten Ebene

Diese Dokumente umfassen Anweisungen mit verbindlichen Vorgaben von Einzelheiten für Arbeitsabläufe und Tätigkeiten am Arbeitsplatz:
- **Arbeitsanweisungen (AA)**
  beziehen sich auf einzelne Tätigkeiten im Betrieb oder auf die Handhabung
  von Produkten, Anlagen und Geräten.
  Sie enthalten auch Prüfanweisungen (PA) und Prüfpläne (PP), die für die

Durchführung einzelner Qualitätsprüfungen bei Tätigkeiten oder ihren Ergebnissen gelten.

3. Regeln zur Lenkung und Handhabung der Dokumente der zweiten und dritten Ebene

Zur Lenkung und Handhabung der Dokumente zählen folgende Tätigkeiten:

3.1 Erstellen

Mit der Erstellung ist der QM-Beauftragte von der Geschäftsleitung betraut. Auch jeder Mitarbeiter kann den QM-Beauftragten auffordern, Dokumente zu erstellen.

Die Dokumente werden vom QM-Beauftragten entworfen und in Absprache mit den beteiligten Funktionsleitern von ihnen erarbeitet.

Betriebsanweisungen werden vom Beauftragten für Arbeitssicherheit (BAS) in Absprache mit dem QM-Beauftragten erstellt.

3.2 Prüfen und Genehmigen

Der Entwurf eines Dokuments ist von allen beteiligten Funktionsleitern und dem QM-Beauftragten zu prüfen hinsichtlich

- Eindeutigkeit und Verständlichkeit
- Vollständigkeit
- Durchführbarkeit oder Machbarkeit
- Verteiler

Jeder beteiligte Funktionsleiter bringt seine Änderungswünsche spätestens zehn Arbeitstage nach Erhalt des Entwurfs beim QM-Beauftragten an und gibt sein letztes Entwurfsexemplar abgezeichnet zurück.

Mit dem Vorliegen aller Einverständniserklärungen durch Abzeichnen erfolgt die Genehmigung und Freigabe des Dokuments durch Unterschrift eines Geschäftsführers.

Bei Betriebsanweisungen geht der Prüfung eine Mitarbeiter-Schulung voraus.

3.3 Lenkung der Dokumente

Alle im QM-System angefertigten Dokumente sind systembezogen, erkennbar an einer System-Dokumenten-Nummer. Sie müssen im Sinne der Norm gelenkt, d.h., herausgegeben, verteilt und verwaltet werden.

Das genehmigte Dokument wird vom QM-Beauftragten herausgegeben und verteilt. Er versieht das Dokument mit einer Ordnungs-Nummer und Ausgabedatum. Das Dokument wird dann auf Firmenpapier mit farbigem Firmenlogo als Original erkennbar ausgedruckt und verteilt. Mit der Verteilung ist es gültig.

Der QM-Beauftragte vergibt die Ordnungs-Nummern und führt Verzeichnisse, die den aktuellen Stand der Dokumente und den Verteiler erkennen lassen, mit folgenden Angaben:

1. Ordnungs-Nummer
2. Kurztitel
3. Ausgabe-Datum/Revisionsnummer oder Stand
4. Verteiler

Im Verteiler sind alle Funktionen vom QM-Beauftragten aufzulisten, die das Dokument erhalten haben.

Zusätzliche Exemplare eines Dokuments dürfen nur vom QM-Beauftragten ausgegeben werden.

Um die Dokumentation lückenlos aktualisieren zu können, muss das Kopieren von Dokumenten außer Formblättern unterbleiben.

3.4 Ändern

Bei Änderungen ist grundsätzlich ein neues Dokument zu erstellen. Daher ist wie bei der ersten Erstellung des Dokuments nach den Punkten 3.1 bis 3.4 zu verfahren.

Änderungen sind in der aktualisierten Ausgabe mit einem senkrechten Balken am rechten Blattrand zu kennzeichnen.

3.5 Anwendungsprüfung (Audit)

Die Funktionsleiter prüfen in ihrem Bereich, ob die Mitarbeiter den Inhalt des Dokuments verstanden haben und nach diesem handeln.

Der Prüfung geht eine Mitarbeiter-Schulung voraus.

3.6 Einziehen

Nicht mehr aktuelle Dokumente sind vom QM-Beauftragten gegen die neuen auszutauschen und zu vernichten.

3.7 Aufbewahren und Archivieren

Das Original veralteter Dokumente wird vom QM-Beauftragten nach dem Austausch im Ordner "nicht mehr aktuelle Dokumente" mit Datum der Ausmusterung fünf Jahre lang archiviert.

4. Regeln zur Vergabe von Ordnungsnummern

4.1 Für Organisationsrichtlinien und Verfahrensanweisungen

werden mit dem Kürzel OR und VA vom QM-Beauftragten Nummern vergeben, deren erste zwei Ziffern sich auf das QM-Element beziehen. Danach werden zweistellige Zählnummern angehängt, also z.B. VA 7.5-03.

4.2 Für Betriebsanweisungen und Haus-Normen

werden mit dem Kürzel BA oder HN vom QM-Beauftragten und vom Beauftragten für Arbeitssicherheit zweistellige fortlaufende Zählnummern vergeben, also z.B. BA 10 oder HN 10.

4.3 Für Arbeitsanweisungen

werden mit dem Kürzel AA vom QM-Beauftragten fortlaufende Nummern vergeben. Der QM-Beauftragte führt über die Arbeitsanweisungen ein Verzeichnis mit Benennung, Nummer und Ausgabedatum.

4.4 Standort-Unterschiede

Falls sich Verfahrens-, Betriebs- oder Arbeitsanweisungen zu einem Thema in den Standorten inhaltlich unterscheiden, wird an die Ordnungsnummer des Dokuments ein Ortskürzel angehängt.

5. Handhabung von Formblättern

Formblätter (FB) zur Dokumentation von Daten, die meist von Prüfungen stammen, werden wie systembezogene Dokumente gehandhabt.

Außerdem erhält jedes Formblatt seine Nummer, die wie in Punkt 4.1 beschrieben, vergeben wird, hinter einem Schrägstrich die Revisions-Nummer, also z.B. FB 8.2-01/3. Das ist das erste Formblatt für die Aufnahme von Messwerten (HB 8.2) mit der dritten Revision des Formblattes.

Für Formblätter wird vom QM-Beauftragten ein aktuelles Verzeichnis geführt.

Formblätter erhalten kein farbiges Firmenlogo, weil sie als Leerblätter kopiert werden müssen.

6. Bedienungsanleitungen

Für den Betrieb von Anlagen und Geräten liefern ihre Hersteller oft ungeeignete Bedienungsanleitungen, so dass innerbetrieblich das Bedürfnis entsteht, eine leicht verständliche Kurzfassung dazu selbst zu verfassen. Da es sich bei diesen rezeptartigen Anleitungen nicht eindeutig um systembezogene Dokumente handelt, wollen wir sie wegen des Bürokratieaufwandes nicht in das System qualitätsbezogener Dokumente einbeziehen, obwohl auf hilfreiche Kurzfassungen nie verzichtet werden sollte.

7. Gelenkte Dokumente

Hauptsächlich zwei Dokumentationen sind heute für die Unternehmensführung bedeutsam:
- die Qualitätsmanagement- und qualitätsbezogene Dokumentation und
- die technische Dokumentation im Betrieb

Beide stehen in enger Beziehung zueinander, weil sie das Informationsmittel der Ablauforganisation und der Leistungserbringung bilden.

Es ist daher notwendig, die zu lenkenden QM-Dokumente zu identifizieren:

Alle Dokumente, die das firmenspezifische QM-System
- darlegen
- seine Wirksamkeit beeinflussen
- Informationen zum QM-System enthalten,

sind, wie in Abschnitt 3 beschrieben, zu lenken und in den Verzeichnissen mit der Ordnungsnummer 10 zu listen.

9.2.2 Regeln zur Erstellung systembezogener Dokumente

1. Zweck und Geltungsbereich

1.1 Allgemeines

Diese Organisationsrichtlinie ist für alle Funktionsleiter Vorgabe und Anleitung zugleich. Sie soll vor allem jenen Hilfe sein, die vor der oftmals schwierigen Aufgabe stehen, richtungsweisende oder anweisende Dokumente gemeinsam mit dem QM-Beauftragten zu erstellen.

Darüber hinaus soll durch diese Organisationsrichtlinie ein einheitlicher Aufbau systembezogener Dokumente erzielt werden.

1.2 Bedarfsermittlung

Um den Umfang systembezogener Dokumente auf das Notwendige zu begrenzen, muss zunächst von den Funktionsleitern und der Geschäftsleitung im Einzelfall geprüft und entschieden werden, ob ein Dokument erforderlich oder zweckmäßig ist. Entscheidungskriterium sollte hierbei das unternehmensspezifische Wissen sein, das ein neuer fachkundiger Mitarbeiter braucht, um seine Aufgaben zur Zufriedenheit aller zu lösen.

Das bedeutet, dass für alle unternehmensspezifischen Regelungen
- vorwiegend organisatorischer Belange, insbesondere der Information und Zusammenarbeit,
- für Verfahren und Abläufe,
- für besondere Regeln der Technik und Arbeitssicherheit

Dokumente zu erstellen sind, wenn ihr Fehlen Fehler verursachen könnte.

2. Regeln zur Erstellung von Dokumenten der zweiten Ebene

Bei der Erstellung dieser Dokumente sind die folgenden Elemente zu berücksichtigen:

2.1 Kurztitel

Dieser sollte klar und kennzeichnend sein, aber nicht Erklärungen oder Erläuterungen enthalten.

2.2 Zweck und Geltungsbereich

Dem Leser eines Dokuments muss Sinn und Zweck erläutert werden, um die Vorgaben verstehen und akzeptieren zu können. Darüber hinaus ist der Geltungsbereich eindeutig festzuschreiben: Mitarbeiter müssen auf ihre Aufgaben, Verantwortung und Befugnis eindeutig und klar abgegrenzt hingewiesen werden. Sie müssen aber auch die unabdingbaren Beziehungen zu anderen Funktionen und Mitarbeitern kennen, um Schnittstellenproblemen vorzubeugen.

Falls Begriffe nicht geläufig sind oder missverstanden werden könnten, sollten sie an dieser Stelle in einem Absatz mit dem Hinweis "Zum Verständnis sind folgende Begriffe definiert: ..." erklärt werden.

2.3 Vorgang oder Ablauf mit Verantwortung und Befugnissen

Hier ist die Überschrift oder das Thema zu benennen, das im Dokument behandelt wird, also z.B.: "Prüfung der Kundenforderungen". Dann ist der Vorgang oder Ablauf zu beschreiben. Vorgänge oder Abläufe können zweckmäßigerweise auch als Flussdiagramme mit erläuterndem Text oder in Matrixform beschrieben werden.

Beim Entwurf sollte man immer wieder die Fragen stellen:

- Was muss ein neuer fachkundiger Mitarbeiter wissen, um seine Aufgabe zielgerecht zu lösen?
- Welche Bedingungen sind zu beachten?
- Welche Folgen oder Ereignisse müssen verhindert werden?

2.4 Mitgeltende Unterlagen

Sind Dokumente externer Herkunft, z.B. Normen oder Verordnungen zum Vorgang oder Ablauf bekannt, sind diese als Textausschnitte in die Anweisung einzuarbeiten.

2.5 Gestaltung der Dokumente

Alle Dokumente sind mit einer Kopfleiste versehen. In ihr steht

- links oben das Firmenlogo
- in der Mitte oben die Benennung, also z.B. „Regeln zur Erstellung systembezogener Dokumente",
- rechts oben
  - Kürzel der Dokumentart mit Ordnungsnummer, also z.B. „OR 4.2-02"
  - Ausgabe mit Datum, also z.B. Ausgabe 0312 für März 2012.
  - „Seite x/y"

Auf jedem ersten Blatt eines Dokuments ist eine Fußleiste mit zwei Feldern vorzusehen. In diese Felder werden die Namen von Autor und Freigebendem mit Datum gedruckt, nachdem ihre Unterschrift auf dem Original erfolgte.

Den Folgeseiten fehlt die Fußleiste.

3. Regeln zur Erstellung von Dokumenten der dritten Ebene

Arbeitsanweisungen enthalten Vorgaben für die Handhabung von z.B. Produkt-Komponenten, Werk- und Hilfsstoffen, Anlagen und Geräten.

Um auch hier die Dokumentation auf das Notwendige zu begrenzen, ist einerseits die Fachausbildung der einzelnen Mitarbeiter und besonders ihrer Stellvertreter zu berücksichtigen, andererseits von den Möglichkeiten der Veranschaulichung, wie z.B. durch Muster oder Bilder Gebrauch zu machen.

Bei diesen Dokumenten sind einige Gesichtspunkte besonders zu beachten, um bei den Angewiesenen Akzeptanz zu erreichen:

3.1 Kurztitel

Im Kurztitel muss schon der Zweck und Geltungsbereich erkennbar sein, z.B. „Brennprogramm für Keramik - Brennofen Multimat MC II".

3.2 Vorgang, Ablauf, Durchführung

Falls Begriffe nicht geläufig sind oder missverstanden werden könnten, sollten sie an dieser Stelle in einem Absatz mit dem Hinweis „Zum Verständnis sind folgende Begriffe definiert: ..." erklärt werden.

Beim Entwurf einer Anweisung sollte man sich vorstellen, man müsse einen neuen fachkundigen Mitarbeiter in die betriebsspezifischen Abläufe einweisen. Man sollte daher immer wieder die Fragen stellen:

- Was muss ein neuer fachkundiger Mitarbeiter kennen, damit er nichts falsch macht?
- Was kann ein Neuling falsch machen?
- Welche typischen Abweichungen, Situationen oder Störungen können auftreten?

Bei Abweichungen von den Vorgaben oder bei Störungen im Betriebsablauf sollte ebenfalls vorgegeben werden, was zu tun ist. Gibt es eine eindeutige Lösung, dann sollte sie in der Anweisung beschrieben sein. Gibt es sie nicht, ist in der Anweisung darauf hinzuweisen, wie sich der Mitarbeiter dann zu verhalten hat, insbesondere wen er informieren muss.

3.3 Mitgeltende Dokumente

Textausschnitte mitgeltender Dokumente sind in die Anweisung einzuarbeiten.

3.4 Gestaltung der Dokumente

Hier gilt das unter Punkt 2.5 Gesagte. Für Formblätter gilt: Es sind in der Kopfzeile nur das Firmenlogo, die Benennung der aufzuzeichnenden Daten und die Formblatt-Nummer anzubringen.

Die Fußzeile besteht aus zwei Feldern:

erstellt am:	Von:

In diese Felder trägt derjenige seinen Namen und das Datum ein, der die Daten im Formblatt dokumentiert.

9.2.3 Lenkung von Dokumenten externer Herkunft

1. Zweck und Geltungsbereich

Von den Dokumenten externer Herkunft sind nur diejenigen zu lenken, die entweder für die Beschaffenheit der Produkte oder für das Funktionieren des QM-Systems bedeutsam sind.

Es handelt sich bei diesen Dokumenten zumeist um die Gruppe der sogenannten übergeordneten Dokumente, in denen Themen behandelt werden, die mit Gefahren, Sicherheit und Risiko zu tun haben.

In Verbindung mit den unternehmerischen Sorgfaltspflichten wird immer wieder auf Standards hingewiesen, die unter anderem auch in der Rechtsprechung eine große Bedeutung haben, wie z.B. Normen, VDI-Richtlinien und VDE-Bestimmungen.

Zum einheitlichen Gebrauch der folgenden Rechtsbegriffe hat das Bundesverfassungsgericht eine Dreistufenthese entwickelt:

Stufe 1:   Allgemein anerkannte Regeln der Technik.
Hier handelt es sich um die herrschende Auffassung kompetenter technischer Praktiker.

Stufe 2:   Stand der Technik.
Damit wird der rechtliche Maßstab für das Erlaubte und Gebotene der technischen Entwicklung umschrieben.

Stufe 3:   Der Stand von Wissenschaft und Technik.
Dies ist die höchste Stufe des technischen Fortschritts und der Sicherheit.

Von einem Unternehmen, das sich als Spezialist bezeichnet, wird angemessene Beachtung des Standes der Technik erwartet.

Aus diesem Grund müssen den Mitarbeitern die Dokumente, wie z.B. technische Regeln, zur Verfügung stehen.

In dieser OR sind daher die Regeln für die Handhabung dieser Dokumente festgelegt.

2.   Arten der Dokumente externer Herkunft

Zu diesen Dokumenten zählen z.B.:

- nationale und internationale Normen
- Gesetze und Verordnungen
- Richtlinien, wie z.B. 93/42/EWG
- Arbeitsstättenrichtlinien
- Unfallverhütungsvorschriften

3.   Handhabung der Dokumente

3.1 Beschaffung, Verwahrung und Aktualisierung

Die Geschäftsleitung ist verpflichtet, ihre Mitarbeiter ständig auf dem aktuellen Kenntnisstand der Technik zu halten.

Wegen dieser Sorgfaltspflicht ist festgelegt:

- Der QM-Beauftragte beschafft und verwaltet die einschlägigen QM-Dokumente.
- Die Geschäftsleitung beschafft und verwaltet die Dokumente der nationalen und internationalen Normung, der Gesetze und Verordnungen, wie z.B. zu Umwelt, Arbeitsstättenrichtlinien, Unfallverhütungsvorschriften.
- Die für die Dokumentation Verantwortlichen informieren über die Dokumente die Funktionsleiter und sorgen dafür, dass der Inhalt der Dokumente verstanden und befolgt wird.

3.2 Verzeichnis der Dokumente

Der QM-Beauftragte führt ein Verzeichnis mit folgenden Angaben:

- Bezeichnung des Dokuments,
- Aufbewahrungsort,
- Ausgabedatum des Dokuments.

Der QM-Beauftragte versieht das Verzeichnis mit dem Ausgabedatum und Änderungsstand. Das Verzeichnis ist beim QM-Beauftragten einzusehen.

9.2.4 Lenkung von Aufzeichnungen (Qualitäts-Aufzeichnungen)

1. Zweck und Geltungsbereich

Aufzeichnungen sind Dokumente, die erreichte Ergebnisse angeben oder Nachweise ausgeführter Tätigkeiten bereitstellen.

Statt Aufzeichnungen nennen wir sie wie früher genormt „Qualitätsaufzeichnungen", um sie von anderen Aufzeichnungen unterscheiden zu können.

Zu den Qualitätsaufzeichnungen zählen

- Qualitätsnachweise für Produkte und Prozesse durch Prüfungen, Verifizierungen und Validierungen
- Fähigkeitsnachweise von Tätigkeiten (Prozessen)
- Interne Qualitätsberichte, die erforderlich oder nützlich sind für Prüfungen, Forderungsplanung und Qualitätslenkung,

Das Verfahren zur Lenkung von Qualitäts-Aufzeichnungen ist in dieser Organisationsrichtlinie dokumentiert.

2. Lenkung

Qualitätsaufzeichnungen dürfen im Gegensatz zu anderen qualitätsbezogenen und gelenkten Dokumenten nicht verändert werden!

2.1 Kennzeichnung und Identifikation

Dokumente, die zu den Qualitäts-Aufzeichnungen zählen, haben als Dokument nur eine Bezeichnung, aber keine besondere Kennzeichnung als Qualitäts-Aufzeichnung.

Sie sind jedoch jederzeit über das Verzeichnis der Qualitäts-Aufzeichnungen identifizierbar.

2.2 Bestimmen und Dokumentieren

Aufzeichnungen, die die Qualität (Beschaffenheit) betreffen, entstehen überall im Unternehmen. Welche qualitätsbezogenen Dokumente zu diesen Aufzeichnungen zu zählen sind, wer sie erstellt, wo und wie lange sie aufbewahrt werden, legt der QM-Beauftragte (QMB) zusammen mit der Geschäftsleitung (GL) unter Berücksichtigung des MPG, der Angemessenheit, der Forderung der Gesellschaft und der regulatorischen Forderungen der ISO 13485 fest und registriert sie im Verzeichnis der Aufzeichnungen (VZ 9.2).

2.3 Verfügung über Aufzeichnungen

Die Dauer der Archivierung ist im Verzeichnis für jede zu archivierende Dokumentenart festgelegt.

Nach Ablauf der Archivierungsfrist verfügt und überwacht der QM-Beauftragte die Vernichtung der betreffenden Dokumente.

3. Verzeichnis der Aufzeichnungen VZ 9.2 (Qualitätsaufzeichnungen)

Im Verzeichnis zum Handbuch (HB 9) befindet sich ein Verzeichnis besonderer Art: Es ist nicht nur ein Verzeichnis von Schriften, sondern gibt auch Auskunft über Herkunft, Aufbewahrungsort und Dauer der Archivierung (VZ 9.2).

9.2.5 Datensicherung im EDV-System

1. Zweck und Geltungsbereich

Der größte Teil der Informationen im Unternehmen wird im EDV-System bearbeitet und gespeichert. Die Sicherung der Daten ist daher von eminenter Bedeutung. Wie Daten gesichert werden, ist hier verbindlich dargelegt.

2. Sicherung der Server-Daten
- Über die Datex-Software wird eine Datensicherung täglich an Wochentagen auf ein Datensicherungsband durchgeführt,
- Die Sicherung erfolgt in der Regel nachts außerhalb der Arbeitszeiten,
- Gesichert werden die Dateien,
  - der allgemeinen Server-Partitionen,
  - der benutzerspezifischen Partitionen,
  - des aktuellen Systemstatus,
  - der Registrierdatenbank,
- Bei jeder Sicherung werden automatisch die seit der letzten Sicherung geänderten oder neu erstellten Daten gespeichert (inkrementelle Datensicherung),
- Die Bänder werden im Wochenturnus gewechselt,
- Datum und Nummer des verwendeten Magnetbandes werden wöchentlich protokolliert,
- Eine Reinigung des Laufwerks erfolgt alle zwei Wochen mit Protokollierung.

3. Aufbewahren der Daten

Die Sicherungsbänder, die nach Punkt 2 nicht in Benutzung sind, werden aufbewahrt.

9.3 Fehlermanagement

9.3.1 Begriffe und Erklärungen zum Fehler- und Risikomanagement

1. Zweck und Geltungsbereich

In vielen Normen ist häufig die Rede von Risiken aber selten von Fehlern. In dieser Hausnorm soll für alle geklärt werden, die sich mit den teilweise verwirrenden Begriffsinhalten plagen, und die durch ungenaue Erklärungen, wie man sie vor allem in den Anhängen der ISO 14971:2007 findet, verunsichert sind.

Künftig sollte nicht von Qualität die Rede sein, denn die ist als Unternehmensziel ohnehin selbstverständlich. Der Umgang mit Fehlern und Risiken, als Fehlermanagement und Risikomanagement bezeichnet, ist künftig mindestens ebenso bedeutsam.

2. Begriffe und Erklärungen zum Fehlermanagement

Oft wird beim Begriff „Management" an Führung gedacht. Das ist irreführend, denn Umgang und Handhabung sind gemeint. Dazu folgende international genormte Begriffe:

- Mit dem Fehlerbegriff ist festgelegt: Nichterfüllung einer Forderung.
  (So gültig auch für den Rechtsbereich in Deutschland)
  Der Fehler setzt grundsätzlich eine Forderung voraus, die nicht erfüllt wurde.
  In der Praxis erkennt man den Fehler allerdings regelmäßig nur an seinen Folgen, also an den Auswirkungen des Fehlers.
  Das eingetrübte Reagenz, der gebrochene Zahnersatz sind Folgen von Fehlern.
- Die Fehlerfolge ist identisch mit dem Schaden.
  Wobei der Schaden einen quantitativ oder oft nur qualitativ zu bestimmenden Geldwert hat.
- Jeder Fehler hat mehr als eine Ursache (Ein Fehler hat viele Väter).
  Wer Fehler verhindern will, muss die Fehlerursachen kennen, um sie zu beseitigen oder um sie nicht wirksam werden zu lassen.
- Der Fehler ist ein Zustand, also die Beschaffenheit im Augenblick der Betrachtung des Produkts.
- Die Fehlerursache ist ein Ereignis, sie bewirkt den Übergang von einem in einen anderen Zustand.
- Die Funktion (nicht genormt) bedeutet: wirken, bewirken. Bei Fehlfunktion bleibt die Wirkung aus.
- Jedes zur Qualität beitragende Merkmal (Qualitätsmerkmal) hat eine geplante Funktion oder Wirkung. Anstatt von Qualität wäre es sinnvoll, von Beschaffenheit zu reden: Jedes Merkmal der Beschaffenheit hat eine geplante Funktion oder Wirkung.
- Homogenität von Produktionschargen
  Eine Charge gilt als homogen, wenn gleiche Teile oder Materialien in derselben Art und Weise hergestellt und / oder überprüft werden, ohne Unterbrechung, typischerweise am selben Tag oder im selben Zeitraum und von derselben Person oder mit derselben Maschine / Ausrüstung und dieselben Spezifikationen aufweist.

3. Bemerkungen zu zufälligen und systematischen Fehlern

Nach ISO 14971:2007, Anhang D.2.2 ist es wichtig zu verstehen, „dass es im Allgemeinen zwei Arten von Fehlern gibt, die zu einer Gefährdungssituation führen können: „Zufallsfehler und systematische Fehler".

Leider werden zu diesen Fehlerarten von der Norm keine Definitionen geliefert, sondern nur untypische Beispiele.

Wir versuchen daher eine eigene Definition zum Hausgebrauch.

- Zufällige Fehler (Zufallsfehler) sind auch nicht vom Fachmann vorhersehbar. Sie treten zufällig auf und ihre Ursachen sind im Augenblick der Betrachtung nur mit dem Zufall, also nicht sachlogisch erklärbar.
- Systematische Fehler sind sachlogisch vorhersehbar, denn sie sind in einem Ursachensystem begründet und plausibel erklärbar.

Das bedeutet, dass Zufallsfehler durch plausible Erklärung zu systematischen Fehlern werden. Daraus entsteht die Pflicht, zufällige Fehler, wenn angemessen, durch sorgfältige Analysen zu systematischen zu wandeln, um sie zu lenken und ihre Schäden zu mindern.

4. Begriffe und Erklärungen zum Risikomanagement

Begriffe aus dem Risikomanagement sind inhaltlich teilweise mit denen des Qualitäts- und Fehlermanagements eng verwandt, weswegen es oft zu Irritationen kommt.

- Aus Sicht des Risikomanagements ist ein Fehler eine Schadensquelle oder Gefährdung.
- Ein Schaden ist ein Nachteil durch Verletzung von Rechtsgütern aufgrund eines anzunehmenden Zustands, Ereignisses oder Vorgangs (Prozesses).
- Eine Gefahr ist das das Grenzrisiko überschreitende Risiko.
- Eine Gefährdung ist eine potentielle Schadensquelle. Oder einfacher: ein möglicher Fehler.

  Unter Gefährdungssituationen versteht man Umstände, unter denen Menschen, Güter und Umwelt Gefährdungen ausgesetzt sind:
  - eine Abfolge oder Kombination von Ereignissen (oder Fehlern) kann eine Gefährdungssituation hervorrufen
  - für das Risiko ist nur die Gefährdungssituation bedeutsam, die einen Schaden bewirkt.

- Unter Risiko versteht man eine zusammenfassende Bewertungsgröße (R) für einen Zustand, ein Ereignis, einen Vorgang oder Prozess mit den beiden Größen Wahrscheinlichkeit des Auftretens (WA) und Schadensschwere (SS), also R=WAxSS.
- Die Wahrscheinlichkeit des Auftretens (WA) eines Ereignisses (einer Fehlerursache) wird mit der Schadensschwere (SS, Schadensausmaß, Schwere der Fehlerfolge) kombiniert.

  Wobei in der Praxis statt der Wahrscheinlichkeiten relative Häufigkeiten gebildet werden.

  Schadensschwere oder Ausmaß der Fehlerfolge lassen sich selten quantifizieren, z.B. in Euro.

- Im englischen Sprachraum ist bei Gefahr für Sachen von „hazard" die Rede, bei Gefahr für Personen von „danger". Die Unterscheidung ist unter Fachleuten nicht mehr üblich, weil eine quantitative Betrachtung trotz aller verständlichen gefühlsmäßigen Ablehnung auch bei Personenschäden gefordert wird, denn das Produkt von WA und SS zur Objektivierung des Schadensrisikos ist zu quantifizieren! Das Risiko hat grundsätzlich die Dimension Währungseinheit. Wie wollte man sonst Versicherungsfälle lösen?

- Da bei der Bestimmung von Grenzrisiken grundsätzlich diskutiert wird, sollte bedacht werden: Wie zahlreiche Studien zeigen, klaffen die für vertretbar gehaltenen Werte für Grenzrisiken im Verhältnis 1:100.000 auseinander! Besondere grüne Gutmenschen lehnen sogar die geldwerte Quantifizierung von Personenschäden grundsätzlich ab.
- Mit Lenkungs- oder Schutzmaßnahmen oder -Vorrichtungen mindert man das Risiko. Diese Maßnahmen können auf beide Faktoren (WA und SS) wirken.
- Das Restrisiko ist das nach dem Wirken der Lenkungs- oder Schutzmaßnahmen verbleibende Risiko.
- Das Grenzrisiko ist das größte noch vertretbare Risiko eines Zustandes, Ereignisses, eines Vorganges oder Prozesses.
- Sicherheitsmerkmale sind zur Sicherheit beitragende Merkmale.
- Die Sicherheit ist als Begriff in vielen Normen sehr unterschiedlich festgelegt. Für die Praxis: Schutz vor Schaden. Für das Risikomanagement ist Sicherheit das das Grenzrisiko nicht überschreitende Risiko.
- Risikobeherrschung sollte besser Risikolenkung benannt werden.
  - Risikolenkung ist der Teil des Risikomanagements, der risikobezogen direkt oder indirekt die Erfüllung der Forderungen bezweckt.
  - ein beherrschtes Risiko ist ein Risiko, bei dem die Parameter (WA und SS) sich praktisch nicht oder nur in bekannter Weise oder in bekannten Grenzen ändern. Die zuvor getroffene Unterscheidung der Fehlerarten in zufällige und systematische Fehler ist im RM-Prozess äußerst bedeutsam, weil alle am Risikomanagement Beteiligten erkennen müssen, dass nur die RM-Aktivitäten sinnvoll sind, die auf systematische Fehler gerichtet sind. So wäre z. B. Risikoschätzung für Zufallsfehler pure Wahrsagerei!
- Gefahr und Sicherheit sind übrigens keine Gegensätze, sondern unterschiedliche Schadensrisiken, die das Grenzrisiko trennt, wie die Grafik zeigt:
- Die Benennung Grenz-Risiko kommt in der ISO 14971:2007 nicht vor, auch nicht in den Anhängen. Die Norm umschreibt das mit „akzeptables Risiko", weil es als Schadensrisiko noch in den Risikobereich Sicherheit fällt, ihn also begrenzt.
- Von der Bewertung des Gesamtrisikos ist in ISO 14971:2007 zwar ausführlich die Rede (Kapitel 7, Anhang D.7). Es gibt aber nicht einen Hinweis auf das Problem, wie ein Gesamt-Risiko ermittelt werden könnte, denn bevor man ein Gesamt-Risiko bewerten kann, muss man es erst einmal berechnet haben.

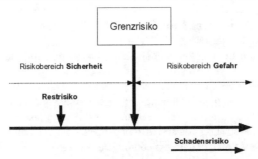

So ist z.B. unklar, ob Gesamt-Risiken sich als Summe der Einzel-Risiken ergeben oder ob als (rechnerisches) Produkt durch Multiplikation von Einzelwahrscheinlichkeiten mit entsprechendem Schweregrad.

Außerdem besteht der dringende Verdacht, dass in der Norm wieder einmal Bewertung mit Berechnung verwechselt wurde.

- In der Norm ist im Anhang D 7.4 vom Kombinieren der Einzelwahrscheinlichkeiten die Rede. Der Hinweis „Eine Fehlerbaumanalyse kann ein geeignetes Verfahren zur Ableitung der kombinierten Schadenswahrscheinlichkeit sein", ist aus mindestens drei Gründen unzureichend bis falsch:

  - Eine kombinierte Wahrscheinlichkeit (Gesamtwahrscheinlichkeit) darf nur für voneinander abhängige Ereignisse oder Gefährdungen durch Multiplikation der einzelnen Eintrittswahrscheinlichkeiten berechnet werden.

  - Die kombinierte Wahrscheinlichkeit für voneinander unabhängige Ereignisse nur durch Multiplikation der Einzelwahrscheinlichkeiten zu berechnen, ist falsch!

  - Die Berechnung der Gesamtwahrscheinlichkeit für voneinander unabhängige Ereignisse wird in der Norm und ihren Anhängen nicht erwähnt.

  Auch diese drei Gründe disqualifizieren die ISO 14971:2007 so, dass ihre Anwendung zu lebensbedrohlichen Fehlentscheidungen führen kann.

5. Der Umgang mit Wahrscheinlichkeiten

Für die Schätzung von Gesamt-Risiken muss man deren Gesamt-Wahrscheinlichkeit kennen. Diese ergibt sich aus den Einzel-Wahrscheinlichkeiten von voneinander unabhängigen Ereignissen in Abfolge.

Bei sich nicht ausschließenden, weil in Abfolge eintretenden Schadensereignissen (Kühlen und Wärmen schließen sich aus) ergibt sich die Gesamt-Wahrscheinlichkeit eines Schadens aus der Summe der Einzelwahrscheinlichkeiten der Ereignisse, vermindert um das Produkt der bedingten Einzelwahrscheinlichkeiten dieser Ereignisse, die zu diesem Schaden führen.

Zum besseren Verständnis folgendes Beispiel:

Ein Schaden entsteht durch drei voneinander unabhängige Ereignisse oder Fehler A, B, C. Der Schaden entsteht mit dem Eintreten des Fehlers A oder B oder C oder in irgendeiner Kombination von A, B oder C.

Wie hoch ist die Wahrscheinlichkeit (Gesamtwahrscheinlichkeit, GW) für den Schaden, wenn die Fehler mit folgenden Einzelwahrscheinlichkeiten auftreten?

A= 80 % / B= 70 % / C= 20 %

Die Gesamtwahrscheinlichkeit erhält man durch

$GW = A + B + C - (A \times B + A \times C + B \times C) + (A \times B \times C)$

$GW = 1,7 - 0,86 + 0,112 = 0,952$

Die Wahrscheinlichkeit für die Entstehung eines Schadens als Folge der Fehler A oder B oder C oder einer Kombination der Fehler oder Ereignisse ist GW = 0,952 oder 95,2%.

Das heißt umgekehrt: die Wahrscheinlichkeit, dass kein Schaden entsteht (Komplementär-Wahrscheinlichkeit, KW), ist KW = 0,048 oder 4,8%.

Das Ergebnis soll mit Hilfe des Bildes erklärt werden:

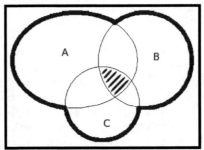

Die Wahrscheinlichkeiten für A, B, C sind als Flächen dargestellt.

A, B, C sind voneinander unabhängige Ereignisse oder, in diesem Beispiel, voneinander unabhängig auftretende Fehler.

Unabhängigkeit von Ereignissen bedeutet, dass sie sich nicht gegenseitig beeinflussen oder von anderen Ereignissen beeinflusst werden.

Unabhängige Ereignisse treten, weil sie sich nicht gegenseitig ausschließen, gemeinsam, also in Kombination auf, d.h., mit „Sowohl-als-auch-Wahrscheinlichkeiten" (SAW).

Was bedeutet, dass der Schaden sowohl durch A als auch durch B oder C entsteht.

Alle SAW sind im Bild als gemeinsam belegte oder überdeckte Flächen (Wahrscheinlichkeiten W) AB, AC und BC zu sehen.

Sie werden auch als bedingte Wahrscheinlichkeiten bezeichnet, weil diese Flächen (W) nur entstehen, wenn eine Bedingung erfüllt ist.

So ist z.B. bei der Fläche (W) AB die Bedingung: A muss als Fläche (W) „80 %" vorhanden sein, damit B als Fläche (W) „70%" A zu „56%" überdecken kann. A bedingt B oder umgekehrt.

Die bedingten Wahrscheinlichkeiten sind im Bild als sich überdeckende Flächen dargestellt. In der Gleichung stecken sie in der großen Klammer.

Die berechnete Gesamt-Wahrscheinlichkeit GW zeigt sich im Bild als stark umrandete Fläche. Sie entsteht aus der Summe der Einzel-Wahrscheinlichkeiten A + B + C, vermindert um die Summe der bedingten Wahrscheinlichkeiten (SAW, große Klammer).

Der Grund für die Subtraktion: Die bedingten Wahrscheinlichkeiten (SAW) tragen zur Gesamt-Wahrscheinlichkeit, wie das Bild mit den Überdeckungen zeigt, nichts bei. Denn es ist für den Schaden unerheblich, ob er durch den Fehler A oder z.B. durch zwei weitere andere Fehler B und C verursacht wird. Der Schaden bleibt der gleiche.

Die Gesamt-Wahrscheinlichkeit des Schadens wird um die bedingten Wahrscheinlichkeiten nicht größer, sondern muss sogar um die überdeckten Flächen (SAW) gemindert werden.

Weil aber von den überdeckten Flächen (SAW) die schraffierte Teilfläche (A x B x C) zu viel abgezogen wurde, muss sie einmal wieder dazu gezählt werden.

Die Komplementär-Wahrscheinlichkeit (KW) ergibt sich übrigens ebenfalls aus dem Bild:

Es ist die Restfläche, die die stark umrandete Fläche (GW) im viereckigen Rahmen noch übrig lässt.

Dieser Rahmen wird Ereignisraum genannt, weil sich alle möglichen Ereignisse für einen bestimmten Schadensfall nur in diesem Raum (von der Größe 1) aufhalten können.

Diese Restfläche ist gleichbedeutend mit der Komplementär-Wahrscheinlichkeit (KW), und diese ist nichts anderes als die Gesamt-Wahrscheinlichkeit für den Nicht-fehler, also für die Fehlerfreiheit.

Ein Ausweg

Das Beispiel zur Berechnung der Gesamt-Wahrscheinlichkeit bei nur drei Fehlern oder Schadensereignissen ist schon erschreckend kompliziert. Der Schrecken wird noch größer, wenn man es im praxisnahen Risikomanagement mit zehn oder noch viel mehr Fehlern oder Schadensereignissen zutun hat.

Deswegen ist ein Ausweg für die Berechnung wünschenswert oder gar erforderlich. Und es gibt ihn!

Er basiert auf der Annahme, alle Einzel-Wahrscheinlichkeiten der Fehler seien weitgehend gleich, also z.b. „selten" (W= 1^{-4}). Diese Annahme ist wohl kaum zu beanstanden, wenn man bedenkt, dass die Wahrscheinlichkeiten ohnehin nur grob geschätzt werden können und in der Praxis höchstens im einstelligen Prozentbereich liegen.

Diese Annahme hat zwei bedeutsame Folgen:

- Die Flächen-Überdeckungen, um im Bild zu bleiben, sind alle gleich groß. Also sind auch alle bedingten Wahrscheinlichkeiten oder SAW gleich.
- Aufgrund der Zusammenhänge von Gesamt-Wahrscheinlichkeit (GW), Gesamt-Komplementär-Wahrscheinlichkeit (GKW) und Ereignisraum und dem Wissen, dass die einzelnen Komplementär-Wahrscheinlichkeiten ausschließlich bedingte Wahrscheinlichkeiten oder SAW sind, lässt sich die GKW einfach als Produkt der bedingten Wahrscheinlichkeiten berechnen.

Dazu ein einfaches Beispiel:

Als Annahme gilt A=B=C=20% (KW=80%)

GW=A+B+C-(AB+AC+CB)+ABC

GW=0,60-0,12+0,008=0,488

GKW=1-GW=1-0,488=0,512

Diese Rechnung kann man unter der Bedingung gleicher Wahrscheinlichkeiten der einzelnen Fehler oder Schadensereignisse vereinfachen indem man ihre (einzelnen, bedingten) Komplementär-Wahrscheinlichkeiten multipliziert:

0,8 x 0,8 x 0,8 = $0,8^{-3}$ = 0,512

GW=1 - GKW= 1 - 0,512 = 0,488

Sollten sich im praktischen Fall die Wahrscheinlichkeiten einzelner Fehler oder Schadensereignisse erheblich unterscheiden, sind die Komplementär-Wahrscheinlichkeiten einzeln in die Rechnung einzusetzen (also $\overline{A} \times \overline{B} \times \overline{C} \ldots$).

9.3.2 FMEA, Fehler-Möglichkeits- und -einflussanalyse

1. Zur Einführung

1.1 Allgemeines

Die Failure Mode and Effect Analysis (FMEA), ins Deutsche übertragen als „Fehler-Möglichkeits- und -einflussanalyse" oder auch „Analyse möglicher Fehler und Folgen" ist ein bedeutsames QM-Werkzeug für die Qualitätslenkung in Planungsphasen von Produkten und Prozessen.

Kurz gefasst versteht man unter diesem Werkzeug der Planung:
Systematisches Erfassen möglicher Fehler und Bewerten erwartbarer Fehlerfolgen als Schadensrisiko.

Mit Hilfe dieser Methode sollen Fehler in Planungsphasen erkannt, Fehlerursachen identifiziert und Fehlerfolgen bewertet werden, um schon in den Planungsphasen Gegenmaßnahmen zu entwickeln und umzusetzen.

1.2 Gründe für die Anwendung

Der Hauptgrund liegt in der Erkenntnis, dass etwa bis zu 80% der Fehler an einem Produkt oder in einem Prozess auf Schwachstellen in der Planung, Entwicklung und Konstruktion zurückzuführen sind.

Diese Planungsfehler sind besonders schwerwiegend, weil sie konzeptioneller Art sind und ihre Ursachen sich nur mit hohen Kosten beseitigen lassen.

Außerdem sind es vielfach planungsbedingte Wiederholungsfehler.

Die Kosten dieser Fehler liegen in der Größenordnung des Gewinns vor Steuern oder bei bis zu 30% und mehr auf den Umsatz bezogen. In vielen Fällen waren sie für Unternehmen der Untergang.

1.3 Voraussetzungen

Die FMEA-Methode ist nur in Gruppenarbeit sinnvoll, und als Pflichtübung, „weil man das so macht" oder „weil die Kunden das so fordern" meist nutzlos. Es muss vielmehr die ehrliche Absicht schon von den Führungskräften her bis hin zum einzelnen Mitarbeiter in der Gruppe bestehen, Fehlern vorzubeugen, um Fehlerkosten zu vermeiden und um Kundenzufriedenheit zu erreichen.

Der Nutzen der Methode bedingt, dass die Geschäftsleitung entschieden hinter den FMEA-Aktivitäten steht, in dem sie den erforderlichen zeitlichen und organisatorischen Freiraum für die Mitarbeiter schafft.

Zur bereichsübergreifenden Zusammenarbeit ist für ein FMEA-Projekt ein Team von drei bis sechs engagierten und teamfähigen Teilnehmern zu bilden. Das Kernteam kann jederzeit um Experten erweitert werden.

Bei der Berufung in das Team ist ausschließlich die persönliche Qualifikation und nicht die hierarchische Einordnung in das Unternehmen ausschlaggebend.

Zu jedem FMEA-Vorhaben ist ein Teamleiter als Moderator entweder von der Geschäftsleitung unmittelbar zu bestimmen oder er wird z.B. in Meilensteinprogrammen als Funktionsinhaber automatisch benannt.

Moderatoren müssen im Namen und Auftrag der Geschäftsleitung die Kompetenz besitzen:

- Team-Mitglieder zu berufen und auch aus dem Team zu entlassen,
- Aufgaben und Funktionen außerhalb ihres eigentlichen Aufgabenbereichs über die Hierarchien hinweg zu verteilen.

Im übrigen gelten die Regeln für das Projektmanagement, da es sich bei FMEA-Vorhaben um die gleiche Problemstellung und Lösungstechnik handelt.

1.4 Begriffe (In Übereinstimmung mit DIN und ISO)

Zu allen Arten und Varianten der FMEA sind einige Begriffe zu erklären:

Einheit
Materieller oder immaterieller Gegenstand der Betrachtung.

Beschaffenheit
Gesamtheit aller Merkmale und Merkmalswerte einer Einheit.
Unterbegriffe sind Zustand und Ereignis.

Zustand
Beschaffenheit im Augenblick der Betrachtung der Einheit.

Ereignis
Übergang von einem in einen anderen Zustand.

Qualität
Realisierte Beschaffenheit bezüglich geforderter Beschaffenheit.

Qualitätsmerkmal
Die Qualität mitbestimmendes Merkmal.

Fehler
Nichterfüllung einer Forderung

Störung
Fehlende, fehlerhafte oder unvollständige Erfüllung einer geforderten Funktion durch die Einheit.
Eine Störung ist ein Zustand.

Ausfall
Beendigung der Funktionsfähigkeit einer Einheit im Rahmen der zugelassenen Beanspruchung.
Ein Ausfall ist ein Ereignis.

Funktion (bisher nicht genormt)
Realisierte Beschaffenheit einer Einheit bezüglich einer geforderten Wirkung.
Die Funktion einer Einheit ist: Erzielen einer geforderten Wirkung

Funktionsmerkmal (bisher nicht genormt)
Die Funktion mitbestimmendes und eine Wirkung erzielendes Merkmal.

Funktionsfehler (auch Fehlfunktion genannt, bisher nicht genormt)
Störung oder Ausfall einer Einheit, so dass die Wirkung nicht erzielt wird.

Produkt
Ergebnis von Tätigkeiten und Prozessen.
Das Ergebnis kann ein materielles oder immaterielles Produkt sein, wie z.B. eine Dienstleistung oder eine Verfahrensanweisung.
Im Sinne der FMEA hat ein Produkt Funktionsmerkmale, mit denen Wirkungen erzielt werden.

Prozess
Im Sinne der FMEA: Gesamtheit von Funktionen, die Wirkungen erzielen.

2. Die FMEA als Methode

2.1 Arten und Varianten der FMEA

Bis vor Jahren waren im Bereich der Technik die Konstruktions- und die Prozess-F-MEA üblich. Diese beiden Arten der FMEA wurden zur System-FMEA weiterentwickelt. Neu ist an ihr:
- Die Betrachtung von Produkten und Prozessen als Systeme mit System-Elementen oder Untersystemen.
- Die Betrachtung von Funktionen der Systeme und System-Elemente und ihrer funktionalen Zusammenhänge.

Heute spricht man nur noch von der System-FMEA
- für Produkte und
- für Prozesse,

  die beide nach Erfordernis weiter untergliedert, d.h. strukturiert werden bei Produkten in Systemelement-FMEA für Bauteile bis hin zu Einzelteilen und bei Prozessen in Systemelement-FMEA für Teilprozesse bis hin zu den Elementen Mensch, Maschine, Methode, Material, Mitwelt (5 M).

2.2 Grundprinzip der System-FMEA

Das ursprüngliche Grundprinzip der Konstruktions- und Prozess-FMEA, bei dem Qualitätsmerkmale und ihre Fehler analysiert und bewertet wurden, hat sich bei der heute üblichen System-FMEA zur Analyse und Bewertung von Funktionen und Funktionsfehlern gewandelt. Deswegen haben sich die Grundschritte teilweise geändert:

Schritt 1:
- Strukturieren des zu untersuchenden Systems in Systemelemente (SE), die Ebenen zuzuordnen sind.

- Außerdem Aufzeigen funktionaler Zusammenhänge und Schnittstellen der Systemelemente.

Schritt 2:
- Strukturieren des Systems aus Schritt 1 in Funktionen, in dem die Systemelemente durch ihre Funktionen ersetzt werden. Damit treten an die Stelle von Systemstrukturen und Systemelementen Funktionsstrukturen und Funktionen.
- Bei den Systemelementen sind ausgehende, eingehende und innere Funktionen zu unterscheiden:
  - Ausgehende Funktionen wirken auf übergeordnete Systemelemente oder über Schnittstellen in andere Systemelemente.
  - Eingehende Funktionen wirken vom untergeordneten Systemelement oder über Schnittstellen von anderen Systemelementen auf das betrachtete Systemelement ein.
  - Innere Funktionen wirken nur innerhalb eines Systemelements, also ohne Wirkung zu Schnittstellen oder direkt zu anderen Systemelementen.

Schritt 3:
- Die Analyse der Fehlfunktionen oder Funktionsfehler basiert auf Schritt 2, in dem zu jeder Funktion eines Systemelements die möglichen Fehlfunktionen oder Funktionsfehler ermittelt werden.
- Mögliche Funktionsfehler-Ursachen des betrachteten Systemelements sind auf die möglichen Funktionsfehler der untergeordneten und der über Schnittstellen verbundenen Systemelemente zurückzuführen.
- Mögliche Funktionsfehler-Folgen sind die Funktionsfehler übergeordneter und über Schnittstellen verbundene Systemelemente.
- Für die Analyse der Funktionsfehler sind zu ermitteln:
  - Alle möglich erscheinenden Funktionsfehler-Folgen
  - Alle möglich erscheinenden Funktionsfehler
  - Alle möglich erscheinenden Funktionsfehler-Ursachen
- Abhängig von der Tiefe der Funktionsfehler-Struktur ist es zweckmäßig, die Funktionsfehler in unterschiedlichen Ebenen zu analysieren und zu bewerten.

Schritt 4:
- Alle Funktionsfehler-Ursachen sind zur Risikoabschätzung durch die drei Risikofaktoren zu bewerten:
  - B **Bedeutung** der Funktionsfehlerfolgen für den Kunden
  - A Wahrscheinlichkeit für das **Auftreten** der Funktionsfehler
  - E Wahrscheinlichkeit für das **Erkennen** der aufgetretenen Funktionsfehler-Ursache, Funktionsfehler oder Funktionsfehler-Folgen.

Bewertet wird jeweils anhand einer von eins bis zehn reichenden Skala.
- Zur Abschätzung des Risikos werden die drei bewerteten Risikofaktoren miteinander multipliziert und ergeben so eine Risikoprioritätszahl (RPZ), die zwischen 1 und 1000 liegt und Hinweise auf die Prioritäten für Verbesserungs- oder Vermeidungsmaßnahmen gibt.

- Bei der Riskoschätzung für ein betrachtetes System sind im Planungsstadium schon geplante und realisierte Vermeidungs- und Entdeckungsmaßnahmen zu berücksichtigen.

Schritt 5:
- Verbesserungsmaßnahmen sind bei hohen Risikoprioritätszahlen und bei hohen Risikofaktoren für B, A und E während der Planung erforderlich.
  - Das sind an erster Stelle Konzeptänderungen, um Funktionsfehler-Ursachen auszuschließen oder für Funktionsfehler-Folgen eine geringere Bedeutung zu erreichen.
  - An zweiter Stelle könnte die Konzept-Zuverlässigkeit erhöht werden, um die Auftrittswahrscheinlichkeit für Funktionsfehler-Ursachen zu senken.
  - An dritter Stelle könnte die Entdeckung der Funktionsfehler-Ursachen verbessert werden, ohne allerdings möglichst intensiver zu prüfen.

2.3 Anmerkungen zu Verfahren und Ablauf

Jede FMEA ist zweckmäßigerweise in drei Phasen zu bearbeiten:
- Phase I: Analyse und Bewertung des Ist-Zustandes in fünf Schritten, auch Vorlauf genannt.
- Phase II: Die sich aus dem Vorlauf ergebenden Risikoprioritätszahlen liefern die Hinweise auf notwendige Verbesserungsmaßnahmen. Diese sind vom Team und hinzugezogenen Experten zusammenzutragen, zu diskutieren, zu beschließen und nach Zeitplan zu realisieren.
- Phase III: Analyse und Bewertung des verbesserten Zustandes mit Ergebnisprüfung. Durch konstruktive Änderungen können neue Merkmale und neue mögliche Fehler zu bewerten sein. Deswegen sind die Schritte des Grundprinzips nochmals zumindest teilweise durchzugehen, um die Ergebnisse der Verbesserungsmaßnahmen neu zu bewerten.
- Alle in Phase II realisierten Maßnahmen sind in Formblättern zu dokumentieren oder es sind dort die besonders gekennzeichneten Dokumente anzugeben, in denen alle Maßnahmen - auch die fehlgegangenen - festgehalten wurden.
- Bei der Bewertung (Schritt 4.) nennt jeder Teilnehmer seine Gewichtung für A, B und E und begründet diese in der Gruppe. Teilnehmer, die ihre Bewertung schon festgelegt hatten, können dann ihre Gewichtung aufgrund neuer Erkenntnisse ändern.
- Aus den Gewichten für A, B und E werden ganzzahlige „Mittelwerte" gebildet, in dem zur nächst höheren ganzen Zahl hingerundet wird.
- Die Risiko-Prioritäts-Zahl - RPZ (in der Literatur auch Risk-Priority-Number - RPN) ist das Produkt der in den Spalten A, B und E eingetragenen Bewertungspunkte. Da es sich hierbei um Rangzahlen handelt, ist nicht die absolute Höhe der Zahlen für die Prioritäten ausschlaggebend sondern die Rangfolge und die oberen Ränge.

- Zu beachten ist: Die Risikoprioritätszahl sollte nicht alleine Entscheidungsgrundlage für Verbesserungsmaßnahmen sein:
  - eine hohe Risikoprioritätszahl und eine hohe Bewertung für A (>6)
  - eine hohe Bewertung für A und/oder B (>7)
  - bei Sicherheitsfunktionen muss B=10 sein
  - bei Lebensdauermerkmalen sollte E=10 sein
  - muss eine intensive Analyse der Fehlerursachen zur Folge haben.
- Einen allgemeingültigen RPZ-Schwellenwert für das Einleiten von Maßnahmen festzulegen, ist wenig sinnvoll.
- Im Sinne einer ständigen Verbesserung ist es zweckmäßig, alle möglichen Fehlfunktionen mit einer Bewertung größer 5 hinsichtlich Verbesserungsmöglichkeiten bei den Risikofaktoren A, B und E zu überdenken.
- Vergleiche von RPZ außerhalb des einzelnen FMEA-Teams sind unzulässig und zwischen Firmen sinnlos, weil die Bewertung grundsätzlich subjektiv ist.
- Die Zusammensetzung des Kernteams sollte für jede FMEA bis zur Phase III beibehalten werden.
- Bei den Schritten des Grundprinzips in Phase I und zur Suche nach Ursachen, Beziehungen und Zusammenhängen sind die Werkzeuge der Management-Technik sehr hilfreich.

2.4 Allgemeine Vorbereitungen

Bevor die System-FMEA als Analysen- und Bewertungsmethode eingesetzt werden kann, sind noch einige Aspekte zu erläutern, denn der Erfolg einer FMEA hängt auch von den Vorbereitungen zu Einzelthemen ab:

Anlass und Zeitpunkt

Generell gilt: Die Methode so früh wie möglich einsetzen, weil früh angezeigte Schwachstellen kostengünstiger zu beseitigen sind als spätere. Dennoch sollte zumindest der Entwurf eines Prozesses oder Produktes für eine FMEA abgeschlossen sein.

Zum Anlass kommen z.B. in Betracht:
- Abschluss des Entwurfs
- (Vor) Freigabe der Konstruktion
- Nach Abschluss konstruktiver Änderungen
- erwartete Fehler- und Schadensrisiken
- tatsächliche Fehler, Schadensfälle
- eingeführte Verbesserungsmaßnahmen

FMEA-Team

Bei der Zusammensetzung des Kern-Teams ist darauf zu achten, dass neben dem Planer auch seine Kollegen, aus anderen Bereichen vertreten sind. Vertreter von Arbeitsvorbereitung, Fertigung, Vertrieb und Marketing sind im Kern-Team äußerst nützlich.

Um besondere Forderungen des externen Kunden zu berücksichtigen, ist es manchmal vorteilhaft, den Kunden bei den ihn betreffenden Fragen zeitweise im Team mitarbeiten zu lassen. Die Zusammenarbeit sollte sich aber nur auf diese Fragen beschränken. Außerdem muss die Geheimhaltung der FMEA-Ergebnisse gewährleistet sein.

Der Start

Eine FMEA ist im Rahmen eines Entwicklungsprojekts ein wichtiger Meilenstein. Deswegen sollten FMEA-Vorhaben im Unternehmen offiziell gestartet werden, damit auch die nicht direkt Beteiligten informiert sind, um zu wissen, dass ein FMEA-Projekt an den festgelegten Terminen absoluten Vorrang hat.

Das Ende mit Ergebnissen

Insbesondere die Ergebnisse von System-FMEAs finden bei Kunden großes Interesse. Sie gehören aber als unternehmensspezifisches Fachwissen nie in die Hände Externer!

Beschaffen von Informationen

Für das Gelingen einer FMEA ist besonders wichtig, dass die Team-Mitglieder gut informiert sind. Das bedeutet einerseits, dass der Teamleiter die zum jeweiligen Thema gehörenden Unterlagen bereitstellt. Andererseits sollten die Team-Mitglieder den Inhalt der Unterlagen gut kennen, um schnell nachschlagen zu können.

Erstellen der Bewertungstabellen

Die Bewertungstabellen, einmal erstellt, sollten vor jedem FMEA-Vorhaben vor allem hinsichtlich des Risikofaktors für Bedeutung (B) überprüft werden, inwieweit die Werte den unternehmensspezifischen Vorstellungen genügen.

Vorbereiten der Arbeitsblätter

Um Zeit zu sparen sollten die Formblätter mit den allgemeinen Daten schon ausgefüllt sein.

Der erste Schritt nach dem Grundprinzip

Gemäß dem Grundprinzip (2.3) sind im ersten Schritt alle Funktionen aufzulisten. In der Praxis hat sich, um viel Zeit zu sparen, als zweckmäßig erwiesen, diesen ersten Schritt, der schon zum Prinzip der FMEA zählt, den Vorbereitungen des Team-Leiters zuzuordnen.

3. System-FMEA für Produkte

3.1 Allgemeines

Diese FMEA ist zweckmäßigerweise in die System- und in die Systemelemente-FMEA zu unterteilen, weil damit der Aufwand für einzelne FMEA-Vorhaben begrenzt und für die Team-Mitglieder der Aufgabenumfang beschränkt, abgegrenzt und überschaubar wird.

Als System gilt ein komplexes Produkt mit seinen Funktionen, also ein Aggregat, wie z.B. ein Ventil. Ein Systemelement ist dagegen ein Bauteil mit seinen Funktions- und Qualitätsmerkmalen.

Die System-FMEA für Produkte sollte nicht mit der für Prozesse vermischt werden, weil das regelmäßig nur zu Problemverlagerungen führt.

Wer ist der Kunde?

Bei der Frage nach der Bedeutung eines Funktionsfehlers muss der Kunde identifiziert werden, für den die Funktionsfehlerfolgen am ungünstigsten sind. Im allgemeinen ist dies der nächste externe Kunde, weil man davon ausgehen kann, dass dieser die Forderungen seiner „Vorgänger-Kunden" bis zum Endbenutzer erfasst hat.

Womit beginnen?

Bei dieser FMEA beginnt man mit dem komplexen Produkt und seinen Funktionen. Die Betrachtung umfasst dann auch Systemelemente oder Bauteile, wie z.B. das Ventilgehäuse, wenn es von den Ausfall- oder Störungsursachen her erforderlich ist.

Standard-Elemente

Zur Begrenzung des Aufwandes ist es ratsam, Produkte oder Einzelteile in Standard-Elemente aufzugliedern, z.B. „Lötstelle" oder „Außengewinde", um dafür eine Standard-FMEA zu entwickeln, deren Struktur sich standardmäßig bei einem ähnlichen Produkt wiederverwenden lässt, allerdings ausdrücklich ohne die Bewertung!

3.2 Phase I: Analyse und Bewertung des derzeitigen Zustands (Vorlauf)

Schritt 1: Strukturieren des Systems

Schritt 2: Funktionsstruktur des Systems

Es sind alle Funktionen des Produkts aufzulisten oder grafisch darzustellen.

Schritt 3: Mögliche Funktionsfehlerarten

Es sind den Funktionen alle ihre möglichen Funktionsfehler des betrachteten Systemelements zuzuordnen.

Bei der Bestimmung von Funktionsfehlern kann man leicht Fehler, Fehlerfolgen und Fehlerursachen verwechseln:

Definitionsgemäß gilt als Fehler die „Nichterfüllung einer Forderung". Bei der Produkt-FMEA gilt als Funktionsfehler die „Nichterfüllung einer geforderten Funktion eines Produkts oder Teils".

Der Funktionsfehler ist hier die Funktionsstörung oder der Ausfall. Die Auswirkung oder das Erscheinungsbild ist nicht zu verwechseln mit den Funktionsfehler-Folgen.

Es sind auch Funktionsstörungen zu beschreiben, die erst unter Einsatz- und Betriebsbedingungen auftreten.

Mögliche Funktionsfehler-Folgen

Ist der Funktionsfehler, d.h. ist die Funktionsstörung oder der Ausfall aufgetreten, sind die Auswirkungen auf den Kunden zu beschreiben, wobei der Kunde ein interner oder externer sein kann.

Zu beschreiben sind die unmittelbaren Folgen, wie sie der Kunde wahrnimmt. Ist z.B. die Funktion eines Heizventils gestört, bleibt die Heizung kalt. Wie nimmt der Kunde dies im ungünstigsten Fall auf?

Mögliche Funktionsfehler-Ursachen

Hier ist jede bekannte oder vom Fachmann erdenkliche Ursache für Funktionsstörungen und ihre Folgen einzutragen. Die Ursachen sind so vollständig wie möglich anzugeben, um gezielt Abstellmaßnahmen unmittelbar bestimmen zu können.

Schritt 4: Bewerten des derzeitigen Zustands

Die drei Risikofaktoren

- Bedeutung
- Auftreten
- Erkennbarkeit

sind anhand von drei Tabellen zu schätzen und zu bewerten.

Bei dieser Schätzung ist streng darauf zu achten, dass die drei Faktoren unabhängig voneinander betrachtet werden. So ist z.B. die Häufigkeit oder Wahrscheinlichkeit des Auftretens unabhängig von der Bedeutung des Funktionsfehlers zu schätzen!

Bei den drei Risikofaktoren für einen aufgelisteten Funktionsfehler ist im Team der Schätzwert von jedem Team-Mitarbeiter zu begründen. Nach der Diskussion der Schätzwerte sind im Team die Bewertungspunkte festzulegen. Hierbei ist begründeten pessimistischen Einschätzungen der Vorzug zu geben.

Schätzen der Bedeutung des Funktionsfehlers

Für jeden möglichen aufgelisteten Funktionsfehler ist mit Hilfe der Tabelle I die Bedeutung des Funktionsfehlers aus Kundensicht zu schätzen, um die Bewertungspunkte in Spalte B einzutragen. Die Bewertung für E wird für jede Funktionsfehlerursache unter Berücksichtigung aller wirksamen Entdeckungsmaßnahmen festgelegt.

Zu beachten ist:

- Die Bedeutung des Funktionsfehlers für den Kunden muss sich an den Funktionsfehlerfolgen orientieren.
- Bei sicherheitsrelevanten Funktionsfehlern ist B grundsätzlich 10.
- Die Bedeutung kann nur konstruktiv beeinflusst werden.

Schritt 5: Prozessoptimierung

Entdeckungsmaßnahmen

sind Maßnahmen, die Funktionsfehlerursachen, Funktionsfehler und Funktionsfehler-Folgen entdecken lassen. Zum Untersuchungszeitpunkt wirksame Entdeckungsmaßnahmen sind für die Risikoschätzung relevant.

Vermeidungsmaßnahmen

Für jede mögliche Funktionsfehlerursache werden als Basis für die Risiko-Schätzung die zum Untersuchungszeitpunkt bereits realisierten Vermeidungsmaßnahmen aufgezeigt.

Schätzen der Auftretenswahrscheinlichkeit

Die Wahrscheinlichkeit für das Auftreten jeder möglichen Funktionsfehlerursache ist mit Hilfe der Tabelle II zu schätzen, um die Bewertungspunkte in Spalte A einzutragen. Der Risikofaktor A wird für jede Funktionsfehlerursache unter Berücksichtigung aller wirksamen Vermeidungsmaßnahmen festgelegt.

Zu beachten ist:

- Das Auftreten des Funktionsfehlers hängt von den Funktionsfehlerursachen, d.h. von den möglichen Ursachen ab, z.b. von Funktionsfehlerursachen in der Fertigung oder von Betriebs- und Beanspruchungsbedingungen.
- Die Auftretenswahrscheinlichkeit kann nur durch konstruktive Änderungen gesenkt werden.
- Bei einer Bewertung gleich oder größer 7, ist grundsätzlich auch bei niedriger Risikoprioritätszahl eine ausführliche Analyse der Funktionsfehlerursachen und Bestimmung der Gegenmaßnahmen erforderlich.

Schätzen der Entdeckbarkeit

Für jeden möglichen aufgelisteten Funktionsfehler ist die Wahrscheinlichkeit, ihn vor Auslieferung an den Kunden zu entdecken, mit Hilfe der Tabelle III zu schätzen, um die Bewertungspunkte in Spalte E einzutragen.

Zu beachten ist:

- Die Wahrscheinlichkeit für die Entdeckung bezieht sich auf die Funktionsfehlerhäufigkeit. Wenn z.B. die Entdeckungswahrscheinlichkeit 90% und die Fehlerhäufigkeit 5% beträgt, dann ist die Quote der nicht entdeckten Funktionsfehler = $0,10 \cdot 0,05 = 0,005$ oder 0,5%. D.h., 0,5% der Funktionsfehler werden nicht erkannt.
- Design-Fehler, die erst im nächsten oder übernächsten Arbeitsgang zwangsläufig entdeckt werden, sind mit E = 2 zu bewerten.
- Design-Fehler, die erst beim internen Kunden entdeckt werden, sind mit E = 9, beim externen Kunden mit E = 10 zu bewerten.

3.3 Phase II: Verbesserungsmaßnahmen suchen und verwirklichen

Nachdem die Bewertungen für A, B und E und die Risikoprioritätszahlen der möglichen und aufgelisteten Funktionsfehler des betrachteten Entwicklungsstandes ermittelt wurden, sind den Prioritäten und einzelnen Bewertungspunkten zufolge, die Verbesserungsmaßnahmen vom Team und hinzugezogenen Experten zu suchen und zu verwirklichen.

Verbesserungs- und Vermeidungsmaßnahmen

Hier sind Vorschläge zu Korrekturen und Änderungen am Entwurf oder an der Konstruktion zu diskutieren und als Diskussionsergebnis einzutragen. Sind dies größere oder umfangreichere Vorhaben, sollten die Verbesserungsmaßnahmen in gesonderten Dokumenten festgeschrieben werden.

Die Maßnahmen haben zum Ziel:

- die Funktionsfehlerursachen auszuschalten, oder wenn dies nicht realisierbar erscheint,
- die Häufigkeit des Auftretens zu reduzieren,
- Maßnahmen zur Funktionsfehlervermeidung sind denen der Verbesserung der Erkennbarkeit grundsätzlich im Entwicklungsstadium vorzuziehen, weil zur Verbesserung der Erkennbarkeit Prüfungen im Fertigungsprozess angeordnet werden müssten, was zu zusätzlichen Kosten führt und die Produktqualität nicht beeinflusst.
- Bei den Vorschlägen zu Korrekturen sollte an erster Stelle an konstruktive Maßnahmen, an zweiter Stelle an den Herstellprozess und zuletzt an Prüfungen gedacht werden.

Der Risikofaktor „Bedeutung" des Funktionsfehlers lässt sich kaum durch konstruktive Maßnahmen verändern. Deswegen sollte die Bedeutung zum Anlass genommen werden, mögliche oder erkannte Funktionsfehlerursachen zu beseitigen, damit Funktionsfehler nicht auftreten können. Bei der Suche nach Verbesserungsmaßnahmen haben sich Kreativitätstechniken oft bewährt. Sie sollten deswegen dem Team bekannt sein.

Verantwortlich/Termin

Wie in jedem Protokoll, ist hier der für eine Maßnahme verantwortliche Mitarbeiter zu benennen und der Termin für die Verwirklichung vorzugeben.

Verwirklichte Maßnahmen

Da die verwirklichten Maßnahmen von den empfohlenen abweichen können, sind hier die tatsächlich ausgeführten anzugeben.

3.4 Phase III: Analyse und Bewertung des verbesserten Zustands und Erfolgsprüfung

Sind durch konstruktive Änderungen neue Funktionsmerkmale zu analysieren und zu bewerten, ist das Grundprinzip mit seinen fünf Schritten wieder neu zu durchlaufen.

Andernfalls sind die verwirklichten Verbesserungsmaßnahmen in den Spalten A, B, E neu zu bewerten und die Risikoprioritätszahlen zu bestimmen.

Spalten B, A, E und RPZ

Die verwirklichten Maßnahmen, also die Korrekturen und Änderungen an der Konstruktion, sind vom FMEA-Team erneut zu bewerten, um für den verbesserten Zustand die neue Risikoprioritätszahl zu berechnen.

3.5 Abschließende Beurteilung

Das Ergebnis einer FMEA für Produkte ist spätestens während der Fertigungsphase vom Teamleiter zu überprüfen, um festzustellen,

- wie realitätsnah die möglichen Fehler ermittelt und bewertet wurden,
- wie wirksam die verwirklichten Maßnahmen sind.

3.6 Bewerten nach Tabellen

Die drei Risikofaktoren sind für die Team-Arbeit in den drei Tabellen möglichst realistisch vorzugeben. Sie sind jedoch bei jedem FMEA-Vorhaben produkt- und kundenspezifisch zu aktualisieren.

Tabelle I (B zur System-FMEA für Produkte)

Bedeutung, Auswirkung auf den Kunden	Bewertungspunkte
Bedeutungsloser Funktionsfehler: Ist vom Kunden nicht wahrnehmbar.	1
Geringfügiger Funktionsfehler: Der Kunde wird ihn kaum bemerken und ihn selten beanstanden oder die Funktion ist leicht beeinträchtigt, so dass nur besonders kritische Kunden dies bemerken.	2 3
Mäßiger Funktionsfehler: Löst bei einigen Kunden Unzufriedenheit aus.	4-6
Schwerer Funktionsfehler: Löst infolge Nichtfunktionierens erhebliche Unzufriedenheit aus. Der Funktionsfehler wird bestimmt beanstandet.	7-8
Folgenschwerer Funktionsfehler: Der Ausfall des Produkts führt zu Folgeschäden, die Sicherheit ist beeinträchtigt.	9-10

Tabelle II (A zur System-FMEA für Produkte)

Wahrscheinlichkeit des Auftretens	Wahrscheinlichkeit	Bewertungspunkte (Gewichtung)
Sehr gering: Es ist unwahrscheinlich, dass der Funktionsfehler auftritt.	Fast Null	1
Gering: Die Entwicklung entspricht generell früheren Entwürfen, bei denen sehr wenige Funktionsfehler auftraten.	1/20.000 1/10.000	2 3
Mäßig: Die Entwicklung entspricht generell früheren Entwürfen, bei denen gelegentlich, jedoch nicht in höherem Maße, Funktionsfehler auftraten.	1/2.000 1/1.000 1/200	4 5 6
Hoch: Die Entwicklung entspricht generell früheren Entwürfen, die in der Vergangenheit immer wieder Probleme verursachten.	1/100 1/20	7 8
Sehr hoch: Es ist zu erwarten, dass Funktionsfehler in größerem Umfang auftreten werden.	1/10 1/2	9 10

Tabelle III (E zur System-FMEA für Produkte)

Entdeckungswahrscheinlichkeit	Wahrscheinlich-keit	Bewertungs-punkte (Gewichtung)
Hoch: Der Funktionsfehler wird zwangsläufig entdeckt.	99,99%	1
Weniger hoch: Bis zu 1% der Funktionsfehler werden nicht entdeckt. Bis zu 5% der Funktionsfehler werden nicht entdeckt.	99%	2
	95%	4
Mäßig: Bis zu 10% der Funktionsfehler werden nicht entdeckt	90%	5
Gering: Über 10% der Funktionsfehler werden nicht entdeckt.	70% < E ≤ 90%	6-8
Sehr gering: Der Funktionsfehler ist kaum erkennbar oder kann nicht direkt geprüft werden.	Fast Null	9-10

4. System-FMEA für Prozesse

4.1 Allgemeines

Diese FMEA ist zweckmäßigerweise in die System- und Systemelemente-FMEA zu unterteilen, weil damit der Aufwand für einzelne FMEA-Vorhaben begrenzt und für die Team-Mitglieder der Aufgabenumfang beschränkt, abgegrenzt und überschaubar wird.

Als System gilt ein komplexer Gesamtprozess mit seinen Hauptfunktionen (die etwas bewirken sollen) und den Teilprozessen als System-Elemente.

Die FMEA kann sich bis hin zu einzelnen Tätigkeiten oder z.B. bis in die Auslegung von Werkzeugen erstrecken.

Bei der Produkt-FMEA wird gerne aus Bequemlichkeit versucht, vor allem Probleme der Erkennbarkeit von Funktionsfehlern auf den Prozess zu verlagern. Das zu ändern sollte auch nachträglich noch versucht werden.

Wer ist der Kunde?

Bei der Frage nach der Bedeutung eines Funktionsfehlers muss der Kunde identifiziert werden, für den die Funktionsfehlerfolgen am ungünstigsten sind. Bei Prozessen wird vielfach der nächste Kunde ein nachfolgender Prozess sein. Deswegen sind die Forderungen an die Wirkung einer Funktion des nachfolgenden Prozesses oft anders zu bewerten als beim externen Kunden.

Womit beginnen?

Bei dieser FMEA beginnt man mit dem komplexen Gesamtprozess und seinen Funktionen. Die Betrachtung umfasst dann auch Systemelemente oder Teilprozesse, wie z.B. „Stanzen", wenn es von den Ausfall- oder Störungsursachen her erforderlich ist.

Standard-Elemente

Zur Begrenzung des Aufwandes ist es ratsam, Standard-Tätigkeiten, die in Prozessen immer wieder vorkommen, als Standard-Prozesselement getrennt zu betrachten, so z.B. „Kleben", „Trocknen" oder „Aufreihen", vielleicht sogar Stanzen oder Eloxieren.

Für diese Standard-Elemente lässt sich eine Standard-FMEA entwickeln, deren Struktur sich standardmäßig bei ähnlichen Prozessen wiederverwenden lässt, allerdings ausdrücklich ohne die Bewertung!

4.2 Phase I: Analyse und Bewertung des Ist-Zustandes (Vorlauf)

Schritt 1:

Strukturieren des zu untersuchenden Systems in Systemelemente (SE).

- Prozessfolgen werden vertikal,
- (prozesstiefe) Tätigkeiten, Abläufe und Komponenten werden horizontal dargestellt.
- Funktionale Schnittstellen ergeben sich an den Grenzen der Systemelemente. Z.B.: Bei Systemelementen „Materialzuführung" (geschnitten, auf Wagen gestapelt, zum nächsten Systemelement „Stanzen" transportiert und zwischengelagert) ist das Lager auf dem Wagen eine Schnittstelle. Sie entsteht durch Abgrenzen der beiden Systemelemente „Materialzuführung/Stanzen".

Schritt 2:

Funktionsstrukturen darstellen und Funktionen entsprechend den Beziehungen verknüpfen.

Bei komplexen Gesamtprozessen sind zweckmäßigerweise die Teilprozesse einzeln zu betrachten.

Schritt 3:

Von der Funktionsstruktur (Schritt 2) wird die Fehlfunktionsstruktur abgeleitet und dargestellt, um alle möglich erscheinenden

- Funktionsfehlerfolgen
- Funktionsfehler
- Funktionsfehlerursachen
  zu ermitteln.
- Funktionsfehler oder Fehlfunktionen werden eingetragen.
- Funktionsfehler übergeordneter oder über Schnittstellen verbundener Systemelemente werden als Funktionsfehler-Folgen
- Funktionsfehler untergeordneter oder über Schnittstellen verbundener Systemelemente werden als Funktionsfehlerursachen eingetragen.

Schritt 4:

Bewerten der Funktionsfehlerursachen zur Risikoschätzung unter Berücksichtigung geplanter und realisierter Vermeidungsmaßnahmen.

Bedeutung B

Die Bedeutung der Funktionsfehlerfolgen für den externen Kunden kann im Team anhand der Tabelle IV erfolgen. Für interne Kunden sind spezielle Bewertungen in Tablle IV festzulegen.

Auftretenswahrscheinlichkeit A

Unter Berücksichtigung aller realisierter und geplanter Vermeidungsmaßnahmen wird die Bewertungszahl A im Team anhand der Tabelle V bestimmt.

Entdeckungswahrscheinlichkeit E

Entdeckungsmaßnahmen sind meist mit Prüfungen verbunden. Die Bewertung ist unter Berücksichtigung geplanter oder realisierter Prüfungen mit Hilfe Tabelle VI vorzunehmen. Grundsätzlich ist bei Prüfungen zu beachten: Mit ihnen lässt sich Qualität nicht erzielen und schon gar nicht verbessern.

Schätzen der Risikoprioritätszahl (RPZ)

Aus den drei Risikofaktoren B, A und E ist durch Multiplikation ein Wert für die Risikoprioritätszahl zu schätzen.

Schritt 5:

Die Verbesserung des Prozesses durch Verbesserungs-, Vermeidungs- und Entdeckungsmaßnahmen wird bei hohen Risikoprioritätszahlen und hohen Werten für B, A und E erforderlich.

Tabelle IV (B zur System-FMEA für Prozesse)

Bedeutung, Auswirkung auf den Kunden	Bewertungspunkte
Bedeutungsloser Funktionsfehler: Für den nächsten Prozess ohne Auswirkung, vom Kunden nicht erkennbar.	1 2
Geringfügiger Funktionsfehler: Wird im nächsten Prozess nur vom Fachpersonal bemerkt. Wird vom Kunden kaum beanstandet.	2 3
Mäßiger Funktionsfehler: Führt beim nächsten Prozess zu Problemen. Löst bei einigen Kunden Unzufriedenheit aus.	4 5 6
Schwerer Funktionsfehler: Führt zu Prozess-Unterbrechung oder Verschrotten. Wird vom Kunden bestimmt beanstandet.	7 8
Folgenschwerer Funktionsfehler: beschädigt Anlagen und Werkzeuge. Führt zu Folgeschäden beim Kunden.	9 10

Tabelle V (A zur System-FMEA für Prozesse)

Wahrscheinlichkeit des Auftretens	Wahrscheinlichkeit	Bewertungspunkte (Gewichtung)
Sehr gering: Es ist unwahrscheinlich, dass der Funktionsfehler auftritt. Prozess ist qualitätsfähig.	Fast Null	1
Gering: Auftreten mit geringer Wahrscheinlichkeit. Prozess ist bedingt qualitätsfähig.	1/20.000 1/10.000	2 3
Mäßig: Tritt gelegentlich auf. Prozess mit wenig Zufallsfehlern.	1/2.000 1/1.000 1/200	4 5 6
Hoch: Tritt häufiger auf mit etwa Zufallsfehler häufen sich im Prozess	1% 2%	7 8
Sehr hoch: Prozess ist unbeherrscht und unpräzise. Prozess enthält systematische Funktionsfehler.	3% 4%	9 10

Tabelle IV (E zur System-FMEA für Prozesse)

Entdeckungswahrscheinlichkeit	Wahrscheinlichkeit	Bewertungspunkte (Gewichtung)
Hoch: Der Funktionsfehler wird zwangsläufig entdeckt.	99,99%	1
Weniger hoch: Entdecken durch einfache Prüfungen ist bis zu 1% der Funktionsfehler sehr wahrscheinlich, bis zu 1% der Funktionsfehler werden nicht entdeckt. Bis zu 3% der Funktionsfehler werden nicht entdeckt. Bis zu 5% der Funktionsfehler werden nicht entdeckt.	99% 97% 95%	2 3 4
Mäßig: Bis zu 10% der Funktionsfehler werden nicht entdeckt	90%	5
Gering: Über 10% der Funktionsfehler werden nicht entdeckt.	70% < E ≤ 90%	6-8
Sehr gering: Der Funktionsfehler ist schwer erkennbar oder kann nicht direkt geprüft werden.	Fast Null	9-10

Projektleiter:				Blatt: ..../....	

Projektleiter: ....

Erstellt am: .... Überarbeitet am: ....

Freigabe durch Projektleiter: ....

① Mögliche Funktionsfehlerfolgen	B	② Mögliche Funktionsfehler	③ Mögliche Funktionsfehlerursachen	④ Vermeidungsmaßnahmen	A	⑤ Entdeckungsmaßnahmen	E	RPZ

Projektleiter: ....

Erstellt am: .... Überarbeitet am: ....

Freigabe durch Projektleiter: ....

⑥ Empfohlene oder vorgesehene Maßnahmen	⑦ Verantwortlich/ Termin	verbesserter Zustand				
		⑧ Getroffene Maßnahmen	A	B	E	RPZ

9.4 Risikomanagement

9.4.1 Risikomanagement bei Medizinprodukten

1. Zweck und Geltungsbereich

Risikomanagement ist integraler Bestandteil unseres QM-Systems.

Die Grundlagen des Risikomanagements sind in dieser Hausnorm für die Auslegung, Herstellung, Verpackung und Etikettierung von Medizinprodukten festgelegt. Bei den folgenden Erklärungen haben wir uns gezwungenermaßen an DIN EN ISO 14971 orientiert, auch an deren Anhängen.

Die Vorgänger-Norm vom Jahr 2000 war noch schlampiger gemacht: Offiziell Veraltetes, von Stümpern gemacht, erhielt für drei Jahre den Status einer Deutschen Norm!

2. Allgemeine Forderungen an das Risikomanagement

Die ISO 14971 fordert drei Institutionen von grundlegender Bedeutung:

* den Risikomanagement-Prozess
* den Risikomanagement-Plan
* die Risikomanagement-Akte.

2.1 Risikomanagement-Prozess

Es ist ein ständiger Prozess zu organisieren,

* um die mit einem Medizinprodukt verbundenen Gefährdungen (Schadensquellen) zu ermitteln.
* um die damit verbundenen Risiken einzuschätzen und zu bewerten,
* um diese Risiken in vorgegebenen Grenzen zu lenken und
* um die Wirksamkeit der Lenkung zu überwachen.

Zum Prozess zählen die Elemente

* Risikoanalyse
* Risikobewertung
* Risikokontrolle
* Informationen aus den der Produktion nachgelagerten Phasen.

2.2 Verantwortung der Unternehmensleitung

Die Gesamtleitung des Risikomanagement-Prozesses und alle Entscheidungen dazu übernimmt die Unternehmensleitung. Sie muss daher

* Grundsätze zur Festlegung von Werten für die Kriterien der Annehmbarkeit von Risiken bestimmen und dazu Normen und nationale Vorschriften berücksichtigen.
* geeignete Mittel bereitstellen
* qualifiziertes und fähiges Personal mit den Prozessteilen betrauen,
* Ergebnisse der Risikomanagement-Maßnahmen in festgelegten Abständen überprüfen, um
  - die Eignung und Wirksamkeit des Risikomanagement-Prozesses zu erkennen,

- Schwachstellen zu beseitigen,
- Verbesserungen zu planen und umzusetzen,
- den Prozess an Veränderungen anzupassen.

2.3 Risikomanagement-Plan

Für den Risikomanagement-Prozess muss ein Risikomanagement-Plan erarbeitet werden. Mit ihm müssen definiert oder bestimmt sein:

- der Lebenszyklus des Medizinprodukts mit seinen Phasen, in denen unterschiedliche Gefährdungen auftreten können.
  So z.B. ist der Lebenszyklus eines IVD-Reagenzes mit seinem Einsatz im Labor beendet.
  Beim Zahnersatz sind Risikobetrachtungen nach dem zahnärztlichen Ersetzen oder Einsetzen noch lange nicht beendet.
  Dieser phasenweise Lebenszyklus sollte daher für den Risikomanagement-Prozess beschrieben sein.
- Im Risikomanagement-Prozess müssen gemäß Risikomanagement-Plan alle Haltepunkte geplant werden, an denen zu verifizieren ist.
- Zuständigkeiten sollten aus dem Plan eindeutig hervorgehen.
- Forderungen an die Bewertung von Risiko-Minderungs- oder Lenkungsmaßnahmen bestimmen.
- Kriterien für die Vertretbarkeit von Risiken festlegen.

2.4 Risikomanagement-Akte

Der Risikomanagement-Prozess muss mit allen seinen Tätigkeiten und Ergebnissen für eine Produktart dokumentiert werden.

Die Dokumente sind in der Akte lückenlos zu sammeln oder es ist auf sie zu verweisen.

3. Risikoanalyse

3.1 Bedingungen zum Verfahren

Für jedes zu ändernde oder zu entwickelnde Medizinprodukt ist eine Risikoanalyse erforderlich.

Bei sehr ähnlichen Produkten kann die Analyse auf die geänderten oder auf die sich unterscheidenden Merkmale beschränkt werden.

Das Medizinprodukt, das zu analysieren ist, muss zuvor ausführlich mit seinen Merkmalen beschrieben sein.

3.2 Bestimmungsgemäßer Gebrauch/Zweckbestimmung und Festlegen der Sicherheitsmerkmale

- Der bestimmungsgemäße Gebrauch des Medizinprodukts und
- jeder vernünftigerweise vorhersehbare Missbrauch ist zu beschreiben,
- alle Merkmale, die die Sicherheit beeinflussen könnten, sind - wenn möglich – mit ihren Grenzwerten aufzulisten.

Ein Leitfaden für die Auflistung der Merkmale findet sich in Anhang A der ISO 14971. Erläuterungen zur Analyse werden in Anhang B gegeben.

Erläuterungen zur Analyse für toxikologische Gefährdungen sind in Anhang C enthalten.

3.3 Bestimmen bekannter und vorhersehbarer Gefährdungen

Es muss eine Liste der bekannten und der vorhersehbaren Gefährdungen (also der möglichen Schadensquellen) erarbeitet werden, die im Normalzustand aber auch unter Fehlerbedingungen mit dem Medizinprodukt in Verbindung stehen.

Früher erkannte (tatsächlich aufgetretene Fehler) Schadensquellen müssen als solche gekennzeichnet sein.

Vorhersehbare Folgen von Ereignissen, die zu einer möglichen Gefährdung führen können, müssen berücksichtigt werden.

Beispiele möglicher Gefährdungen finden sich in Anhang D. Mögliche Gefahren und Schadensquellen können mit Hilfe der Verfahren nach Anhang F ermittelt werden.

3.4 Schätzen der Risiken für potentielle Gefährdungen oder Schadensquellen

Für jede potentielle Gefährdung oder Schadensquelle ist das Risiko für den Normalzustand aber auch unter Fehlerbedingungen mit Hilfe der verfügbaren Informationen zu schätzen.

Für Gefährdungen, bei denen die Wahrscheinlichkeit für das Auftreten eines Schadens nicht geschätzt werden kann, sind die möglichen Folgen der Gefährdung aufzulisten.

Die Schätzung eines Risikos schließt eine Analyse der Wahrscheinlichkeit des Auftretens und der Folgen ein.

Die Schätzung des Risikos kann qualitativ und quantitativ erfolgen.

Schätzmethoden sind im Anhang E beschrieben.

4. Risikobewertung

Für jede ermittelte Gefährdung oder Schadensquelle muss nach den im Risikomanagement-Plan festgelegten Kriterien entschieden werden, ob das geschätzte Risiko so gering ist, dass eine Risikominderung nicht weiterverfolgt werden muss.

In diesem Fall ist bei Punkt 5.7 weiterzuverfahren.

Ist das Risiko so groß, dass es gemindert werden muss, ist nach Abschnitt 5 zu verfahren. Erläuterungen zur Vertretbarkeit von Risiken befinden sich im Anhang E3.

5. Risikokontrolle oder Risikolenkung

Der irreführende Begriff Kontrolle zeigt, dass das DIN über 50 Jahre hinterm Mond ist!

5.1 Risikominderung

Ist eine Minderung des Risikos erforderlich, ist das Risiko durch Minderungsmaßnahmen so zu lenken, dass das mit jeder Gefährdung verbundene Restrisiko als vertretbar beurteilt werden kann.

5.2 Analyse der Optionen oder Wahl der Schutzmaßnahmen

Es sind Maßnahmen der Risikolenkung festzulegen, um das Risiko auf einen vertretbaren Grad oder auf ein vertretbares Maß zu mindern. Im Verfahren der Risikolenkung müssen eine oder mehrere der folgenden Maßnahmen in der angegebenen Reihenfolge realisiert werden:

- Erreichen eines Sicherheitsziels durch Konstruktions- und Entwicklungsaktivitäten,
- Schutzmaßnahmen im Herstellprozess oder Schutzvorkehrungen am Medizinprodukt,
- Informationen zur Sicherheit.

Maßnahmen der Risikolenkung können den Schweregrad des möglichen Schadens oder die Wahrscheinlichkeit des Auftretens des Schadens mindern oder beides bewirken.

5.3 Umsetzen der Schutzmaßnahmen

Die ausgewählten Maßnahmen müssen umgesetzt werden.

Die Umsetzung der Maßnahmen ist zu prüfen und zu bestätigen (Verifizieren).

Die Wirksamkeit der Maßnahmen ist zu prüfen und zu bestätigen (Verifizieren).

5.4 Bewerten des Restrisikos

Das nach dem Umsetzen der Maßnahmen verbleibende Risiko (Restrisiko) ist anhand der im Risikomanagement-Plan festgelegten Kriterien für die Vertretbarkeit von Risiken zu bewerten.

Erfüllt das Restrisiko die Kriterien nicht, müssen weitere Schutzmaßnahmen gewählt und umgesetzt werden.

Erscheint das Restrisiko vertretbar, sind alle wichtigen Daten zum Restrisiko in den Begleitpapieren zu erklären.

5.5 Risiko/Nutzen-Analyse

Wird das Restrisiko als unvertretbar beurteilt und sind weitere Schutzmaßnahmen nicht praktikabel, müssen Belege über den Nutzen des bestimmungsgemäßen Gebrauchs gesammelt und bewertet werden, um zu entscheiden, ob der medizinische Nutzen das Restrisiko überwiegt.

Überwiegt der medizinische Nutzen das Restrisiko nicht, bleibt das Risiko unvertretbar.

Überwiegt der medizinische Nutzen das Restrisiko, wird nach 5.6 verfahren. Das Restrisiko ist dann mit seinen entscheidenden Informationen in den Begleitpapieren zu erklären.

5.6 Zusätzliche Gefährdungen durch Risikomaßnahmen

Die Maßnahmen der Risikolenkung sind zu prüfen, ob sie selbst zusätzliche Gefährdungen erzeugen. Bei neuen Gefährdungen müssen die damit verbundenen Risiken zusätzlich geprüft und beurteilt werden.

5.7 Bewerten aller Risiken

Es sind die Risiken von allen Gefährdungen zu prüfen und zu beurteilen.

6. Bewerten des Gesamt-Restrisikos

Nach Umsetzen und Verifizieren aller Schutzmaßnahmen ist zu entscheiden, ob das durch das Medizinprodukt verursachte Gesamt-Restrisiko vertretbar ist. Ist es inakzeptabel, müssen Belege über den medizinischen Nutzen des bestimmungsgemäßen Gebrauchs gesammelt und bewertet werden, um zu entscheiden, ob der medizinische Nutzen das Restrisiko überwiegt. Überwiegt der medizinische Nutzen das Restrisiko nicht, bleibt das Risiko unvertretbar.

7. Risikomanagement-Bericht

Die Ergebnisse des Risikomanagement-Prozesses müssen in einem Bericht aufgezeichnet werden. Der Bericht muss für jede mögliche Gefährdung die Rückverfolgung hinsichtlich der Risikoanalyse, Risikobewertung und Verifizierung der Lenkungsmaßnahmen ermöglichen und die Begründung für das vertretbare Restrisiko enthalten.

8. Informationen aus den der Produktion nachgelagerten Phasen

Es ist ein Verfahren für die Erfassung und Auswertung von Informationen zum Medizinprodukt in den der Produktion nachgelagerten Phasen zu organisieren. Die Informationen müssen bezüglich einer möglichen Bedeutung für die Sicherheit bewertet werden, insbesondere

- ob Gefährdungen vorliegen, die bei der Risikoanalyse nicht erkannt wurden,
- ob das geschätzte Risiko einer Gefährdung sich nachträglich als unvertretbar erweist,
- ob die ursprüngliche Beurteilung auf andere Weise ihre Gültigkeit verloren hat.

Wenn eine der oben genannten Bedingungen erfüllt ist, müssen die Ergebnisse der Bewertung als Input in den Risikomanagement-Prozess zurückfließen.

Im Licht solcher für die Sicherheit relevanten Informationen muss eine Überprüfung der entsprechenden Schritte des Risikomanagement-Prozesses für das Medizinprodukt in Betracht gezogen werden. Wenn die Möglichkeit besteht, dass das Restrisiko oder seine Vertretbarkeit sich verändert hat, müssen die Auswirkungen auf vorher umgesetzte Maßnahmen der Risikolenkung bewertet werden.

9. Risikomanagement-Prozesse für Produktgruppen

Von dieser Hausnorm ausgehend ist es zweckmäßig, für Produktgruppen mit weitgehend übereinstimmender Zweckbestimmung jeweils ein gruppenspezifisches Verfahren abzuleiten, um unmittelbar das Gesamt-Restrisiko der Produktgruppe zu bestimmen.

9.4.2 Risikomanagement-Plan für Zahnersatz

1. Zweck und Geltungsbereich

Um den für die Herstellung von Zahnersatz geforderten Risikomanagement-Prozess zu planen, sind im Risikomanagement-Plan gemäß EN ISO 14971:2007 die folgenden sechs Grundinformationen bereit zu stellen.

2. Grundinformationen des Risikomanagement-Plans

Die Norm bestimmt die Erarbeitung des RM-Plans entsprechend dem RM-Prozess. Wir machen es aus sachlogischen und Verständnis-Gründen genau umgekehrt: Der RM-Plan hat dem RM-Prozess wichtige Daten zu liefern.

2.1 Lebenszyklusphasen von Zahnersatz, in denen Gefährdungen oder Fehler auftreten können, für die der Plan anzuwenden ist:

1. Schriftliches Verordnen der Sonderanfertigung durch den Zahnarzt mit Abformung,
2. Anlieferung des Auftrags mit Zahnärztlicher Verordnung und Abformung,
3. Desinfektion der Abformung
4. Anfertigen des Zahnersatzes im Labor
5. Anprobe des Zahnersatzes durch den Zahnarzt
6. fallweise Rücklieferung zur Nacharbeit im Labor
7. Desinfektion bei Rücklieferung
8. Nacharbeit und erneute Auslieferung zur Anprobe
9. Jede Rücklieferung gilt als neuer Auftrag mit Desinfektion

Der Anwendungsbereich des RM-Plans gilt für Phasen, in denen wir als Hersteller durch direkte Lenkungs- und Schutzmaßnahmen das mit dem Produkt verbundene Risiko mindern können.

2.2 Zuordnung der Zuständigkeiten

Für das Risikomanagement ist die gesamte Geschäftsleitung zuständig.

Die Verteilung einzelner Aufgaben ist mit den Zuständigkeiten im Aufgaben- und Funktionenplan geregelt.

2.3 Forderung an die Überprüfung von RM-Tätigkeiten

Die Forderungen an die Überprüfung von RM-Tätigkeiten beziehen sich auf
• Suchen und Bewerten möglicher Fehler (Gefährdungen) und ihrer Folgen (Schäden) für Patienten, Anwender und Dritte (z.B. Zahntechniker).
Beurteilen der Eignung und Wirksamkeit von Schutz- und Risikominderungsmaßnahmen im jährlichen Turnus mit Rücksicht auf Rückmeldungen.

2.4 Kriterien der Akzeptanz von Risiken

Zur Bestimmung der Grenzrisiken, also der größten noch vertretbaren Risiken, sind grundsätzlich zwei Größen erforderlich:
die Wahrscheinlichkeit des Auftretens (WA) eines Fehlers oder einer Gefährdung,
die Schwere des Schadens (SS) oder der Fehlerfolgen.

Bestimmen der Wahrscheinlichkeiten des Auftretens (WA) von Fehlern oder Schadensereignissen

Um Risiken schätzen zu können, ist die Wahrscheinlichkeit eines Schadensereignisses (Fehlers) oder einer Gefährdungssituation zu bestimmen oder zu schätzen.

Bei dieser Schätzung orientieren wir uns an der üblichen Häufigkeitsstufung für Nebenwirkungen von Arzneimitteln.

Die dazu berechneten Wahrscheinlichkeiten für die Schätzung der Risiken sind für alle Arten Zahnersatz (auch für Hilfsmittel, wie z.B. Abformungen) in Tabelle RM 1 enthalten.

Der Gebrauch der Tabelle wird im Folgenden erklärt:

Spalte ① enthält die Häufigkeitsstufen, wie man sie im Alltag empfindet. Mit derartigen qualitativ geordneten Empfindungen lässt sich aber nicht rechnen.

Die Ordinalwerte, die lediglich eine Ordnung oder Reihenfolge der Intensität des Empfindens erkennen lassen, sind als quantitative Werte zu formulieren, damit man mit ihnen im RM-Prozess als Rechengrößen arbeiten kann.

Schließlich müssen die Daten des Alltags mit den Schätzwerten im RM-Prozess verglichen werden. Und das funktioniert nur mit eindeutigen Zahlen.

Spalte ② enthält deswegen die den empfundenen Häufigkeiten entsprechenden Wahrscheinlichkeiten, wie sie beispielsweise in den Gebrauchsinformationen der Arzneimittel zu lesen sind.

In Spalte ③ werden die Wahrscheinlichkeitsstufungen von Spalte ② abgeleitet, für das Auftreten eines Schadensereignisses oder Fehlers erklärt. Dazu werden die Mindest- und Höchstgrenzen in ganzen Zahlen angegeben. Das erleichtert später den zahlenmäßigen Vergleich von Rest- und Grenzrisiken.

Die Grenzwerte in Spalte ③ entstehen wie folgt: Beispielsweise heißt es in Spalte ② der Stufe 3 „weniger als ein Fehler bei 100 Aufträgen". Weniger als 0,01 bedeutet aufgrund der Ganzzahligkeit der Fälle 0,009. Das heißt, 9 von 1.000 Aufträgen.

Ebenso heißt es dort „aber mehr als ein Fehler bei 1.000 Aufträgen". Mehr als ein Fehler bedeutet auch mindestens zwei Fehler. Das soll die Mindest- und Höchstgrenzen der Spalte ③ erklären.

Für den Vergleich der Restrisiken mit den Grenzrisiken sind im RM-Prozess (9.4.3) die relativen Häufigkeiten der Praxis zu ermitteln und als Wahrscheinlichkeiten zu verwenden.

Bestimmen der Schadensschwere oder des Schweregrades des Schadens

Um Schadensrisiken schätzen zu können, ist die Schadensschwere (SS) oder der Schweregrad des Schadens durch Quantifizieren zu objektivieren, denn das Risiko R hat die Dimension Währungseinheit!

Das gilt besonders für Personenschäden, bei denen die ISO 14971:2007 auf die Erfüllung der Quantifizierungsforderung merkwürdigerweise verzichtet (siehe auch 9.4.1).

Zum Zweck der Quantifizierung werden den verschiedenen Schadensschweren (SS) oder Schweregraden des Schadens in Tabelle RM 2 Geldwerte zugeordnet.

Bestimmen der Grenzrisiken

Das eigentliche Problem des Risikomanagements ist, die Grenzrisiken so zu bestimmen, dass alle Beteiligten sie für vertretbar halten können, denn Grenzrisiken sind die größten noch vertretbaren Schadensrisiken im Sicherheitsbereich.

Die Grenzrisiken für Zahnersatz und Abformungen sind für die einzelnen Schadensschweren in Tabelle RM 3 zusammengetragen.

Bestimmen der Gesamt-Restrisiken

Nachdem alle Risikolenkungs- und Schutzmaßnahmen umgesetzt und verifiziert wurden, muss entschieden werden, ob das Gesamt-Restrisiko das Gesamt-Grenzrisiko übersteigt.

Für diesen Vergleich muss für Zahnersatz und Abformungen das Gesamt-Restrisiko bestimmt werden. Dazu sind folgende Daten erforderlich:

Der Wert für das Restrisiko aus Tabelle RM 3 gemäß SS- und WA-Stufe, multipliziert mit der Anzahl n der Gefährdungen. Das Ergebnis ist der Wert für das Gesamt-Restrisiko für Zahnersatz und Abformungen.

Für den Vergleich ist noch das Gesamt-Grenzrisiko zu berechnen, indem die Daten des Grenzrisikos den SS- und WA-Stufen entsprechend der Tabelle RM 3 entnommen und mit der Anzahl n der Gefährdungen multipliziert werden.

Das Ergebnis ist der Wert für das Gesamt-Grenzrisiko für Zahnersatz und Abformungen.

Bei komplexen Medizinprodukten ist die Anzahl der sicherheitsrelevanten Merkmale und damit zwangsläufig auch die Anzahl der möglichen Fehler oder Gefährdungen hoch. 20,30 Fehlermöglichkeiten oder Gefährdungen sind keine Seltenheit.

Hier empfiehlt sich, die Berechnung der Gesamt-Restrisiken in Gruppen vorzunehmen, indem die Gefährdungen in Gruppen gleicher Schadensschwere- und Wahrscheinlichkeits-Stufen zusammengefasst werden .

Es sind dann nach dem zuvor beschriebenen Verfahren die Gesamt-Restrisiken der einzelnen Gruppen zu berechnen.

Akzeptanz der Gesamt-Restrisiken

Über die Akzeptanz der Restrisiken von Gefährdungen ist durch Vergleich mit dem Grenzrisiko in Tabelle RM 3 einfach zu entscheiden.

Das Gesamt-Restrisiko ist in den Fällen, in denen die Schadensschwere (SS) und die Wahrscheinlichkeit des Auftretens (WA) jeweils nur einer Stufe angehören, nach dem zuvor beschriebenen Rechenverfahren zu bestimmen, um das Gesamt-Restrisiko mit dem Gesamt-Grenzrisiko zu vergleichen und um dann über die Akzeptanz zu entscheiden.

Weit schwieriger wird es, wenn die einzelnen Gefährdungen verschiedenen Stufen der Schadensschwere (SS) oder der Wahrscheinlichkeit des Auftretens (WA) angehören.

In diesen Fällen sollten aus Gründen der Praktikabilität die Gesamt-Restrisiken der Gruppen mit den Gesamt-Grenzrisiken der Gruppen verglichen werden.

Die nicht-akzeptablen Gesamt-Restrisiken sollten Grundlage für die Akzeptanz- Entscheidung, also auch für die Notwendigkeit risikomindernder Maßnahmen sein.

Beim Vergleich dieser Gesamt-Risiken ist wie folgt vorzugehen:

Das Gesamt-Restrisiko einer (Gefährdungs-)Gruppe ergibt sich als Wert für das Restrisiko der Gruppe gemäß der SS- und WA-Stufe aus Tabelle RM 3, multipliziert mit der Anzahl n der Gruppenmitglieder.

Das Ergebnis ist der Wert für das Gesamt-Restrisiko der betrachteten Gruppe.

Das Gesamt-Grenzrisiko einer Gruppe ergibt sich wiederum aus den Daten des Grenzrisikos, entsprechend den SS- und WA-Stufen der Tabelle RM 5 entnommen, und mit der Anzahl n der Gruppenmitglieder multipliziert. Das Ergebnis ist der Wert für das Gesamt-Grenzrisiko der betrachteten Gruppe.

2.5 Plan der Verifizierung

Zu planen ist der Untersuchungsvorgang für das Verifizieren

der Umsetzung und

der Wirksamkeit

jeder einzelnen ausgewählten und geplanten Maßnahme zur Risikominderung, auch Schutzmaßnahme genannt.

Der Plan sieht überall da Haltepunkte für die Verifizierung vor, wo im RM-Prozess in Element oder Phase 3 Schutzmaßnahmen angeordnet sind.

An diesen Haltepunkten ist zu untersuchen, ob die Lenkungs- oder Schutzmaßnahmen

wie geplant umgesetzt wurden und

die geplanten Ziele und Ergebnisse erreicht haben.

Der Plan wird im RM-Prozess auf Basis der Lebenszyklusphasen umgesetzt, indem die Schutzmaßnahmen an den Haltepunkten verifiziert werden.

2.6 Erfassen und Überprüfen von Informationen zum Medizinprodukt aus den der Herstellung nachgelagerten Phasen

Sachdienliche Informationen werden von Rückmeldungen der Zahnärzte gewonnen.

Beziehen sich die Rückmeldungen auf produktspezifische Forderungen, müssen diese direkt und umgehend im Rahmen des Risikomanagements bearbeitet werden. Darüber hinaus muss der RM-Prozess jährlich für Zahnersatz und Abformungen dann durchlaufen werden, wenn sich neue oder veränderte Gefährdungssituationen oder Risiken aus den Informationen ergeben.

3. Tabellierte Grundinformationen für den RM-Prozess

Für den RM-Prozess sind einige Grundinformationen zu Wahrscheinlichkeiten, Schadensschwere und Grenzrisiken erforderlich.

Diese Daten sind in fünf Tabellen für den RM-Prozess bereitgestellt.

Die Tabelle RM 3 ist jedes Jahr dann zu überarbeiten, wenn sich z.B. neue Schadensfälle aus Rückmeldungen ergeben.

Tabelle RM 1: Wahrscheinlichkeitsstufen für das Schätzen von Risiken

Häufigkeitsstufen der Praxis	Wahrscheinlichkeitsstufen für die Schätzung	
①	②	③
Empfundene Häufigkeit in Stufen für das Auftreten eines Fehlers	**Den empfundenen Häufigkeiten entsprechende Wahrscheinlichkeiten**	**Wahrscheinlichkeitsstufungen mit Grenzwerten**
Stufe 1: sehr häufig	mehr als ein Fehler bei 10 Aufträgen, also > 1:10 oder > 1^{-1}	mindestens 2 und höchstens 9 Fehler bei 10 Aufträgen 0,2 bis 0,9
Stufe 2: häufig	weniger als ein Fehler bei 10 Aufträgen, aber mehr als ein Fehler bei 100, also < 1:10 > 1:100 <0,1 > 0,01	mindestens 2 und höchstens 9 Fehler bei 100 Aufträgen, also 0,02 bis 0,09 oder als Stufengrenzwerte 2^{-2} bis 9^{-2}
Stufe 3: gelegentlich	weniger als ein Fehler bei 100 Aufträgen, aber mehr als ein Fehler bei 1.000, also < 1:100 > 1:1.000 < 0,01 > 0,001	mindestens 2 und höchstens 9 Fehler bei 1.000 Aufträgen also 0,002 bis 0,009 oder als Stufengrenzwerte 2^{-3} bis 9^{-3}
Stufe 4: selten	weniger als ein Fehler bei 1.000 Aufträgen, aber mehr als ein Fehler bei 10.000, also < 1:1.000 > 1:10.000 < 0,001> 0,0001	mindestens 2 und höchstens 9 Fehler bei 10.000 Aufträgen, also 0,0002 bis 0,0009 oder als Stufengrenzwerte 2^{-4} bis 9^{-4}
Stufe 5: sehr selten	weniger als ein Fehler bei 10.000 Aufträgen, aber mehr als ein Fehler bei 100.000, also < 1:10.000 > 1:100.000 <0,0001 > 0,00001	mindestens 2 und höchstens 9 Fehler bei 100.000 Aufträgen, also 0,00002 bis 0,00009 oder als Stufengrenzwerte 2^{-5} bis 9^{-5}

Tabelle RM 2: Bewertete Schadensschwere (SS) oder Schweregrade des Schadens

Möglicher Schaden	in Geldwert
SS- Stufe 1: Schaden in Höhe der mit einem Zahnarztauftrag verbundenen Aufwendungen	400 €
SS- Stufe 2: Schaden in Höhe der mit einem Zahnarztauftrag verbundenen Aufwendungen	600 €
SS- Stufe 3: Schaden in Höhe der mit einem Zahnarztauftrag verbundenen Aufwendungen	800 €
SS- Stufe 4: Schaden in Höhe der mit einem Zahnarztauftrag verbundenen Aufwendungen	1.000 €
SS- Stufe 5: Umkehrbare Verschlechterung des Gesundheitszustandes oder zeitweilige erhebliche Behinderung, die kein zusätzliches medizi-	10.000 €

nisches Eingreifen verlangt, sondern nur begleitende Medikation erfordert	
SS- Stufe 6: Umkehrbare Verschlechterung des Gesundheitszustandes oder zeitweilige erhebliche Behinderung, die direkt medizinisches Eingreifen verlangt	40.000 €
SS- Stufe 7: Dauernde, wesentliche Behinderung oder Schädigung einer Körperfunktion	80.000 €
SS- Stufe 8: Tod oder lebensbedrohliche Schädigung	200.000 €

Tabelle RM 3: Ermitteln der Restrisiken einzelner Gefährdungen zum Vergleich mit ihren Grenzrisiken

Schadens-Schwere in SS-Stufen (€)	Restrisiko bei WA-Stufe 1^{-2} (€)	Grenzrisiko (€)	Restrisiko bei WA-Stufe 1^{-3} (€)	Grenzrisiko (€)	Restrisiko bei WA-Stufe 1^{-4} (€)	Grenzrisiko (€)	Restrisiko bei WA-Stufe 1^{-5} (€)	Grenzrisiko (€)
1	**2**	**3**	**4**	**5**	**6**	**7**	**8**	**9**
400	4	0,4	0,4	0,4	0,04	0,16	0,004	0,004
600	6	0,4	0,6	0,6	0,06	0,18	0,006	0,006
800	8	0,4	0,8	0,8	0,08	0,16	0,008	0,008
1.000	10	0,4	1	1	0,1	1	0,01	0,01
10.000	100	2	10	2	1	4	0,1	0,1
40.000	400	2	40	2	4	12	0,4	0,4
80.000	800	2	80	2	8	16	0,8	0,8
200.000	2.000	2	200	2	20	30	2	2

Die Grenzrisiken wurden mit den in Tabelle RM 6 bestimmten Faktoren berechnet.

Bei der Bestimmung der Gesamt-Grenzrisiken einzelner Restrisiko-Gruppen sind die Werte der Grenzrisiken dieser Tabelle zu entnehmen und mit der Anzahl n der Gruppenmitglieder zu multiplizieren, um das Gesamt-Grenzrisiko der betrachteten Gruppe zu erhalten.

Tabelle RM 4: Faktoren zur Bestimmung der Grenzrisiken

GRUPPE	SS-Stufen (€)	Faktoren für Grenzrisiken bei WA-Stufen			
		1^{-2}	1^{-3}	1^{-4}	1^{-5}
		①	②	③	④	⑤
C	400	0,1	1	4	1
	600	0,075	1	3	1
	800	0,050	1	2	1
	1.000	0,025	1	10	1
B	10.000	-	-	4	1
	40.000	-	-	3	1
	80.000	-	-	2	1
A	200.000	-	-	1,5	1

Hinweise zur Tabelle:

Die Spalte ① ist in Schadensschwere-Gruppen C, B,A gegliedert.
- C entspricht Gefährdungen mit Sachschäden (SS-Stufe 1-4).
- B entspricht Gefährdungen mit Behinderungen des Patienten (SS-Stufe 5-7).
- A entspricht Gefährdungen, die zum Tod des Patienten führen können.

Die Faktoren in den Spalten ② bis ⑤ dienen der Bestimmung der Grenzrisiken in Tabelle RM 3 für einzelne SS-Stufen (Tabelle RM 3) und WA-Stufen (Tabelle RM 1).
Die Faktoren sind Erfahrungswerte.

Tabelle RM 5: Ermitteln der Gesamt-Wahrscheinlichkeit des Auftretens (GWA) in Abhängigkeit von der Anzahl n der Gefährdungen, berechnet über die Gesamt-Komplementärwahrscheinlichkeiten (GKW), GWA= (1-GKW) x n

n	1^{-2}	1^{-3}					
				1^{-4}		1^{-5}	
1	0,01	0,001	1^{-3}	0,0001	1^{-4}	0,00001	1^{-5}
2	0,02	0,002	2^{-3}	0,0002	2^{-4}	0,00002	2^{-5}
3	0,03	0,003	3^{-3}	0,0003	3^{-4}	0,00003	3^{-5}
4	0,04	0,004	4^{-3}	0,0004	4^{-4}	0,00004	4^{-5}
5	0,05	0,005	5^{-3}	0,0005	5^{-4}	0,00005	5^{-5}
6	0,06	0,006	6^{-3}	0,0006	6^{-4}	0,00006	6^{-5}
7	0,07	0,007	7^{-3}	0,0007	7^{-4}	0,00007	7^{-5}
8	0,08	0,008	8^{-3}	0,0008	8^{-4}	0,00008	8^{-5}
9	0,09	0,009	9^{-3}	0,0009	9^{-4}	0,00009	9^{-5}
10	0,10	0,010	1^{-2}	0,0010	1^{-3}	0,00010	1^{-4}
12	0,12	0,012	$1{,}2^{-2}$	0,0012	$1{,}2^{-3}$	0,00012	$1{,}2^{-4}$
14	0,14	0,014	$1{,}4^{-2}$	0,0014	$1{,}4^{-3}$	0,00014	$1{,}4^{-4}$
16	0,16	0,016	$1{,}6^{-2}$	0,0016	$1{,}6^{-3}$	0,00016	$1{,}6^{-4}$
18	0,18	0,018	$1{,}8^{-2}$	0,0018	$1{,}8^{-3}$	0,00018	$1{,}8^{-4}$
20	0,20	0,020	2^{-2}	0,0020	2^{-3}	0,00020	2^{-4}

Spaltenüberschrift: **GWA bei den Einzelwahrscheinlichkeiten des Auftretens**

9.4.3 Risikomanagement-Prozess für Zahnersatz

1. Zweck und Geltungsbereich

In dieser Richtlinie ist der RM-Prozess als Kernstück des Risikomanagements (RM) beschrieben, um die mit einem Medizinprodukt verbundenen Risiken einzuschätzen und zu bewerten, diese Risiken zu lenken und die Lenkung zu überwachen.

In dieser OR werden alle Forderungen und Eingangsdaten des RM-Prozesses, die der ISO 14971 entsprechen, erklärt, abgefragt und dokumentiert.

Um den RM-Prozess der Norm entsprechend durchlaufen zu können, wurde er hier als Arbeitsprogramm für Zahnersatz gestaltet.

2. RM-Prozess

Der Prozess ist in fünf Phasen oder Elemente strukturiert. Die Prozessergebnisse werden im RM-Bericht zusammengefasst und so dargelegt, dass die Umsetzung aller Maßnahmen zur Minderung der Gefährdungsrisiken bis zum Vergleich mit dem vorgegebenen Grenzrisiko rückverfolgt werden kann.

Phase 1: Gefährdungs- oder Risikoanalyse

Die Risikoanalyse umfasst vier Fragenbereiche:

1.1 Grunddaten

Für die Risikoanalyse sind Grunddaten erforderlich, um die Rückverfolgung und Überprüfung sicherzustellen.
Dazu gehören die drei Datensätze

1.1.1 Kennzeichnende Benennung und Beschreibung des Produkts

1.1.2 Identität der Person, die die Analyse durchführte

1.1.3 Aufgabenstellung und Datum der Analyse

Es kann nicht Aufgabe der Zahntechnik sein, die Zahnmedizinischen Risiken zu analysieren. Die Aufgabenstellung wird bei Zahnersatz für ein Dentallabor daher lauten:
Gefährdungen Dritter ermitteln,
Risiken analysieren und bewerten,
über Akzeptanz der Restrisiken entscheiden.

1.2 Zweckbestimmung des Produkts und Identifizierung von Merkmalen, die sich auf die Sicherheit des Medizinprodukts beziehen

1.2.1 Produktkennzeichnung und Zweckbestimmung mit Beschreibung des Anwendungsbereichs

1.2.2 Erfassen der potentiellen fehlerhaften oder ungeeigneten Anwendungen

Auf mögliche fehlerhafte oder ungeeignete Anwendungen von Zahnersatz kann ein Dentallabor den verordnenden Zahnarzt nur hinweisen, Die Risiken trägt ausschließlich der Zahnarzt.

1.2.3 Erfassen der Merkmale mit ihren Grenzwerten, die die Sicherheit des Medizinprodukts beeinträchtigen könnten, wenn sie fehlerhaft wären

Potentielle Fehler der sicherheitsrelevanten Merkmale von Zahnersatz sind ausschließlich Risiken der Zahnmedizin.

1.3 Identifizierung von Gefährdungen

Bekannte und potentielle Gefährdungen oder Schadensquellen (also Fehler) müssen erfasst werden, die mit Zahnersatz sowohl unter Normal- als auch unter Fehlerbedingungen entstehen können.

Grundlage der Erfassung sollten die unter 1.2.3 genannten Merkmale sein.

Ganz allgemein könnte auch immer wieder die Frage gestellt werden: „Welche gefährdenden Ereignisse oder Fehler sind mit unerwünschten Folgen während der Lebenszyklusphasen des Zahnersatzes denkbar?"

Es sind mögliche Gefährdungen zu identifizieren, die in fachmännisch durchgeführten Arbeitsfolgen (Normalbedingungen) und in unterlassenen oder fehlerhaften Arbeitsfolgen (Fehlerbedingungen) auftreten können.

1.4 Schätzen der Risiken für potentielle Gefährdungssituationen

Vorhersehbare Abfolgen oder Kombinationen von Ereignissen (oder Fehlerursachen), die eine Gefährdungssituation bewirken können, müssen unter Schritt 1.3 ermittelt und aufgelistet werden.

Wobei zu beachten ist: Unter Gefährdungssituation versteht man in der Norm die Situation, in der Menschen, Güter oder Umwelt Gefährdungen ausgesetzt sind.

Als Gefährdung gilt die potentielle Schadensquelle. Die Schadensquelle wiederum kann durch Aufmerksamkeits- und Erinnerungsfehler oder Irrtum und sehr häufig durch Missverständnisse aufgrund mangelhafter Kommunikation entstehen.

Für jede im Schritt 1.3 erkannte Gefährdungssituation ist das zugehörige Schadensrisiko mit den Daten für die Wahrscheinlichkeit des Auftretens und der Schwere des Schadens zu schätzen.

Kann die Wahrscheinlichkeit für das Auftreten des Schadens mangels Daten nicht geschätzt werden, sind alle möglichen Schäden mit ihrem Geldwert (Schadensschwere) für die Risikobewertung und für die Risikolenkung und -beherrschung aufzulisten.

Phase 2: Risikobewertung

Für jede mögliche Gefährdung oder für jeden möglichen Fehler sind die geschätzten Risiken mit den im RM-Plan festgelegten Grenzrisiken zu vergleichen. Übersteigt das geschätzte Risiko das festgelegte Grenzrisiko nicht, ist eine Minderung des Risikos nicht erforderlich und das Schätzverfahren kann unmittelbar beim Schritt 3.7 fortgesetzt werden. Andernfalls ist beim Schritt 3.1 fortzufahren.

Phase 3: Risikolenkung und -beherrschung

Um ein Risiko zu beherrschen, muss man es lenken können. Die hier zu behandelnden Aktivitäten zielen auf die Lenkung der Risiken (siehe auch 9.4.1).

3.1 Risikominderung (Risikolenkung)

Muss das Risiko gemindert werden, weil es das Grenzrisiko übersteigt, ist die Lenkung in den Schritten 3.2 bis 3.6 erforderlich.

3.2 Analyse der Optionen zur Risikolenkung

Grundsätzlich gibt es vier Wege, Risiken zu lenken und dadurch zu mindern:

3.2.1 Konstruktive Maßnahmen, die die Beschaffenheit des Produkts beeinflussen

3.2.2 Schutz- oder Lenkungsmaßnahmen am oder im Produkt

3.2.3 Schutz- oder Lenkungsmaßnahmen im Herstellprozess

3.2.4 Warnungen und Sicherheitshinweise

Wobei die Reihenfolge der Aufzählung mit der abnehmenden Intensität der Wirksamkeit übereinstimmt.

Außerdem ist zu beachten:

zur wirksamen Risikolenkung können die vier Maßnahmen kombiniert werden

die Risikolenkung kann auf die Wahrscheinlichkeit des Auftretens oder auf die Schadensschwere oder auf beides wirken.

Sollte keine praktikable Lenkungsmaßnahme angewendet werden können, ist eine Risiko-Nutzen-Analyse, wie im Schritt 3.5 beschrieben, vorzunehmen.

3.3 Umsetzung von Maßnahmen zur Risikolenkung

Die in Schritt 3.2 gewählten Lenkungsmaßnahmen sind zu planen und zu verwirklichen oder umzusetzen. Nach dem Umsetzen jeder Lenkungsmaßnahme muss diese verifiziert werden, um erstens zu bestätigen, dass die Maßnahme wie geplant umgesetzt wurde und um zweitens zu bestätigen, dass die Lenkungsmaßnahme die geforderte Risikominderung bewirkt hat.

3.4 Bewerten des Restrisikos

Nach dem Umsetzen jeder einzelnen Lenkungsmaßnahme und ihrer Verifizierung ist das nach der Lenkung (Minderung) verbleibende Restrisiko mit dem dazu vorgegebenen Grenzrisiko (das die Norm als Begriff nicht kennt) zu vergleichen.

Übersteigt ein einzelnes Restrisiko das vorgegebene Grenzrisiko, müssen gemäß Schritt 3.2 weitere Lenkungsmaßnahmen geplant und verwirklicht werden.

Für akzeptierte Restrisiken muss der Hersteller entscheiden, welche Restrisiken und welche Informationen dazu in den Begleitpapieren dem Anwender mitgeteilt werden.

Akzeptierte Restrisiken sollte die Laborleitung den Mitarbeitern bekanntgeben und erforderlichenfalls erklären.

3.5 Risiko-Nutzen-Analyse

Übersteigt das Restrisiko das Grenzrisiko und sind weitere Lenkungsmaßnahmen nicht praktikabel, müssen Daten und Literatur zur Zweckbestimmung gesammelt, geprüft und beurteilt werden, um zu entscheiden, ob der medizinische Nutzen das Restrisiko überwiegt.

Wenn dieser Nachweis nicht den Schluss unterstützt, dass der medizinische Nutzen das Restrisiko überwiegt, dann bleibt das Risiko unvertretbar. Wenn der medizinische Nutzen das Restrisiko überwiegt, dann wird nach 3.6 verfahren und relevante Informationen, die erforderlich sind, um das Restrisiko zu erklären, müssen in den entsprechenden Begleitpapieren enthalten sein.

Diese Analyse und die Entscheidung über den medizinischen Nutzen kann nicht Aufgabe des Dentallabors sein, sondern der Medizin.

Außerdem gilt:
Beim Einrichten von Schutz- und Lenkungsmaßnahmen unterliegen Dentallabore den Bestimmungen der ZLG und denen der Betriebsverordnung.
Dadurch wird die Risiko-Nutzen-Analyse und der Schritt 3.6 hinfällig.

3.6 Durch Risikolenkungsmaßnahmen neu entstehende Risiken

Bei Lenkungsmaßnahmen zur Risikominderung ist zu prüfen, ob sie selbst zusätzliche Gefährdungen erzeugen. Alle neuen oder vergrößerten Risiken müssen in den Schritten 1.4 bis 3.5 neu behandelt werden.

3.7 Vollständige Risikolenkung

Aus Sorgfaltsgründen ist zu prüfen, ob von allen ermittelten einzelnen Gefährdungen die Risiken berücksichtigt wurden.

Das Element 3 endet mit dem Schritt 3.7, erkennbar an der Bestätigung „Auf Vollständigkeit geprüft".

Phase 4:Akzeptanz-Entscheidung des Gesamt-Restrisikos

In der Norm lautet die Überschrift: Bewertung der Akzeptanz des Gesamt-Restrisikos. Es soll aber nicht die Akzeptanz bewertet werden. Sondern: Ob das Gesamt-Restrisiko akzeptiert werden kann.

Für diese Entscheidung muss zunächst das Gesamt-Restrisiko für Zahnersatz aus den einzelnen Restrisiken ermittelt werden. Wie dies zu geschehen hat, ist in der ISO 14971:2007 unzureichend und irreführend beschrieben. Deswegen wird hier der Weg vorgegeben, der in 9.3.1 näher erklärt ist.

Um das Gesamt-Restrisiko zu schätzen, sind die Wahrscheinlichkeiten der Restrisiken für ein Medizinprodukt als rechnerisches Produkt der bedingten Wahrscheinlichkeiten zu berechnen (9.3.1, Ein Ausweg).

Ist das Gesamt-Restrisiko ermittelt, muss entschieden werden, ob es das vorgegebene Gesamt-Grenzrisiko übersteigt. Grenzrisiken sind wiederum in den Tabellen RM 3 und 4 im RM-Plan vorgegeben.

Ist das Gesamt-Restrisiko größer als das Gesamt-Grenzrisiko, muss durch Daten und Literatur belegt werden, dass der medizinische Nutzen das Gesamt-Restrisiko überwiegt. Andernfalls bleibt das Gesamt-Restrisiko unakzeptabel.

Die Akzeptanz-Entscheidung zur Sicherheit des Patienten ist jedoch eine zahnmedizinische Entscheidung, für die die handwerkliche Zahntechnik keinesfalls kompetent ist.

Phase 5: Risikomanagement-Bericht

Am Ende der Phase 4 liegt das Ergebnis des RM-Prozesses vor. In Phase 3 (Schritt 3.7) ist gemäß Forderung der Norm zu prüfen, ob alle einzelnen Gefährdungen erfasst und in den RM-Prozess eingegangen sind.
Das ist im RM-Bericht ausdrücklich nochmal zu bestätigen.

Darüber hinaus muss im Bericht nochmal nachgewiesen werden, dass der RM-Plan zufriedenstellend erfüllt wurde, weil das Gesamt-Restrisiko das Gesamt-Grenzrisiko nicht übersteigt.

Der Nachweis erfolgt durch Vergleich der beiden Gesamt-Risiken für die derzeit bekannten Gefährdungen und für mögliche neue. Der RM-Prozess ist damit beendet.

9.4.4 Ergebnis-Bericht zum RM-Prozess im Dentallabor

1. Zweck und Geltungsbereich

Der Forderung der ISO 13485 entsprechend wird der RM-Prozess nach ISO 14971 auf Zahnersatz angewendet.

Die Geschäftsleitung will damit die Risiken bewerten, die mit der Anfertigung von Zahnersatz im Dentallabor verbunden sind.

Außerdem soll die Sicherheit geschätzt werden, um zu beurteilen, ob die angeordneten Schutzmaßnahmen ausreichen.

2. Gefährdungsanalyse

2.1 Grunddaten

Produkt-Benennung

Zahnersatz für namentlich benannten Patienten.

Die Analyse

erfolgte am 12.08.11durch die Herren
- xxxx
- yyyy

Aufgabenstellung

Die Aufgabenstellung kann für ein Dentallabor (9.4.3)nur lauten:
- Gefährdung von Patienten und Dritter ermitteln,
- Risiken analysieren und bewerten,
- über Akzeptanz der Restrisiken entscheiden.

2.2 Zweckbestimmung und Identifizierung sicherheitsbezogener Produkt-Merkmale

Produktkennzeichnung und Zweckbestimmung

Zahnersatz für namentlich benannten Patienten mit Verkörperung (Abformung) von Teilen der Mundhöhle des Patienten.

Fehlerhafte Anwendung

Ist vom verordnenden Zahnarzt zu beachten (9.4.3).

Merkmale, die die Sicherheit beeinträchtigen

Sind vom verordnenden Zahnarzt zu beachten (9.4.3).

2.3 Potentielle Gefährdungen

Infizierter Zahnersatz und infizierte Abformung.

Potentielle Gefährdung durch Krankheitserreger an verunreinigtem Zahnersatz und Abformung.

Zwei Infektionskrankheiten kommen in Betracht:
- HIV
- Hepatitis C

durch fehlerhafte oder unterlassene Arbeitsfolgen zur Desinfektion
- der Zahnarzt-Praxis vor der Auslieferung
- des Dentallabors bei der Annahme des Auftrags.

2.4 Schätzen der Risiken

Daten aus Region für das Jahr 2010 (Gesundheitsamt):
- Einwohner: 586909
- HIV-Infizierte: 296
- Hepatitis-Infizierte: 36

Schätzen der Einzelrisiken
- HIV-WA: $5,043^{-4}$
  also 5 HIV-Infizierte je 10.000 Einwohner
- Hepatitis-WA: $6,13^{-5}$
  also 6 Hepatitis-Infizierte je 100.000 Einwohner

Für beide Infektionserkrankungen ist gemäß RM-Plan (Tabelle 2) eine Schadensschwere der Stufe 8 anzusetzen.

Daraus ergeben sich die zwei Einzelrisiken:
- R=WAxSS
- HIV-R = $5,043^{-4}$ x 200.000€ = 100,86€
- Hepatitis-R = $6,133^{-5}$ x 200.00€ = 12,26€

3. Schutzmaßnahmen

Zur Risiko-Minderung sind zwei Schutzmaßnahmen angeordnet:
- Desinfizierung des Auftrags in der Zahnarzt-Praxis vor der Auslieferung.
- Desinfizierung des Auftrags im Dentallabor nach der Anlieferung.

Es ist aber davon auszugehen, dass das Desinfizieren versehentlich unterlassen wird oder fehlerhaft erfolgt.

Wir treffen dazu zwei Annahmen:
1. Die Schutzmaßnahmen sind beide zu 5% fehlerhaft (Variante 1).
2. Die Schutzmaßnahmen sind in der Arzt-Praxis zu 5%, im Dentallabor zu 1% fehlerhaft (Variante 2).

3.1 Risikominderung

Unter Berücksichtigung der teilweise fehlerhaften Schutzmaßnahmen ergeben sich folgende Restrisiken (RR) in Euro:

Variante 1 (5% und 5%, $2,5^{-3}$)
- HIV-RR = 100,86 x $2,5^{-3}$ = 0,25€

- Hepatitis-RR = 12,26 x 2,5^{-3} = 0,03€

Variante 2 (5% und 1%, 5^{-4})
- HIV-RR = 100,86 x 5^{-4} = 0,05€
- Hepatitis-RR = 12,26 x 5^{-4} = 0,006€

4. Akzeptanz-Entscheidungen zu den Einzelrisiken

Das Grenzrisiko für jede der beiden Infektionserkrankungen liegt gemäß RM-Plan, Tabelle 3 bei 2€.

Die Restrisiken für die beiden Gefährdungen befinden sich weit unter dem Grenzrisiko.

Im kritischen Fall (Variante 1) übersteigt das Grenzrisiko das Restrisiko um das Achtfache.

5. Schätzen des Gesamtrestrisikos

Das Gesamtrestrisiko (GRR) der beiden voneinander unabhängig auftretenden Gefährdungen ergibt sich für die

Variante1 in Euro: GRR: 0,25 + 0,03 - (0,25 x 0,03) = 0,27€

Variante 2 in Euro: GRR: 0,05 + 0,006 - (0,05 x 0,006) = 0,0557€

6. Akzeptanz-Entscheidung zum Gesamtrestrisiko

Das Gesamtrestrisiko (GRR) der beiden voneinander unabhängig auftretenden Gefährdungen liegt mit 0,27€ weit unter dem Grenzrisiko von 2,-€.

9.5 Forderungsmanagement

9.5.1 Forderungsplanung am Beispiel der Zahntechnik

1. Zweck und Geltungsbereich

Forderungsplanung ist für jedes Unternehmen, das Produkte oder Aufträge plant, von übergroßer Bedeutung für seine Zukunftssicherung. Denn: Aus jahrelangen Erfahrungen ist bekannt, dass etwa 70% der Produktfehler und etwa ebenso viele Herstellkosten in den Planungsphasen „entwickelt und konstruiert" werden.

In der Zahntechnik ist die Situation noch drastischer: Hier entstehen regelmäßig mehr als 90% der Fehler am Zahnersatz durch unzureichende Planung.

Deswegen ist es so wichtig, diese Fehler und ihre Kosten durch geeignete Methoden und Werkzeuge zu vermeiden.

Daher wird nachfolgend eine Planungsmethode beschrieben, die zwar schon älter als 40 Jahre ist, aber selten genutzt wird. Sie ist sehr einfach zu handhaben und kann äußerst wirksam sein.

Forderungsplanung mit Lasten- und Pflichtenheft sollte allerdings auf größere Projekte oder besondere Problemfälle beschränkt werden, weil die Zahntechnik ohnehin mit der Zahnärztlichen Verordnung und vor allem mit der Abformung arbeitet.

Geschäftsleitung und Führungskräfte sind infolgedessen verpflichtet, die Vorgaben zur Forderungsplanung, wie sie nachfolgend beschrieben werden, strikt zu beachten und einzuhalten, um künftig nur technisch und wirtschaftlich machbare Aufträge zu planen.

2. Die Situation heute

Früher sprach man von Qualitätsplanung. Da man Qualität aber ebensowenig planen kann, wie z.b. Glück, ist heute stattdessen von Forderungsplanung die Rede:

Um ein vorgegebenes Ziel zu erreichen sind zwei Planungsschritte unabdingbar.

Im ersten Schritt sind alle Forderungen zu planen, die erfüllt werden müssen, um das Ziel zu erreichen.

Im zweiten Schritt sind die Tätigkeiten und Lösungen zu planen, durch die die Forderungen erfüllt werden sollen, um das Ziel zu erreichen.

Jeder interessierte Leser wird nun denken: Das klingt doch ganz plausibel! Wo liegt das Problem?

Die Antwort wird wahrscheinlich erstaunen:

Um das Ziel zu erreichen, wird von jenen, die systematisches Planen (noch) nicht gelernt haben, der erste Schritt fast ausnahmslos übersehen und an seiner Stelle der zweite sofort konkretisiert. Schließlich ist man vom Fach und weiß, was zu tun ist.

Man darf vom Fachmann annehmen, dass er sicher weiß, was er zu tun hat.

Was der Fachmann aber meist nicht bedenkt: Es wurden für seinen Auftrag keine Forderungen geplant, sondern sogleich Lösungen gefordert!

Nicht nur besondere Erfahrungen, auch altbekannte Katastrophen zeugen von der Bedeutung der Forderungsplanung:

Jede Fehlplanung ist das Ergebnis falscher oder unterlassener Forderungsplanung.

Und Fehlplanungen begründen mindestens 70% der Fehler am Produkt.

Beispiele gibt es davon zuhauf: in der Automobilindustrie, am Bau, in der IT-Branche, ganz besonders in der Politik und vor allem in der Gesetzgebung.

Und wie sieht das in der Zahntechnik aus? Grotesk!

Hier sind über 90% der Reklamationen auf Planungsfehler und damit auf Fehler der Forderungsplanung zurückzuführen.

Was das Ärgerlichste daran ist: Es verdirbt nicht nur - meist ungerechtfertigt - den Ruf des Labors, sondern führt zu Kosten, die für das Labor für immer verloren sind, manchmal bis 30% vom Umsatz mit einer einzelnen Praxis!

Groteskerweise geben die neue Richtlinie 2007/47/EG zur Änderung der RL 93/42/EWG über Medizinprodukte und das MPG mit dem Gesetz zur Änderung medizinprodukterechtlicher Vorschriften, weiterhin vor: Die spezifischen Auslegungsmerkmale des Zahnersatzes sind vom Zahnarzt zu verordnen (Abschnitt I, §3, Nr. 8, MPG).

Von Forderungsplanung ist also weiterhin keine Rede. Stattdessen wird vom Gesetz entgegen den Grundsätzen der Planung bestimmt, die „Lösung zu verordnen" und nicht zuerst die Forderungen zu planen.

Dadurch entsteht eine merkwürdige Situation:

- Von einem Zahnarzt Beschaffenheit (oder Merkmale) verordnen zu lassen, ist ebenso sinnlos, wie die ärztliche Verordnung von Gesundheit oder Glück.
- Von einem Zahnarzt Beschaffenheits- oder Auslegungsmerkmale verordnen zu lassen, ist geradezu fahrlässig, denn Zahnärzte sind weder Konstrukteure noch Hersteller des Zahnersatzes.

Abgesehen von der Unsinnigkeit der Verordnung werden im MPG (Nr.8) zwei Beschaffenheiten verwechselt:

Die Beschaffenheit der Mundhöhle und die des Zahnersatzes!

Zahnärzte haben die Aufgabe, die Beschaffenheitsmerkmale der Mundhöhle z.b. mit Hilfe einer Abformung zu beschreiben.

Der Zahntechnik fällt die Aufgabe zu, den Zahnersatz aufgrund dieser Beschreibung oder „Verkörperung" so anzufertigen, dass seine Beschaffenheitsmerkmale denen der Mundhöhle des Patienten entsprechen, denn die Beschaffenheitsmerkmale des Zahnersatzes (Auslegungsmerkmale) sind die Komplementmerkmale zu den Beschaffenheitsmerkmalen der Mundhöhle des benannten Patienten.

Diese Ungereimtheiten verlangen nach Klärung. Schließlich ist Planen mit Lasten- und Pflichtenheft „Stand der Technik".

3. Forderung oder Anforderung?

Seit etwa 1980 ist es nach DIN nicht mehr gestattet, (in Normen) von Forderungen zu sprechen.

Diesem nationalen Unsinn schließen wir uns nicht an, sondern unterscheiden altmodisch zwischen Forderung und Anforderung.

Unter Forderung verstehen wir hier: Verlangen, die vorgegebene Beschaffenheit eines bezeichneten Gegenstandes zu verwirklichen.

Mit Anforderung ist dagegen gemeint: Verlangen, einen bezeichneten Gegenstand zu besitzen oder zu nutzen.

Der Vollständigkeit halber ist noch zu erwähnen: ISO 9000:2005 definiert in der deutschen Fassung die Benennung „Anforderung" (requirement) mit fünf zusätzlichen Anmerkungen derart praxisfern, dass wir eine eigene Definition für „Forderung" vorgezogen haben. Dadurch befinden wir uns auch nicht im Widerspruch zum deutschen Normtext.

4. Qualitätsplanung und Forderungsplanung

Qualitätsplanung ist nach ISO 9000:2005 Bestandteil des Qualitätsmanagements, obwohl selbst Laien wissen, dass Qualität so planbar ist, wie ein Lottogewinn.

Dieser irritierende Begriff steht jetzt als Aufgabe (der Geschäftsleitung) für „das Planen der Qualitätsziele und der dazugehörigen Ausführungsprozesse und Ressourcen".

Der für die Auftrags- und Produktplanung weit bedeutsamere Begriff „Forderungsplanung" fehlt in der ISO 9000. Das ermöglicht, ohne gegen DIN- oder ISO-Bestimmungen zu verstoßen, festzulegen:

Forderungsplanung

Planen der Einzelforderungen an die Beschaffenheit

- des zu realisierenden Gegenstandes und
- der zur Realisierung erforderlichen Lösungen, Tätigkeiten, zu beschaffenden und zu nutzenden Gegenstände.

Zum besseren Verständnis sollten die beiden Begriffe „Planen" und „Beschaffenheit" betrachtet werden:
Planen ist hier das sorgfältige Erfassen und zutreffende Beschreiben der Forderungen.
Beschaffenheit ist die Gesamtheit der dem betrachteten Gegenstand innewohnenden Merkmale und Merkmalswerte.

Planen der Forderungen an die Beschaffenheit bedeutet deswegen: Erfassen und Beschreiben der Forderungen an die inhärenten Merkmale des betrachteten Gegenstandes.

Das Prinzip künftiger Forderungsplanung ist verkürzt:

1. Planen der Forderungen an die Beschaffenheit des zu realisierenden Gegenstandes, also der Sonderanfertigung „Zahnersatz" mit dem Hilfsmittel „Lastenheft".

2. Planen der Forderungen an die Beschaffenheit der zur Realisierung erforderlichen „zahntechnischen Lösungen und Arbeiten" mit dem Hilfsmittel „Pflichtenheft".

5. Heutige Forderungsplanung in Zahnmedizin und Zahntechnik

5.1 Die Sonderanfertigung nach dem MPG

Nach Abschnitt I, §3, Nr.8 MPG ist die Sonderanfertigung „ ein Medizinprodukt, das nach schriftlicher Verordnung nach spezifischen Auslegungsmerkmalen eigens angefertigt wird und zur ausschließlichen Anwendung bei einem namentlich benannten Patienten bestimmt ist..." .

Zahnersatz wird aufgrund einer schriftlichen Verordnung des Zahnarztes den patientenspezifischen Merkmalen der Mundhöhle des Patienten entsprechend angefertigt und ist daher eine „Sonderanfertigung",

Wichtig ist hierbei für den Zahnersatz als Sonderanfertigung: Für seine Anfertigung bedarf es der Kenntnis der spezifischen Merkmale der Mundhöhle des namentlich benannten Patienten.

5.2 Auslegungsmerkmale nach dem MPG

Das MPG spricht vom Medizinprodukt, das nach schriftlicher Verordnung (des Zahnarztes) „nach spezifischen Auslegungsmerkmalen eigens angefertigt wird..." Das bedeutet zweifelsfrei, dass hier die Merkmale auszulegen oder zu planen sind, die für die Funktion des einzelnen Zahnersatzes erforderlich sind.

Auslegungsmerkmale sind in der QM-Fachsprache nichts anderes als die einem Produkt inhärenten Merkmale; also die einem Produkt innewohnenden Merkmale, die seine Beschaffenheit ausmachen.

5.3 Auslegungsmerkmale nach der Zahnärztlichen Verordnung

Ziel der Zahnärztlichen Verordnung ist, der Zahntechnik Vorgaben für die Anfertigung des Zahnersatzes zu liefern.

Das MPG spricht in Nr.8 zwar nur von der schriftlichen Verordnung der spezifischen Auslegungsmerkmale. Aber tatsächlich werden die Vorgaben fallweise in der vom Zahnarzt angefertigten Abformung an die Zahntechnik geliefert.

Das MPG nennt die Vorgaben „Auslegungsmerkmale". Diese Benennung ist beim Medizinprodukt „Zahnersatz" irreführend und unzutreffend. Denn die zur Verordnung mitgelieferte Abformung verkörpert nicht die Beschaffenheit des Zahnersatzes, auch nicht die Merkmale der Mundhöhle, sondern deren Komplementmerkmale.

Die Zahntechnik hat zunächst die Aufgabe, von der Abformung die Auslegungsmerkmale des Zahnersatzes abzuleiten. Das geschieht durch die Modellerstellung im Labor.

Damit verkörpert das Modell die Merkmale der Mundhöhle. Erst vom Modell können dann die Merkmale des Zahnersatzes abgeleitet werden.

Für die Sonderanfertigung bedeutet das:

Merkmale der Beschaffenheit des Zahnersatzes können nicht verordnet werden. Diese Merkmale werden ganz wesentlich von der für den Patienten typischen Abformung bestimmt. Ist die Abformung fehlerhaft, wird sehr wahrscheinlich auch der Zahnersatz fehlerhaft angefertigt.

Aus diesem Grund ist jede Zahnarzt-Praxis verpflichtet, der Zahntechnik eine Abformung zu liefern, die die Beschaffenheit der Mundhöhle widerspiegelt, also das Komplement wiedergibt.

5.4 Die Praxis vieler Praxen

Die zuvor beschriebene Aufgabenteilung zwischen Zahnarzt und Dentallabor funktioniert teilweise sehr ineffizient:

- Die meisten entscheidenden Fehler am Zahnersatz entstehen schon bei der Abformung in der Zahnarzt-Praxis, wie durch viele Studien belegt werden kann.
- Alle Kosten für fehlerhaften Zahnersatz fallen im Dentallabor an, auch wenn die Fehler in der Zahnarzt-Praxis entstanden sind.
- Die Fehlerkosten der Labore betragen teilweise über 30% vom Umsatz mit der einzelnen Praxis!

Dentallabore haben gegenüber Zahnärzten keine Chance, Fehler am Zahnersatz, die auf Fehler der Zahnärzte zurückzuführen sind, zu monieren:

Wenn der Zahnarzt den angefertigten Zahnersatz bei der Anprobe als fehlerhaft beurteilt, hat die Zahntechnik fehlerhaft gearbeitet und deswegen die Fehler mitsamt Kosten zu verantworten.

Diese Beurteilung erscheint zwar auf den ersten Blick logisch und konsequent, sie ist aber grundsätzlich falsch!

Ein Zahnarzt kann unmittelbar keine Fehler erkennen sondern nur Folgen von Fehlern, auch weil bis zu 90% der erkannten Fehlerfolgen ausschließlich auf Fehlern beruhen, die in den Zahnarztpraxen entstanden und dort (auch) nicht erkannt wurden.

6. Forderungsplanung mit Lasten- und Pflichtenheft

Der Einsicht folgend, dass die Auslegungsmerkmale des Zahnersatzes durch eine Zahnärztliche Verordnung schriftlich vorzugeben, nicht zu realisieren ist, muss ein anderer Weg beschritten werden.

Der Weg ist nicht neu. Viele Praxen gehen ihn mit der Zahntechnik schon lange. Aber auch hier sind noch wesentliche Verbesserungen möglich.

Seit etwa 1965 sind Methoden zur Auftragsplanung und Produktentwicklung bekannt, die bis heute auch in der Medizin-Technik nicht angekommen sind.

Gemeint sind die Methoden der Forderungsplanung mit Lasten- und Pflichtenheft, wie sie heute von kundenorientierten Vertriebsleuten und versierten Auftragsplanern eingesetzt werden.

6.1 Zwei Ziele der Forderungsplanung

Moderne Forderungsplanung hat grundsätzlich zwei Ziele, die durch zwei Planungsschritte erreicht werden sollen.

Da im ersten Schritt die (externen) Forderungen von Kunden zu erfassen und im zweiten Schritt die (internen) Forderungen für die Realisierung zu planen sind, spricht man zuweilen von Externer und Interner Forderungsplanung.

Häufiger ist allerdings bei der Forderungsplanung von Lasten- und Pflichtenheften die Rede. Wobei meist aus Unkenntnis beide Hilfsmittel nicht unterschieden werden.

Auch wenn Herkunft und Inhalt der beiden Begriffe ungeklärt sind, werden sie mittlerweile so häufig verwendet, dass auch wir uns mit ihnen auseinandersetzen und für die Forderungsplanung definieren müssen.

Lastenheft: Dokument, in dem die Forderungen an die Merkmale eines anzufertigenden Zahnersatzes konkretisiert sind.

Das sind die Forderungen an die Merkmale des funktionsfähigen Endprodukts.

Pflichtenheft: Dokument, in dem die Forderungen an die Merkmale der medizintechnischen Lösungen und Arbeiten konkretisiert sind, um den patientenspezifischen Zahnersatz anzufertigen.

Das sind die Forderungen an die Merkmale der Vor- und Zwischenprodukte und der Arbeitsergebnisse (als Teillösungen), um das Endprodukt zu erzeugen.

6.2 Moderne Forderungsplanung nach dem MPG

Die Planung beginnt mit der Zahnärztlichen Verordnung und der Abformung. Doch damit beginnt auch die Problematik aufgrund der Schwachstelle im MPG (I, §3, Nr. 8).

Auch wenn der Zahnarzt den Vorgaben des MPG folgen wollte, könnte er die „Auslegungsmerkmale" nicht beschreiben und schon gar nicht „verordnen".

Selbst die Abformung verkörpert nicht die Beschaffenheit des anzufertigenden Zahnersatzes, sondern die („Komplement"-)Beschaffenheit der Mundhöhle des Patienten!

Die Zahnärztliche Verordnung dient der Dokumentation der Forderungen an die Merkmale (Beschaffenheit) des Zahnersatzes. Wobei auch vom Zahnarzt vorgegebene Lösungen als Forderungen zu betrachten sind. Die Zahnärztliche Verordnung hat damit die Funktion eines Lastenhefts.

Die übrigen Forderungen an die Merkmale (Beschaffenheit) des anzufertigenden Zahnersatzes können erst von dem im Labor erstellten Modell abgeleitet werden, denn im Modell sind die Merkmale der Mundhöhle abgebildet und verkörpert.

Der Arbeitsvorbereitung (AV) kommt in diesem Zusammenhang die Aufgabe zu, in einem ersten Schritt diese Forderungen und Erkenntnisse vom Modell „abzulesen" und - so weit für die Forderungsplanung im Pflichtenheft zweckmäßig - zu dokumentieren.

Auch dieses Dokument ist ein Lastenheft.

Der zweite Schritt der AV besteht dann darin, den verkörperten und dokumentierten Forderungen des Lastenhefts die Forderungen an die zahntechnischen Lösungen und Arbeiten im Pflichtenheft zuzuordnen, um daraus einen Auftrag für die Werkstatt zu formulieren.

7. Schlussbemerkungen

Die Forderungsplanung mit Lasten- und Pflichtenheft mag manchem Praktiker sehr umständlich vorkommen. Deswegen sollte er mindestens die vier folgenden Aspekte bedenken.

Bedingt durch die Schwachstelle im MPG, die zur Falschplanung auffordert, schien es notwendig, die Planungsmethode theoretisch zu begründen.

Die tägliche Forderungsplanung ist weit einfacher in Verfahrensanweisungen vorzugeben.

Der skeptische Praktiker möge außerdem bedenken, dass auch in seinem Labor etwa 90% der Fehler durch unzureichende Planung entstehen.

Das kaum zu schlagende Hauptargument ist aber:
Zahnersatz musste schon immer geplant werden. Nur nicht mit der strikten Unterscheidung der Forderungen an die Merkmale des Zahnersatzes im Lastenheft und der Forderungen an die Merkmale der zahntechnischen Lösungen und Arbeiten im Pflichtenheft.

Die Zukunft der Zahntechnik und so mancher Zahnarztpraxis wird daher nicht so sehr im Erwerb neuer handwerklicher Fertigkeiten liegen, sondern ganz entscheidend von der Fähigkeit abhängen, die Forderungen an die Beschaffenheit des Zahnersatzes zu planen.

Vorreiter der Forderungsplanung ist zwangsläufig die Implantatprothetik, weil sie auf die Abformung der frisch operierten Mundhöhle als wesentliche Planungshilfe verzichten muss.

Da die Forderungsplanung auch in Zukunft nicht zum Repertoire der Zahnmedizin zählen wird, muss die Zahntechnik mit entsprechender Fachkompetenz, z.B. als Referenzlabor eines Systemlieferanten die systematische Forderungsplanung als Aufgabe übernehmen.

Gerade bei der Implantatprothetik war es zwar schon immer zwingend, die Zahnarzt-Forderungen mangels Abformung besonders sorgfältig zu erfassen und zu dokumentieren.

Doch fehlte bislang eine Systematik, um vor allem die vielen potentiellen Planungsfehler zu vermeiden.

Nun steht eine Methode zur Verfügung, mit der die Zahnarzt-Forderungen und die zahntechnischen Lösungen umfassend, vollständig und eindeutig geplant und realisiert werden können. Das bedeutet wiederum, dass jene Zahnärzte und Laboratorien, die diese Planungstechnik nicht anwenden, weder auf dem Stand der Technik sind, noch das Ziel verfolgen, gesundheitliche Risiken des Patienten, die durch Planungsfehler entstehen, zu mindern.

9.5.2 Forderungsplanung mit Lasten- und Pflichtenheft

1. Zweck und Geltungsbereich

Bedingt durch die heute noch oft ineffiziente Zusammenarbeit von Zahnarzt-Praxis und Zahntechnik ist zu zeigen, wo und wie die Forderungsplanung einsetzen muss, um die Menge der Rückfragen und die Wahrscheinlichkeit von Missverständnissen zu mindern.

Um diese Ziele zu erreichen, ist das Grundprinzip der Forderungsplanung zu konkretisieren. Außerdem sind zur Vereinfachung und Hilfe Forderungs-Schemata für Lasten- und Pflichtenhefte zu empfehlen.

Die Forderungsplanung für die Implantatprothetik ist - soweit erforderlich - gesondert darzulegen.

2. Typische Informationsdefizite

Die herkömmliche Zusammenarbeit von Praxis und Labor zeigt es immer wieder: Die Aufträge wären weitgehend problemlos im Labor zu bearbeiten, würden sie von der Praxis fachgerecht vorbereitet.

Das Ergebnis mangelnder Vorbereitung: Fehlende Informationen zu dem, was der behandelnde Zahnarzt für seinen Patienten fordern müsste.

Das erste Problem entsteht bei der schriftlichen Zahnärztlichen Verordnung. Die Folge: Das Informationsdefizit im Labor führt zu Rückfragen.

Das zweite Problem ergibt sich aus den erkennbaren Fehlern der Abformung. Die Informationsdefizite des Labors können meist durch Rückfragen beseitigt werden.

Die nicht erkennbaren Fehler der Abformung werden vielleicht später entdeckt. Sie sorgen dann später für Rückfragen oder andernfalls für eine fehlerhafte Anfertigung des Zahnersatzes.

Die Informationsdefizite können anlässlich der Annahmeprüfung (Befunden der Abformung) im Labor durch Rückfragen beseitigt werden. Die Antworten dazu sind zu dokumentieren.

Das dritte Informationsdefizit zeigt sich bei den Vorarbeiten an der Abformung, um das Modell zu erstellen. Auch hier muss das Labor wieder rückfragen. Die Antworten dazu sind zu dokumentieren.

Den vierten Anlass zu Rückfragen ergibt das Informationsdefizit, das bei der Analyse und Bewertung der Merkmale des Modells entsteht. Die Antworten sind zu dokumentieren.

3. Planen mit dem Lastenheft

Analysiert man den Inhalt der Rückfragen, so zeigt sich: Alle Fragen beziehen sich auf Forderungen an Merkmale der Mundhöhle und des anzufertigenden Zahnersatzes.

Gemäß 9.5.1 sind alle Fragen zu Forderungen an die Beschaffenheit von Mundhöhle und Zahnersatz mit ihren Antworten im Lastenheft zu dokumentieren.

Würde man die Frageninhalte bei mehreren Projekten vergleichen, könnte man erkennen: Es sind Fragen zu ständig wiederkehrenden Forderungen an standardisierte Merkmale (der Beschaffenheit) von Mundhöhle und Zahnersatz.

Diese Erkenntnis legt zur Vereinfachung der Forderungsplanung nahe, ein Grundschema für Lastenhefte zu entwickeln.

4. Planen mit dem Pflichtenheft

Der zweite Schritt der Forderungsplanung bezieht sich auf Forderungen an Merkmale der zahntechnischen Lösungen und Arbeiten.

Gemäß 9.5.1 ist diese Planung im Pflichtenheft zu dokumentieren.

Auch hier gilt bei der Betrachtung mehrerer Projekte: Es sind Fragen zu ständig wiederkehrenden Forderungen an standardisierte Merkmale zahntechnischer Lösungen und Arbeiten der Werkstatt.

Damit wird es auch hier zweckmäßig, zur Vereinfachung der Forderungsplanung ein Grundschema für Pflichtenhefte zu schaffen.

In diesem Schema könnten auch die Forderungen des Zahnarztes an die Ausführung und technische Lösung dokumentiert werden.

Darüber hinaus sind hier auch die Eigenheiten des einzelnen Zahnarztes, seine Vorlieben und Abneigungen, wie sie in der ZSW-Datei erfasst sind, zu berücksichtigen.

9.5.3   Das Lastenheft als Planungsmittel

1.   Zweck und Geltungsbereich

Die Zahnärztliche Verordnung reicht für die Vorgabe der vielen Forderungen an die Beschaffenheit des Zahnersatzes selten aus.

Deswegen liefert der verordnende Zahnarzt regelmäßig mit der Verordnung auch eine Abformung an das Dentallabor.

Da auch eine Abformung nicht alle Forderungen zutreffend verkörpert, wird es oft notwendig, der Zahnärztlichen Verordnung ein Lastenheft als zusätzliches Planungsmittel hinzuzufügen.

Im Lastenheft sind dann die Forderungen an die Beschaffenheit zusätzlich zu erfassen, die ein Dentallabor kennen muss, um den Zahnersatz für den namentlich benannten Patienten speziell anfertigen zu können.

Um die Forderungsplanung zu vereinfachen und zu vervollständigen, haben wir das Formblatt der Zahnärztlichen Verordnung um ein Lastenheft-Schema erweitert. In diesem Formblatt werden nun gemäß ISO 13485/7.2.1 folgende regulatorische Forderungen erfasst:

- die, die die AV bei der Befundung der Abformung ermittelt;
- die, die vom Zahnarzt nicht vorgegeben wurden, die aber notwendigerweise durch Rückfragen des Labors beim Zahnarzt geklärt werden müssen;
- die, die in der ZSW-Datei gesammelt wurden (ZSW=Zahnarzt-Sonderwünsche).

2. Das Lastenheft als Planungsgrundlage

Ein Lastenheft als Teil der Zahnärztlichen Verordnung zu erstellen, entscheidet die AV anhand folgender Kriterien:

- Menge und
- Umfang der Forderungen,
- Grad der Unvollständigkeit und
- Mehrdeutigkeit oder Unschärfe der Forderungen.

Die Arbeitsvorbereitung wird vor allem durch Unvollständigkeit, Mehrdeutigkeit und Unschärfe der Zahnarzt-Forderungen gezwungen, durch Rückfragen beim verordnenden Zahnarzt für Klarheit zu sorgen.

Und das soll sich durch das Lastenheft als Zusatz zur Zahnärztlichen Verordnung ändern.

Das Lastenheft als Teil der Zahnärztlichen Verordnung ist dann auch Teil der Ausgangsbasis der Auftragsplanung im Pflichtenheft.

Der Struktur der Forderungen im Lastenheft muss daher die Struktur der Forderungen an die zugehörigen Lösungen im Pflichtenheft entsprechen.

Weil wir das Pflichtenheft aber auch als Arbeitsauftrag und Laufkarte mit Arbeitsfolgen für den Laborbetrieb verwenden wollen, strukturieren wir Lasten- und Pflichtenheft entsprechend der Struktur der Arbeitsfolgen des Laborbetriebs.

3. Die Zahnärztliche Verordnung als Lastenheft

Wie an anderer Stelle ausgeführt, hat die Zahnärztliche Verordnung gemäß §3, Nr. 8 als Sonderfall im MPG die Funktion eines Lastenhefts:

Mittel zur Planung der spezifischen Forderungen an die Beschaffenheit des Zahnersatzes eines namentlich benannten Patienten.

Lasten- und Pflichtenheft stammen aus der Konstruktionstechnik und zählen seit 1964 als Werkzeug der Forderungsplanung zu den „allgemein anerkannten Regeln der Technik".

Außerdem gilt für Zahnärzte und Zahntechnik:

Wer durch sein Tun Gefahren, Sicherheit und Risiken beeinflusst, muss den „Stand der Technik" beachten.

Aus diesen Sachverhalten ergibt sich die Forderung, die Zahnärztliche Verordnung als Lastenheft zu handhaben und als Planungsmittel einzusetzen.

Wegen der Bestimmung im MPG (Nr. 8) muss die Zahnärztliche Verordnung als Benennung erhalten bleiben und wie bisher mitsamt der Abformung vom Zahnarzt sorgfältig erstellt werden.

Darüber hinaus wird die Zahnärztliche Verordnung mit zusätzlichen Formblättern als Lastenheft vervollständigt, um alle Forderungen an die Beschaffenheit des Zahnersatzes (Auslegungsmerkmale) zu erfassen, damit der Patient auf Dauer und ohne besondere Risiken zufriedengestellt werden kann.

4. Das Lastenheft-Grundschema

Das Lastenheft als Planungsmittel einzusetzen, sollten Zahnärzte wie Zahntechnik akzeptieren und zu ihrem Vorteil nutzen, auch wenn zunächst der Eindruck entsteht, damit die Bürokratie zu entfachen. Das Gegenteil soll erreicht werden, indem wir vereinfachen:

Da Art und Struktur der Forderungen an den Zahnersatz sich von Auftrag zu Auftrag wiederholen, haben wir ein Grundschema für das Lastenheft entwickelt, um es als Formblatt und Checkliste zu verwenden.

5. Spezial-Lastenhefte

Verordnet der Zahnarzt eine besondere Art des Zahnersatzes oder empfiehlt die Zahntechnik eine besondere Lösung, muss in einem zweiten Schritt ein Spezial-Lastenheft für die Anfertigung einer besonderen Art des Zahnersatzes von Zahnarzt und Zahntechnik gemeinsam erarbeitet werden.

9.5.4 Das Lastenheft-Grundschema für Zahnersatz

1. Zweck und Geltungsbereich

Ziel ist, ein Lastenheft-Schema als Checkliste zu entwickeln, um die Forderungsplanung zu vereinfachen, aber auch dafür zu sorgen, dass keine Forderungen übersehen werden, die das Dentallabor kennen muss, um den Zahnersatz für den namentlich benannten Patienten besonders anfertigen zu können.

2. Das Lastenheft als Hilfsmittel

Ein Lastenheft hat die Funktion
*   Erfassen und Beschreiben der Einzelforderungen an die Merkmale (die das MPG Auslegungsmerkmale nennt) des anzufertigenden Zahnersatzes,
*   Prüfen des Lastenhefts auf z.B. Vollständigkeit und Eindeutigkeit.

Der Funktion des Lastenhefts entsprechend sind mindestens die folgenden Forderungen an das Lastenheft zu stellen:
*   Vollständigkeit
    Es sind alle für die Anfertigung des Zahnersatzes notwendigen (Beschaffenheits-)Forderungen zu dokumentieren.
*   Angemessenheit
    Für die Anfertigung des Zahnersatzes sind nicht notwendige oder unangemessene Forderungen zu vermeiden.

- Eindeutigkeit
  Um Missverständnisse und damit Fehler zu vermeiden, sind die Forderungen an die Merkmale des Zahnersatzes so eindeutig zu formulieren, dass sie vor allem in der Werkstatt verstanden werden.
- Übersichtlichkeit
  Übersicht vereinfacht und motiviert. Chaos verärgert. Die Merkmale des Zahnersatzes (Auslegungsmerkmale) an die die Forderungen zu richten sind, sollten möglichst zu Gruppen unter einem gruppenkennzeichnenden Sammelbegriff zusammengefasst werden, um das Lastenheft als Forderungskatalog überschaubar zu machen.

3. Die Entwicklung des Grundschemas

Die Vergangenheit hat gezeigt, dass sich bei der Planung von Zahnersatz ständig wiederkehrende Grundforderungen stellen. Außerdem fällt auf, dass die Forderungen von der ausführenden Werkstatt gestellt werden und nicht von der Zahnmedizin. Deswegen liegt es nahe, ein Schema der Forderungen als Lastenheft zu entwickeln, das die zuvor genannten vier Forderungen an das Lastenheft erfüllt und das die Forderungen der Werkstatt aufnimmt.

Für die Gestaltung des Schemas im Lastenheft bietet sich aus zwei Gründen der Arbeitsplan mit den merkmalsbezogenen Arbeitsfolgen an:

Erstens fordert die MP-Richtlinie die Auslegung (also die Produkt-Planungsprozesse) und die Herstellung (d.h. die Plannung, Realisierung und Qualifikation der Herstellprozesse und Bewertung der Prozess-Ergebnisse) zu dokumentieren und zur Einsicht für Behörden bereitzuhalten (MDD, Anhang VIII, Abschnitt 3.1).

Zweitens ist, der Forderungsplanung entsprechend, der Arbeitsplan zugleich auch Pflichtenheft, in dem er die geplanten Lösungen und die anzufertigenden Beschaffenheitsmerkmale enthält.

Das auf diese Weise entwickelte Grundschema muss allerdings noch mit Forderungen vervollständigt werden, die sich aus verschiedenen Quellen ergeben:

Die Zahnärztliche Verschreibung

Zur Verschreibung einer Sonderanfertigung ist der Zahnarzt zwar rechtlich verpflichtet (MMPG, MPVerschrV), doch sind die meisten Verschreibungen für die Werkstatt ungeeignet.

Das ist ein Hauptgrund für den Einsatz des Lastenhefts mit Forderungen an den Zahnersatz.

Die Abformung

Leider sind die in den Zahnarztpraxen angefertigten Abformungen die bedeutsamsten Fehlerquellen für Werkstattarbeiten. Deswegen müssen sie grundsätzlich im Labor von der Arbeitsvorbereitung befundet werden. Dabei ergeben sich häufig aufgrund der Beschaffenheit der Abformung Rückfragen an die Praxen zur Klärung von Forderungen

Das Modell

Da der wesentliche Teil der Merkmale im Modell verkörpert ist, kommt der Arbeitsvorbereitung (AV) die bedeutsame Aufgabe zu, vom Modell ausgehend die Merkmale zu bestimmen, zu denen die Forderungen für die Ausführung des Zahnersatzes bekannt sein müssen.

Beim Einsatz neuer Techniken ist eine Anpassung des Lastenhefts meist ohne Verzögerung zwingend notwendig, wenn sich der Arbeitsplan in einer Arbeitsfolge ändert. Auch hier ergeben sich oft Rückfragen, um die Forderungen der Werkstatt an die Arbeitsausführung zu klären.

Rückfragen-Statistik

Alle zuvor genannten Fehlerquellen machen Rückfragen notwendig, um Forderungen an die Werkstattarbeiten zu klären. Es ist daher wichtig, die Rückfragen zu sammeln und nach Gründen auszuwerten, um sie als Forderungen formuliert in das Grundschema einzuordnen.

Rückmeldungen

Aufgrund der direkten Verbindung zu Zahnarztpraxen erhalten Dentallabore vielfältige Informationen, so z.b, zur Zufriedenheit der Patienten und Zahnärzte, zu Gewährleistungsforderungen und Kulanzregelungen.
Diese Rückmeldungen können oft wichtige Hinweise auf Qualitätsprobleme liefern. Um die Qualitätsprobleme zu lösen, sollten sie in Forderungen gefasst werden, um sie in das Lastenheft-Schema einzuordnen.

Fehler-Statistiken

Weitere Forderungen ergeben sich aus den Statistiken zu Fehlerarten und ihren Ursachen. Schließlich können die Häufigkeiten einzelner Fehlerarten auf fehlende oder unzureichend formulierte Forderungen hinweisen. Derartige Erkenntnis sollte unverzüglich in das Lastenheft-Schema einfließen.

Zahnarzt-Sonderwünsche

Zahnärzte haben oft Vorlieben für oder Abneigungen gegen medizintechnische Lösungen und Werkstattarbeiten. Derartige Sonderwünsche werden selten verbindlich gefordert, sondern häufig ihre Erfüllung fast stillschweigend vorausgesetzt.
Ihre Erfüllung trägt in vielen Fällen wesentlich zur Kundenzufriedenheit und damit zur Verbesserung der Geschäftsbeziehungen bei.
Persönliche Sonderwünsche - sofern sie angemessen sind - sollten daher als Forderung im Grundschema vorgesehen werden.

4. Gebrauch und Anwendung des schematisierten Lastenhefts

Die Forderungsplanung mit dem Lastenheft als Hilfsmittel bestimmt die Arbeitsvorbereitung anhand des vorhersehbaren Umfangs eines Auftrags. Bei dieser Entscheidung sollte prinzipiell bedacht werden:

Hinter allen Merkmalen, Fehlern, Tätigkeiten, Arbeitsfolgen, Abformungen, Modellen, Rückfragen, Rückmeldungen und Wünschen verstecken sich immer auch Forderungen.

Diese Forderungen müssen in der Werkstatt verstanden werden, um sie zur Zufriedenheit und zum Nutzen des Patienten erfüllen zu können.

Auf eine andere Situation trifft man bei der implantologischen Therapie. Hier ist die Forderungsplanung ohne Lastenheft undenkbar, denn die Forderungen an die Implantatprothetik müssen schon mit Beginn der chirurgischen Vorbereitungen vom Operateur und der Zahntechnik gemeinsam geplant werden.

Die Planung der Forderungen und Lösungen muss sich „nach den Grundätzen der integrierten Sicherheit richten" (MDD, Anhang I) und muss pflichtgemäß von der Zahntechnik dokumentiert werden (MDD, Anhang VIII).

Diese Dokumentation enthält die Forderungsplanung mit dem Lastenheft (für die Forderungen an die Prothetik) und dem Pflichtenheft (mit Forderungen an die gewählte Lösung). Sowohl der implantierende Zahnarzt als auch das sonderanfertigende Labor tun gut daran, ein umfassendes Grundschema für das Lastenheft gemeinsam zu entwickeln.

Ein durchdachtes Grundschema erspart Zusatzaufwand und verhinder Mehrkosten bis zu 30%.

9.5.5 Das Pflichtenheft als Planungsmittel

1. Zweck und Geltungsbereich

Die moderne Forderungsplanung setzt zwei Planungsmittel ein:
- Das Lastenheft zur Planung der Forderungen an die Merkmale des Zahnersatzes.
- Das Pflichtenheft zur Planung der Forderungen an zahntechnische Lösungen und Arbeiten, um die Forderungen an die Beschaffenheit der Lösungen zu benennen.

Hier ist der Einsatz des Pflichtenhefts zur Forderungsplanung und zur Planung der Umsetzung der geplanten Forderungen darzulegen.

2. Forderungen des Pflichtenhefts

Den Forderungen des Lastenhefts werden von AV die zahntechnischen Lösungen und die handwerklichen Arbeiten im Pflichtenheft zugeordnet, mit denen die AV die Forderungen an die Beschaffenheit des Zahnersatzes zu erfüllen gedenkt.

Im Pflichtenheft sind daraufhin die Forderungen an die Beschaffenheit der Lösungen und Arbeiten zu planen.

3. Das Pflichtenheft als Arbeitsauftrag

Da das Pflichtenheft neben den Forderungen auch die zahntechnischen Lösungen und alle handwerklichen Arbeiten enthält, ist es zweckmäßigerweise zugleich als Arbeitsauftrag, Laufkarte und Arbeitsnachweis auszubilden.

4. Dokumentation und Rückverfolgbarkeit

Die ausgeführten Arbeiten sind vom Zahntechniker auf dem Arbeitsauftrag zu kennzeichnen und mit seinem Ident-Zeichen zu versehen.

Bei der Anfertigung von Implantaten (nicht von Sonderanfertigungen) müssen ausserdem auch die verwendeten Geräte, Materialien und Komponenten im Arbeitsauftrag dokumentiert werden.

Lasten- und Pflichtenheft sind wegen der regulatorischen Forderung zur Rückverfolgbarkeit zu archivieren (VZ 9.2).

9.5.6 Erstellen des Lastenhefts zur Auftragsplanung

1. Zweck und Geltungsbereich

Zur Auftragsplanung ist das Lastenheft dann ein wichtiges Werkzeug, wenn die Forderungen des Zahnarztes unvollständig, nicht eindeutig oder sehr komplex sind. Die Verwendung eines Lastenhefts bestimmt die Arbeitsvorbereitung. Deswegen wollen wir Hilfen geben, um das Lastenheft zu erstellen.
Diese VA gilt für alle an der Auftragsplanung Beteiligten.

2. Funktion des Lastenhefts

Das Lastenheft soll alle die Forderungen aufnehmen, deren Erfüllung den Zahnarzt zufriedenstellt.

Das ist weit einfacher gesagt, als getan. Denn es sind z.b. auch Forderungen zu beachten, die der Zahnarzt nicht vorgegeben hat oder solche, die von den zahnärztlichen Standardforderungen abweichen.

Um von den Forderungen keine zu übersehen, haben wir das Lastenheft-Grundschema entwickelt, das alle in Frage kommenden Forderung an den Zahnarzt enthält.

3. Erstellen des Lastenhefts

Im Lastenheft sind alle Forderungen gemäß der Frage zu sammeln:
Was wird gefordert?

Zum Verständnis der Forderungen, die von den zahnärztlichen Standardforderungen abweichen, sollten auch ihre Gründe im Lastenheft auf die Frage erfasst werden:
Wofür oder zu welchem Zweck ist die Forderung zu erfüllen?

Gibt es für die Forderungen quantifizierte Daten, sind diese im Lastenheft einzutragen.

Bei nur qualitativ bestimmten Forderungen ist auf die Abformung zu verweisen, um die dort verkörperten Forderungen im Lastenheft zusätzlich zu erklären.

Und wer erstellt das Lastenheft? Da das Lastenheft Teil der Zahnärztllichen Verordnung ist, hat der Zahnarzt gemäß MPG die Forderungen im Grundschema „zu verordnen".

Doch dazu ist er fachlich nur teilweise in der Lage, weil er die Zahntechnik nicht so beherrscht, wie das Labor, (siehe hierzu auch 9.5.2).

Die Zahnärzte sind daher gefordert, bei komplexeren Aufträgen die Forderungen gemeinsam mit der Zahntechnik im Lastenheft zu planen.

Werden dennoch später Rückfragen beim Zahnarzt erforderlich, werden diese von AV geklärt, im Lastenheft dokumentiert und an den Zahnarzt mit der Bitte um Bestätigung gefaxt.

Noch ein Hinweis an die AV: Nehmen Sie die Forderungen, Ihre Daten und Gründe so in das Lastenheft auf, wie Sie sie erfahren!

Denken Sie dabei nicht an die möglichen Schwierigkeiten der Erfüllung.

Denn beim Lastenheft ist erstens wichtig, alle Forderungen, auch die merkwürdigsten, vollständig zu erfassen.

Zweitens ist wichtig, dass die Forderungen eindeutig und verständlich erfasst werden.

Ob und wie die Erfüllung machbar ist, entscheidet sich bei der Erstellung des Pflichtenhefts.

Sollten sich hier Fragen auftun, sind diese im Rahmen der Auftragsplanung von der AV mit dem behandelnden Zahnarzt zu klären.

Gerade der Fachmann, der die Lösung schon vor Augen hat, sollte beim Erstellen des Lastenhefts immer bedenken: Gefragt sind nur die Forderungen im Lastenheft. Nicht schon die Lösungen im Pflichtenheft!

9.5.7 Prüfen des Lastenhefts, Bewerten der Forderungen zur Auftragsplanung

1. Zweck und Geltungsbereich

Unsere Kunden sind die Zahnarztpraxen. Die Erfüllung der Kundenforderungen ist eines unserer Hauptziele. Verfehlen wir ihre Erfüllung, steht die Kundenzufriedenheit und damit die Zukunft unserer Arbeitsplätze auf dem Spiel.

Wegen dieser Gefahr müssen wir die Zahnarztforderungen, wie sie im Lastenheft erfasst sind, sorgfältig und fachmännisch bewerten. Diese VA soll dazu Leitfaden und Hilfe sein.

Die Prüfung ist bei der Planung komplexer Aufträge, wie z.B. bei Teilprothesen grundsätzlich erforderlich, wenn ein Lastenheft erstellt wurde.

2. Bewertungskritieren

Die Bewertung, die im Grunde eine Prüfung ist, sollte unbedingt in Teamarbeit erfolgen.

Dem Team sollten die am Auftrag beteiligten Mitarbeiter, die Arbeitsvorbereitung als Gesprächsleitung und fallweise die Geschäftsleitung angehören.

Das Bewertungsverfahren basiert auf Kriterien, die hier näher erläutert werden.

Vollständigkeit

Sind alle im Team der Meinung, alle Forderungen des Zahnarztes zu kennen? Wenn nicht, erklären und begründen sie ihren Wissensbedarf und sorgen durch Nachfragen beim Zahnarzt für Vollständigkeit.

Eindeutigkeit, Verständnis und Einvernehmen

Mit der Vollständigkeit des Wissens um die Zahnarztforderungen ist die Frage nach Eindeutigkeit, Verständnis und Einvernehmen eng verbunden!

Sind alle Forderungen, die der Fachmann kennen muss, im Lastenheft eindeutig festgelegt?

Haben alle Beteiligten das gleiche Verständnis zu den einzelnen Forderungen? Besteht Übereinstimmung bezüglich der Einzelforderungen zwischen dem Zahnarzt und uns als Auftragnehmer?

Es ist zu bedenken: Die meisten Missverständnisse entstehen durch Mehrdeutigkeit oder unscharfe Formulierungen.

Das Gefährliche an Missverständnissen ist, dass sie als solche grundsätzlich zu spät erkannt werden.

Deswegen die Forderung an die Team-Mitglieder: Sprechen Sie auch über für Sie selbstverständlich klingende Forderungen, in dem Sie die einzelne Forderung mit Ihren Worten im Team interpretieren.

3. Bewertung im Team

Die Zahnarztforderungen sind alle im Lastenheft dokumentiert. Daher kann jeder an der Forderungssplanung Beteiligte die einzelnen Forderungen im Lastenheft bewerten.

Es ist jedoch bei größeren Projekten zu fordern, dass das Team mindestens einmal für die Bewertung der Forderungen im Lastenheft zusammenkommt.

Zahnarztforderungen, die bei der Bewertung von einem Beteiligten als unzureichend betrachtet werden, sind zunächst im Team zu klären, weil sich dabei zeigen wird, ob auch noch andere Beteiligte Verständnisschwierigkeiten haben.

Ist eine Klärung im Team unbefriedigend, sind die Forderungen zwangsläufig mit dem Zahnarzt zu klären und im Lastenheft aufgrund der Klärung zu korrigieren.

Alle Dokumente der Forderungsplanung, also Lastenhefte mit Ergänzungen sind im VZ 9.2 zu dokumentieren und als Qualitätsaufzeichnungen zu archivieren.

9.5.8 Erstellen des Pflichtenhefts zur Auftragsplanung

1. Zweck und Geltungsbereich

Zur Auftragsplanung ist das Pflichtenheft das zweite wichtige Werkzeug. Deswegen wollen wir in dieser Verfahrensanweisung Hilfen geben, um das Pflichtenheft für die Arbeiten der Zahntechnik geeignet bereitzustellen.

Diese Verfahrensanweisung gilt für alle an der Auftragsplanung und Arbeitsvorbereitung Beteiligten.

2. Funktionen des Pflichtenhefts

Das Pflichtenheft enthält die Lösungen zu den Forderungen des Lastenhefts. Das Pflichtenheft ist deswegen bedeutsamer Teil der Auftragsplanung und Produktrealisierung.

Das Pflichtenheft ist außerdem zugleich Arbeitsauftrag, Laufkarte, Arbeitsstatus-Kennzeichnung und Tätigkeitsnachweis.

Es kann auch direkt als Kalkulations-Grundlage für Kostenvoranschläge verwendet werden.

3. Erstellen des Pflichtenhefts

Das Pflichtenheft entsteht in dem die AV die Forderungen des Lastenhefts in zahntechnische Lösungen und Arbeiten umsetzt und dann die Forderungen an die Lösungen und Arbeiten plant.

Wenn z.B. die Arbeitsfolge „Brennen" lautet, dann sind die Forderungen für Brennen zu planen, also z.b. Brennprogramm XY (mit den Einzelforderungen: Ofen, Temperaturverlauf, Brenndauer).

Kommen für eine Forderung an den Zahnersatz (Lastenheft) mehrere Lösungen in Betracht, ist die bevorzugte Lösung mit dem Zahnarzt verbindlich abzustimmen. Die Abstimmung bedarf einer schriftlichen Bestätigung durch den verordnenden Zahnarzt.

Im praktischen Fall sollte AV zweckmäßigerweise Aufbau und Inhalt des Pflichtenhefts vom bisherigen bewährten Arbeitsauftrag für die Werkstatt übernehmen, denn beide haben den gleichen Zweck.

Dennoch sollte bei der Planung der Forderungen im Pflichtenheft bedacht werden: Im Pflichtenheft geht es um die Frage „Wie oder womit ist die Forderung (im Lastenheft) an den Zahnersatz zu erfüllen?".

Ist die Antwort z.B. durch „Brennen", dann sind die Einzelforderungen an den Arbeitsgang „Brennen" zu planen, wie zuvor schon gezeigt.

9.5.9 Prüfen des Pflichtenhefts, Bewerten der Lösungen für die Auftragsplanung

1. Zweck und Geltungsbereich

Ist das Pflichtenheft erstellt, muss es von AV geprüft werden, um Planungsfehler zu vermeiden.

Die Prüfung ist in dieser Verfahrensanweisung festgelegt.

Geprüft wird der Arbeitsauftrag.

Prüfung und Freigabe sind durch Abzeichnen des Prüfers erkennbar.

2. Prüfkriterien

Die Prüfung basiert auf Kriterien, die in der Folge in Frageform vorgegeben werden.

* Besteht zu allen Forderungen des Lastenhefts eine zahntechnische Lösung im Pflichtenheft? Wenn nein, ist dafür zu sorgen.
* Sind die Forderungen an die zahntechnischen Lösungen und Arbeiten vollständig und eindeutig beschrieben?
* Sind bei geänderten Forderungen im Lastenheft die geänderten Forderungen im Pflichtenheft (oder Arbeitsauftrag) mit den anderen noch bestehenden Forderungen verträglich?

3. Analyse und Bewertung möglicher Fehler

Geplante Lösungen, auch Teillösungen sind grundsätzlich hinsichtlich möglicher Fehler zu analysieren und mögliche Fehler sind der ausführenden Zahntechnik zu erklären, um möglichen Fehlern vorzubeugen.

9.6 Planen interner Audits

1. Zweck und Geltungsbereich

Interne Audits sollten sorgfältig geplant werden, vor allem die Auditfragen. Aber gerade das ist das große Problem. Deswegen sollen hier Anleitungen und Hilfen für die Planung vor allem der Auditfragen gegeben werden.

2. Grundsätzliches zum Audit

Audits haben häufig einen zweifelhaften Ruf. Dem muss zur Vorbereitung interner Audits entgegengewirkt werden. Dazu ist zunächst wichtig, externe von internen Audits zu unterscheiden.

Externe Audits, von akkreditierten Zertifizierern durchgeführt, zielen hauptsächlich auf die Beurteilung der Übereinstimmung (daher Konformitätsaudit) von Darlegungsforderungen (z.B. nach ISO 13485) und Verwirklichung des Qualitätsmanagements im Unternehmen (als QM-System).

Ob die dargelegten Prozesse effizient funktionieren, kann der externe Auditor kaum hinterfragen, weil er von den internen Problemen nichts weiß und keine Gelegenheit hat, in die „betrieblichen Niederungen" zu steigen.

Interne Audits dienen dagegen der Bewertung der Funktionsfähigkeit des Unternehmens.

Selbstverständlich wird während des externen Audits nach den Ergebnissen interner Audits gefragt. Sie sind auch Teil des externen Audits. Insofern ist das interne Audit als Training für das externe zu betrachten.

Vor allem ist schon bei der Planung der Auditfragen unbedingt der Eindruck zu vermeiden, man wolle die Mitarbeiter schikanieren, verängstigen oder ihnen zumindest erheblichen Respekt einflößen. Die Fragen sind auch nicht Teil eines Verhörs!

Dagegen muss der Eindruck entstehen: „Wir sitzen alle im gleichen Boot".

Das Audit ist Hilfe für jeden, weil es Schwachstellen erkennen lässt, die man gemeinsam beseitigen kann und deswegen auch beseitigen muss. Denn das Ziel aller Beteiligten sollte sein, das Unternehmen und seine Mitarbeiter für die ungewisse Zukunft fit zu machen.

3. Das interne Audit als Verfahren

Fachleute sprechen auch vom Prozess. Jedenfalls ist es zu Beginn eines Audits von großem Vorteil, mit den zu Auditierenden über Grundsätzliches zum Audit zu sprechen, um dann den Ablauf des Audits zu erklären.

Auditiert wird mit Auditfragen, die im Auditprotokoll zuvor geplant wurden.

Das einzelne Audit-Ergebnis wird als Feststellung im Protokoll dokumentiert und bewertet.

Für die Bewertung (B) stehen die Noten: 1=gut erfüllt; 2=akzeptabel, Verbesserungen möglich;3=unzureichend.

Die Konsequenzen der Bewertung sind verbindlich:
Bei Note 1 sind neben dem deutlichen Lob allen Mitarbeitern die erfolgreichen Bemühungen vorzuführen.
Bei Note 2 ist mit den Mitarbeitern über Verbesserungsmöglichkeiten zu diskutieren. Beschlossene Verbesserungen sind zu dokumentieren.
Die Note 3 erfordert sofortige Korrekturmaßnahmen der Geschäftsleitung.

Das Audit gibt es als Verfahren auch heute noch in verschiedenen Ausprägungen, so z.b. als Produkt-, Prozess- und System-Audit. Denkt man aber in Verbindung mit ISO 9001 an das interne Audit (8.2.2) so kann es sich hier nur um die Prüfung der Beschaffenheit des QM-Systems handeln, also um in einer (objektiven) Untersuchung festzustellen, ob Tätigkeiten und Ergebnisse den Forderungen an das QM-System entsprechen, und ob diese Forderungen geeignet sind, die Ziele zu erreichen.

Die Forderungen ergeben sich im rechtlich nicht geregelten Bereich aus den Darlegungsforderungen der ISO 9001 und aus dem Stand der Technik.
Im (rechtlich geregelten) Bereich der Medizinprodukte sind die regulatorischen Forderungen der ISO 13485 zu erfüllen, außerdem die gesetzlichen und gesetzlich bedingten Forderungen, die sich aus dem MP-Recht ergeben.

4. Gestalten der Auditfragen

Der Nutzen interner Audits wird ganz wesentlich von der Gestaltung der Auditfragen bestimmt. Deswegen sollten einige Hinweise aus der Praxis beachtet werden:
- Dem zu Auditierenden ist vorab der Eindruck zu vermitteln, dass er der Fachmann in seinem Bereich ist. Deswegen befragt der Auditor gerade ihn oder seinen Stellvertreter.
- Auditfragen sind Prüfungsfragen. Zu prüfen sind die Verwirklichung und Wirksamkeit des QM-Systems. Die Mitarbeiter, die in diesem System leben, werden nicht geprüft, sondern nur befragt.
- Bei Auditfragen stehen die dokumentierten Forderungen an das QM-System im Vordergrund und nicht die Mitarbeiter.
- Statt nach dem Umsetzen der Anweisungen zu fragen, ist es zweckdienlicher, sich den Text von den Mitarbeitern mit eigenen Worten erklären zu lassen.
- Die Fragen sind so unpersönlich zu stellen, dass keine Schuldgefühle bei den Befragten aufkommen.
- Auditfragen sollen anregen, die gute oder schlechte Wirkung der Prozesse zu zeigen. Motivierte Mitarbeiter kennen meistens die Schwachstellen in ihrem Arbeitsbereich.

9.7 TO-DO-Liste als Arbeitshilfe

Beide Darlegungsnormen bestimmen, die Organisation muss ... ein QS-System ... aufrechterhalten und dessen Wirksamkeit ständig verbessern (4.1).
Außerdem verpflichtet sich jeder MP-Hersteller gemäß MP-Recht (MDD, z.B. Anhang

II, V), sein „genehmigtes QS-System so zu unterhalten, dass dessen Eignung und Wirksamkeit gewährleistet bleiben".

Das verpflichtet jede Organisation mit zertifiziertem QM-System, alles fachlich Notwendige zu tun, um die Fähigkeit des QM-Systems zu erhalten und zu steigern. Um diese Pflichten zu erfüllen, die mit der Lösung stets wiederkehrender Aufgaben verbunden sind, hat sich in der Praxis eine Verhaltensweise entwickelt, die in vielen Unternehmen vor dem anstehenden Audit-Termin der Benannten Stelle regelmäßig zum Chaos führt: Die Aufgaben versucht man erst kurz vor dem Audit zu lösen...

Um diese Situation zu vermeiden, kann ein Arbeitsprogramm allerdings nur dann nützlich sein, wenn die Leitung der Organisation dieses selbst geplante Programm befolgt.

Die folgende TO-DO-Liste ist ein Beispiel aus der Zahntechnik. Sie lässt sich mit wenigen Anpassungen auf jedes mittelständische Unternehmen übertragen und mit unternehmensspezifischen Aufgaben vervollständigen.

Dieses Verzeichnis enthält turnusmäßig wiederkehrende QM-Aufgaben als Arbeitsprogramm der Geschäftsleitung

Es ist zugleich auch Programm für die Management-Bewertung (HB 5.6).

Die Termine wurden mit Blick auf den Fixtermin August auf das Jahr verteilt, um die Belastung der Geschäftsleitung zu verteilen und dadurch zu mindern.

Nr.	Aufgaben	HB-Nr.	Termine
1.	Aktualisieren des Qualitätsmanagement-Handbuchs	HB 1.2/4.2	im Juni
2.	Änderungsvorschläge zur QM-Dokumentation	HB 4.2	ständig
3.	Neuerungen zu Produkten und Gesetzen im Internet suchen	HB 4.2/6.1	im April
4.	Aktualisieren der mitgeltenden Dokumente	HB 4.2	im November
5.	Planung der Qualitätsziele des Labors und der Werkstatt	HB 5.4	im Juni
6.	Dokumentation der Schwachstellen im System	HB 5.5	fallweise
7.	Managementbewertung	HB 5.6	im Juli
8.	Schulungen planen für alle Mitarbeiter	HB 6.2	im November
9.	Vorschlagsliste für Investitionen führen	HB 6.3	fallweise
10.	Investitionsplanung	HB 6.3	im November
11.	Überwachen der Hygiene-, Arbeitsschutz- und Sicherheitsmaßnahmen	HB 6.4	täglich
12.	Überprüfung der Verfallsdaten veranlassen	HB 6.4	im November
13.	Listen der Rückfragen bei Zahnärzten zur Auftragsplanung (AV/Lastenheft)	HB 7.2	fallweise
14.	Lieferantenbeurteilung	HB 7.4	im Mai
15.	Statistische Auswertung der Rückmeldungen	HB 8.2	monatlich

Nr.	Aufgaben	HB-Nr.	Termine
16.	Vervollständigen der ZSW-Kartei	HB 8.2	fallweise
17.	Interne Audits planen und durchführen	HB 8.2	im Mai
18.	Überwachen und Messen der Prozesse	HB 8.2	halbjährlich November/ Mai
19.	Analyse der Rückmeldungen	HB 8.4	halbjährlich
20.	Analyse der Nacharbeiten		November/
21.	Analyse der Lieferbeziehungen		Mai
22.	Korrekturmaßnahmen bestimmen und veranlassen	HB 8.5	nach Plan
23.	Vorbeugungsmaßnahmen planen und verwirklichen		
24.	Durchlaufen des Risikomanagement-Prozesses aufgrund neuer Schadensfälle	RM-Akte	nach Bekanntwerden

9.8 Probleme der Validierung bei Medizinprodukten

9.8.1 Validieren des Herstellprozesses

1. Zweck und Geltungsbereich

Um bei Kunden Vertrauen in den Lieferanten zu schaffen und um sich als Hersteller und Lieferant zu vergewissern, dass die an den einzelnen Kunden gelieferten Produkte die Forderungen einer besonderen Anwendung erfüllen, muss man den Erfordernissen des modernen Qualitätsmanagements genügen und Produkte wie Prozesse validieren.

Da es auch noch eine andere Art der Qualifikation von Prozessen gibt, soll dieses Dokument zum Verständnis der vielen Begriffe beitragen.

2. Grundlagen und Begriffe

2.1 Verifizieren und Validieren

In Verbindung mit der Validierung von Prozessen ist es erforderlich, einige Begriffe zu klären, um Grundlagen für das Validieren von Prozessen zu schaffen. Daher sind zwei sehr verbreitete Begriffe für Tätigkeiten zur Bestätigung gegenwärtiger Zustände zu erläutern: Verifizierung und Validierung.

Die unklar gegeneinander abgegrenzten Begriffe sind der ISO 9001:2005 entnommen.

Unter Verifizierung versteht man:

Bestätigung durch Bereitstellung eines objektiven Nachweises, dass festgelegte Forderungen erfüllt worden sind.

Validierung ist erklärt:

Bestätigung durch Bereitstellung eines objektiven Nachweises, dass die Forderungen für einen spezifischen Gebrauch oder eine spezifische beabsichtigte Anwendung erfüllt worden sind.

Verifizieren wie Validieren sind Bestätigungsprüfungen, also Prüfungen, um eine positive Aussage zu bestätigen.

Verifizieren ist der Oberbegriff, weil nur die Erfüllung der (allgemein) festgelegten Forderungen bestätigt wird.

Die „Forderungen für eine spezifische beabsichtigte Anwendung" sind dagegen nicht nur festgelegt, sondern für eine spezifische Anwendung festgelegt. Deswegen ist Validieren ein Unterbegriff.

Für beide Prüfungen ist ein objektiver Nachweis bereit zu stellen. Das klingt einfach, hat aber einen intransparenten Hintergrund, denn für „Nachweis" werden zwei Unterbegriffe verwendet: Qualitätsnachweis und Fähigkeitsnachweis.

Um die unterschiedliche Bedeutung erkennen zu können, muss man wissen:

Für das heutige Qualitätsmanagement sind zwei Begriffe von besonderer Bedeutung:

2.2 Qualität und Fähigkeit

Qualität ist die realisierte „Beschaffenheit einer Einheit in Bezug auf die geforderte Beschaffenheit dieser Einheit". Wobei in diesem Zusammenhang als Einheit ein Produkt aber auch z.B. ein Prozess in Betracht kommen kann. Die Definition von Beschaffenheit lautet: Gesamtheit der Merkmale und Merkmalswerte, die zur Einheit (Gegenstand der Betrachtung) selbst gehören.

Korrekterweise müsste man übrigens statt vom Qualitätsmanagement vom Beschaffenheitsmanagement sprechen, denn lateinisch „qualitas" ist nich Qualität, sondern Beschaffenheit.

Fähigkeit ist die „Eignung einer Organisation oder ihrer Elemente zum Realisieren eines Produkts, das die Forderungen an die Beschaffenheit dieses Produkts erfüllen wird".

Fähigkeit ist ein Maß für das Vertrauen, dass der Prozess Produkte hervorbringen wird, die die Forderungen an die Beschaffenheit erfüllen werden.

Während Qualität die gegenwärtige Beschaffenheit trifft, ist die Fähigkeit zukunftsorientiert: Die Eignung eines Prozesses, künftig Produkte zu erzeugen, die die Forderungen an die Beschaffenheit erfüllen werden.

Deswegen spricht man auch von Prozessfähigkeit.

Beachtenswert ist bei der Prozessfähigkeit die weit verbreitete Auffassung, wonach Fähigkeit ein Streumaß der Verteilung eines Prozessmerkmales ist. Wir machen uns diese Auffassung nicht zu eigen.

Seit 2004 existiert noch eine zweite Definition zur Prozessfähigkeit: Statistische Schätzgröße für das Ergebnis eines Prozessmerkmales für einen als beherrscht dargelegten Prozess.

Die deutsche Benennung dafür ist „Prozesseigenstreuung". Sie betrifft die Auffassung, die wir uns nicht zu eigen machen.

Eine zweite Besonderheit ist die Darlegung der Fähigkeit eines Prozesses anhand eines Produktaudits.

Dieses Produktaudit hat nicht die Beurteilung zum Ziel, inwieweit das Produkt die an seine Beschaffenheit gestellten Forderungen erfüllt. Denn das wäre eine Qualitätsprüfung des Produktes.

Das Produktaudit dient vielmehr der Ermittlung der Fähigkeit des Prozesses, der das Produkt erzeugen wird.

Dabei wird meist allerdings übersehen, dass dieses Produktaudit nur die Fähigkeit des Prozesses anhand der Produktmerkmale beurteilen lässt. Es ist daher unzutreffend, das Ergebnis dieser Beurteilung als Prozessfähigkeit zu bezeichnen, weil die Produktmerkmale und nicht die Prozessmerkmale betrachtet werden.

Dennoch ergeben sich häufig keine zweckmäßigen Verfahren für die Ermittlung der Fähigkeit eines Prozesses, so dass man zwangsläufig auf das Produktaudit angewiesen ist.

2.3 Nachweise

Es ist beim Validieren eines Produktes oder Prozesses gefordert, einen Qualitätsnachweis zu erstellen, um den gegenwärtigen Zustand des Produktes oder Prozesses zu bestätigen.

Gemäß der Definition von Validierung muss der Qualitätsnachweis für alle Merkmale, die die Forderungen zu erfüllen haben, geführt werden.

Beim Fähigkeitsnachweis geht es dagegen um die Aussage, der Prozess werde Produkte erzeugen, die die Forderungen an die Beschaffenheit mit vorgegebener Wahrscheinlichkeit erfüllen.

Der Prozess ist mithin mit einer quantifizierten Wahrscheinlichkeit fähig, die geforderte Beschaffenheit der erzeugten Produkte zu erzielen.

Gemäß der Definition von Beschaffenheit muss der Fähigkeitsnachweis für alle Merkmale und Merkmalswerte geführt werden.

3. Nachweisführung

Beide Nachweise haben dieselbe Ausgangsbasis: den gegenwärtigen Zustand des Prozesses, nachgewiesen durch Prüfungen an Prozess- und Produktmerkmalen (!) und an ihren Merkmalswerten.

Der Qualitätsnachweis, z.B. beim Validieren, ist durch Dokumentation der Prüfergebnisse erbracht (oder misslungen), indem die Prüfergebnisse mit den Forderungen verglichen werden, um zu beurteilen, ob die Forderungen erfüllt worden sind.

Der Fähigkeitsnachweis erfordert eine mit vorgegebener Wahrscheinlichkeit behaftete Aussage, der Prozess werde künftig Produkte erzeugen, die die an ihre Beschaffenheit gestellten Forderungen erfüllen werden.

Fähigkeitsnachweise werden grundsätzlich erst möglich, wenn der Prozess vorher validiert wurde.

4. Fähigkeitsnachweise sind gefordert!

Es ist ein Hauptanliegen der ISO-9000-Familie, die Fähigkeiten des Qualitätsmanagement-Systems oder seiner System-Elemente von den Unternehmen (Organisationen) nachweisen zu lassen.

Unternehmen, die die Bestätigung von einer Benannten Stelle anstreben, ihr Qualitätsmanagement-System nach ISO 9001 dargelegt zu haben und dieses System, wie dargelegt, aufrechtzuerhalten, müssen ihre Realisierungsprozesse nicht nur validieren, sondern auch für diese Prozesse deren Fähigkeit für die Zukunft nachweisen.

Als Konsequenz dieses Hauptanliegens, aber auch als typisches Beispiel für das genormte Begriffschaos im Deutschen ist auf den Themenbereich „Qualitätsmanagement bei Medizinprodukten" zu verweisen.

Dieses Thema eignet sich besonders für eine Diskussion „ob Qualitätsnachweise oder Fähigkeitsnachweise" gefordert sind, weil Qualitätsmanagement bei Medizinprodukten mit Gesundheit, Sicherheit und Risiko zu tun hat und deswegen als besonders sensibel gilt.

Es eignet sich aber auch besonders, weil hier wieder einmal gezeigt werden kann, welche verheerenden Auswirkungen die Verwendung archaischer Begriffe haben kann.

So spricht die ZLG, Zentralstelle der Länder für Gesundheitsschutz bei Arzneimitteln und Medizinprodukten, im Beitrag zur Validierung von Prozessen (3.9B18) von „Kontrollgrenzen und Eingreifgrenzen". Infolgedessen sind bei der „Funktionsqualifizierung" beide Grenzen zu beachten!?

Der Fachmann stolpert über diesen Unsinn, der Laie fällt auf ihn herein. Denn beide Begriffe meinten ehemals das Gleiche, nämlich seit über 35 Jahren Eingriffsgrenzen. „Kontrolle" wurde wegen der Bedeutungsvielfalt seit 1973 nicht mehr zur Verwendung empfohlen und ist aus der Fachsprache verschwunden.

Der ZLG-Beitrag (3.9B18) enthält neben Vorgaben zur Validierung von Prozessen im Wesentlichen „Anforderungen" an Fähigkeitsnachweise. Denn alle drei Prozessqualifizierungen zielen auf den Nachweis der Fähigkeit, so bei Einrichtung und Infrastruktur, bei Maschinen und Prozessen.

Zusammenfassend kann man daher feststellen:
ISO 9001 fordert zwar Validierung, erwartet aber Fähigkeitsnachweise.

Da Fähigkeitsaussagen zu Prozessen die Validierung von Produkten und Prozessen voraussetzen, ist mit Fähigkeitsnachweisen beiden Forderungen Genüge getan.

9.8.2 Validierung von Prozessen der Produktion und Dienstleistungserbringung nach ZLG

1. Zweck und Geltungsbereich

Den einschlägigen Forderungen der ISO 9001 und 13485 entsprechend müssen sämtliche Prozesse der Produktion und Dienstleistungserbringung validiert werden, deren Ergebnis nicht durch nachfolgende Überwachung oder Messung verifiziert werden kann.

Dies betrifft auch alle Prozesse, bei denen sich Fehler erst zeigen, nachdem das Produkt in Gebrauch gekommen oder die Dienstleistung erbracht worden ist.

Die grundlegenden Forderungen der ZLG (Zentralstelle der Länder für Gesundheits-schutz bei Arzneimitteln und Medizinprodukten) sind in der ZLG-Schrift 3.9 B 18 vor-gegeben.

2. Validieren von Prozessen des Dentallabors?

Im allgemeinen Zertifizierungsgefasel könnte irgendjemand auf die Idee kommen, die Arbeitsabläufe im Dentallabor müssten validiert werden, weil bei Arzneimitteln und Medizinprodukten ständig von Validierung die Rede ist. Außerdem fordern das die Normen ISO 9001 und ISO 13485 im Punkt 7.5.2.

Um diesen Unsinn für Dentallabore von vornherein abzuwehren, werden hier Kriteri-en angegeben, die die Forderung nach einer Validierung sinnlos erscheinen lassen:

Die von der ZLG genannten Stufen der Validierung „Funktions- und Leistungsqualifi-zierung" sind keine Nachweise der Validierung, d.h. keine Nachweise der gegenwär-tigen Beschaffenheit, sondern Nachweise der Fähigkeit, in der Zukunft Funktion und Leistung sicherstellen zu können.

Dies ist bedeutsam, weil Norm und ZLG vom Validieren sprechen, aber Fähigkeits-nachweise fordern.

Dazu muss man wissen:

Die Validierung eines Prozesses ist die Bestätigung durch eine Prüfung, dass die an das Prozessergebnis (Zahnersatz) gestellten besonderen Forderungen an die Beschaffenheit erfüllt worden sind. Das ist eine Aussage zur gegenwärtigen Be-schaffenheit.

Die Fähigkeit des Prozesses ist definiert:

Eignung des Prozesses zur Erzeugung eines Produkts, das die Forderungen an die Beschaffenheit des Produkts erfüllen wird.

Das ist eine Aussage zur Beschaffenheit künftiger Produkte.

In beiden Normen (ISO 9001 und 13 485), wobei Letztere von Ersterer nahezu voll-ständig abgeschrieben ist, ist die Rede von der Forderung zu Validieren, wenn das Prozessergebnis (hier Zahnersatz) nicht durch nachfolgende Überwachung oder Messung verifiziert werden kann.

Da jeder Zahnersatz als patientenspezifische Sonderanfertigung handwerklich ange-fertigt wird und jeder Zahnersatz vom behandelnden Zahnarzt durch Anprobe vali-diert wird, ist eine Prozesse-Validierung überflüssig. Sie ist außerdem weder reali-sierbar noch sinnvoll, denn

die handwerklichen Tätigkeiten sind selten in Messwerten erfassbar,
die Korrelation zwischen Prozessmerkmalen und Forderungen an die Prozesse ist nicht bekannt.

Die ZLG bezieht sich wörtlich auf ISO 9001/13 485 Punkt 7.5.2. Die Forderungen der ZLG sind daher nicht neu und schon gar nicht etwas Besonderes.

Sie tragen nur weiter zum Forderungs- und Begriffechaos bei.

Literaturverzeichnis

In diesem Arbeitsbuch wird teilweise aus den nachfolgend genannten Normen zitiert. Die Literaturstellen dazu sind im Text bezeichnet.

Den Erörterungen liegen folgende Normen zugrunde:

DIN EN ISO 9000:2000-12: Qualitätsmanagement-Systeme - Grundlagen und Begriffe. Beuth Verlag GmbH, Berlin.

DIN EN ISO 9000:2005-12: Qualitätsmanagement-Systeme - Grundlagen und Begriffe. Beuth Verlag GmbH, Berlin.

DIN EN ISO 9001:1994-08: Qualitätsmanagement-Systeme - Grundlagen und Begriffe; Modell zur Qualitätssicherung/QM-Darlegung in Design/Entwicklung, Produktion Montage und Wartung. Beuth Verlag GmbH, Berlin.

DIN EN ISO 9001:2000-12: Qualitätsmanagement-Systeme - Anforderungen. Beuth Verlag GmbH, Berlin.

DIN EN ISO 9001:2008-12: Qualitätsmanagement-Systeme - Anforderungen. Beuth Verlag GmbH, Berlin.

DIN EN ISO 9004:2000-12: Qualitätsmanagement-Systeme - Leitfaden zur Leistungsverbesserung. Beuth Verlag GmbH, Berlin.

DIN EN ISO 13485:2003: Medizinprodukte, Qualitätsmanagement-Systeme - Anforderungen für regulatorische Zwecke. Beuth Verlag GmbH, Berlin.

DIN EN ISO 14971:2007-07: Medizinprodukte - Anwendung des Risikomanagements auf Medizinprodukte. Beuth Verlag GmbH, Berlin.

ZLG 3.9 B 18:2007.05: Grundlegende Anforderungen - Validierung von Prozessen der Produktion und der Dienstleistungserbringung (einschließlich Software). Zentralstelle der Länder für Gesundheitsschutz bei Arzneimitteln und Medizinprodukten, Bonn.

ZLG 3.9 A4: 2007-11: Konformitätsbewertung - Konformitätserklärung. Zentralstelle der Länder für Gesundheitsschutz bei Arzneimitteln und Medizinprodukten, Bonn.

Im MP-Recht stützen sich die Erklärungen auf das Medizinproduktegesetz (Änderungsstand 21. März 2010) und auf die Richtlinie über Medizinprodukte (93/42/EWG, Änderungsstand 21. März 2010).

Lesern, die nach Grundlagen und Erklärungen zum Qualitätsmanagement und zum MP-Recht suchen, sind zwei Fachbücher besonders zu empfehlen:

Geiger, W.: und Kotte, W.: Handbuch Qualität - Grundlagen und Elemente des Qualitätsmanagementsystems: Systeme - Perspektiven. Friedrich Vieweg&Sohn Verlag, GWV Fachverlag GmbH, Wiesbaden; 5. vollständig überarbeitete und erweiterte Auflage 2008.

Schorn, G.: MPG - Medizinproduktegesetz, Einführung in das europäische und deutsche Medizinprodukterecht und in angrenzende Rechtsbereiche. Wissenschaftlich Verlagsgesellschaft Stuttgart; 4. Auflage Stand August 2009.

Jedes dieser Bücher ist durch seine klare Fachsprache gerade für Nichtfachleute geeignet, komplizierte Sachverhalte verständlich zu erklären.

Stichwortverzeichnis

expert verlag®
Erlesene Weiterbildung®

Dipl.-Ing. u. MBB Axel K. Bergbauer,
mit Beiträgen von
Dipl.-Ing. u. MBB Bernhard Kleemann
und Dr.-Ing. u. MBB Dieter Raake

Six Sigma in der Praxis

Das Programm
für nachhaltige Prozessverbesserungen
und Ertragssteigerungen

3. Aufl. 2008, 239 S., 137 Abb., 16 Tab.,
49,00 €, 81,00 CHF (Kontakt & Studium, 654)
ISBN 978-3-8169-2800-3

Zum Buch:

Six Sigma ist eine Methode zur Optimierung von Prozessketten – mit dem anspruchsvollen Ziel, die Anzahl der Fehler auf 3,4 pro einer Million Vorgänge zu drücken. Sie ist gekennzeichnet durch die Kombination eines sehr systematischen, phasenweisen Vorgehens mit der Erledigung der Arbeit in Teams, in denen Methoden- und Prozesskenner zusammengebracht werden.
Immer mehr Großfirmen verlangen von ihren Lieferanten die Anwendung von Six Sigma.
Der Themenband stellt die Methode praxisorientiert dar und bietet damit Anhaltspunkte für eine systematische, faktenbasierte und überschaubare Vorgehensweise bei der Aufdeckung von Fehlerursachen und Ursachen-Wirkungs-Zusammenhängen – zur Reduzierung der Fehlleistungskosten – zur nachhaltigen Eliminierung von Fehlerquellen – und damit zur Verbesserung der Kundenorientierung und Kunden-Lieferanten-Beziehungen.

Inhalt:

Was ist Six Sigma, und was unterscheidet Six Sigma von anderen Methoden? – Der Nutzen von Six Sigma – Die Systematik und Durchgängigkeit des Verfahrens – Die fünf Schritte und Werkzeuge des DMAIC-Zyklus – Die Rollen der Beteiligten und des Managements – Die praktische Anwendung der Werkzeuge

*Blätterbare Leseprobe
und einfache Bestellung unter:*
www.expertverlag.de/2800

Die Interessenten:

Alle die mehr über Six Sigma wissen wollen:
– Unternehmer, Geschäftsführer, Controller aus Industrie, Gewerbe, Handel und Dienstleistung – Leiter aller Unternehmenseinheiten, wie z.B. Planung, Einkauf, Entwicklung, Konstruktion, Fertigung, Prüfung, Verkauf, Personal, Buchhaltung, Service – Strategieplaner, Prozessverantwortliche – Qualitätsleiter, -beauftragte – Einkäufer, Lieferantenbetreuer – Studenten

Die Autoren:

Dipl.-Ing. Axel Bergbauer absolvierte eine Elektrolehre, studierte Elektrotechnik, ist Schweißfachingenieur und Inhaber eines Graduate Diploma in Management. Er übernahm leitende Funktionen im Qualitätsmanagement im Bereich Power Generation der Siemens AG und war u.a. für das weltweite Training mit Six Sigma verantwortlich. Darüber hinaus ist er an der FH Nürnberg als Lehrbeauftragter für Business Excellence tätig. Er arbeitet jetzt als Berater, Coach und Trainer für BCC&T GmbH.
Dipl.-Ing. Bernhard Kleemann studierte Maschinenbau. Er ist verantwortlich für die Marktentwicklung des Geschäftszweiges Industriedampfturbinen des Bereiches Power Generation der Siemens AG.
Dr.-Ing. Dieter Raake studierte Maschinenbau und Physik. Als Six Sigma Pionier hat er maßgeblich an der Gestaltung der Siemens PG top+ Quality mit Six Sigma Initiative mitgewirkt.

Bestellhotline:
Tel: 07159 / 92 65-0 • Fax: -20
E-Mail: expert@expertverlag.de

expert verlag®
Erlesene Weiterbildung®

Dr. Otto Eberhardt

Die EU-Maschinenrichtlinie

**Praktische Anleitung zur Anwendung
der europäischen Richtlinien zur Maschinensicherheit –
Mit allen Richtlinientexten**

6. Auflage, mit Berücksichtigung der Richtlinie 2006/42/EG, 2015,
408 S., 54,00 €, 89,50 CHF (Reihe Technik)
ISBN 978-3-8169-3265-9

Zum Buch:
Am 01.01.1995 wurde für alle Maschinen in der EU das CE-Zeichen und die Konformitätserklärung der Maschinenhersteller und -händler zur Pflicht. Seit dem 01.01.1999 müssen die Maschinen auch den Schutzanforderungen der EMV-Richtlinie und der Richtlinie für elektrische Betriebsmittel genügen. Spätestens seit dem gleichen Datum sind alle Maschinenbetreiber durch die Arbeitsmittelbenutzungsrichtlinie gesetzlich verpflichtet, nur noch CE-gekennzeichnete Maschinen aufzustellen und alte Maschinen entsprechend nachzurüsten. Am 29.07.2006 trat die überarbeitete Maschinenrichtlinie 2006/42/EG in Kraft, in der insbesondere die Risikobeurteilung und die Baumusterprüfung neu geregelt wurden. Das Buch ist von einem Praktiker für Praktiker geschrieben. Der Autor informiert umfassend über die Anwendung der Richtlinien zur Maschinensicherheit und schöpft dabei aus einem Erfahrungsschatz von vielen Entwicklungs- und Konstruktionsprojekten. Die Methodik, alle Checklisten und alle Handlungsanweisungen sind zig-fach erprobt und in der Praxis eingesetzt.

Inhalt:
Die europäischen Richtlinien – Richtlinien für Maschinen und Anlagen – Die fünf Schritte zur Konformitätserklärung – Praktische Hilfestellungen – Sicherheitsanforderungen – Anhang: Kompendium der Richtlinientexte

*Blätterbare Leseprobe
und einfache Bestellung unter:
www.expertverlag.de/3265*

Die Interessenten:
Führungs- und Fachkräfte im Geräte-, Maschinen- und Anlagenbau und im Maschinenhandel: Entwicklungs-, Konstruktions- und Projektleiter – Einkäufer von Maschinenkomponenten – Technische Redakteure – Sicherheitsingenieure – Verkäufer von Maschinen – Anlagenplaner und Betreiber

Rezensionen:
»Der Leser weiß bereits nach wenigen Minuten, worum es geht und worauf es ankommt. Der Praktiker findet schnell und übersichtlich einen Handlungsfaden zur Umsetzung der EG-Maschinenrichtlinie. Das Buch hält, was die Autoren in der Einleitung versprechen. Von Praktikern für Praktiker.«
MM – MaschinenMarkt

»Das leicht verständlich geschriebene Buch kann allen empfohlen werden, die mit der Umsetzung der EG-Maschinenrichtlinie zu tun haben.«
antriebstechnik

Der Autor:
Dr. Otto Eberhardt war 7 Jahre Entwicklungsleiter bei einem mittelständischen Unternehmen für industrielle Sicherheitstechnik mit den Schwerpunkten Explosionsschutz, Kraftwerks- und Reaktorsicherheit. Er ist Geschäftsführer i.R. der Seeber + Partner GmbH, eines Ingenieurunternehmens für Entwicklung und Konstruktion, Beratung und Dokumentation im Maschinenbau, in der Kraftfahrzeugtechnik und in der Produktentwicklung, und seit 2015 in dem Unternehmen als Berater tätig. Von 2000 bis 2006 war der Autor zusätzlich Lehrbeauftragter für Konstruktion an der FHTE, Esslingen. Bereits 1992 hat er die ersten Seminare zur Maschinenrichtlinie für Maschinenkonstrukteure und technische Redakteure beim VDI Stuttgart gehalten. Inzwischen ist die Erfahrung aus vielen Projekten zur Maschinensicherheit und aus Risikobeurteilungen von Maschinen und Anlagen in diese Seminare eingeflossen. Das vorliegende Buch ist eine kompakte Zusammenfassung dieser Erfahrungen.

Bestellhotline:
Tel: 07159 / 92 65-0 • Fax: -20
E-Mail: expert@expertverlag.de

expert verlag®
Erlesene Weiterbildung®

Prof. Dr.-Ing. Bernd Klein

QFD – Quality Function Deployment

2., verb. u. erw. Aufl. 2012, 169 S., 94 Abb., 5 Tab.,
CD-ROM, 54,00 €, 89,50 CHF
(Edition expertsoft, 87))
ISBN 978-3-8169-3088-4

Zum Buch:

Das Buch gibt einen Überblick über die modernen QM-Techniken, deren Ziel es ist, Dienstleistungen und Produkte effizient zu entwickeln und wirtschaftlich erfolgreich zu machen. Der Schwerpunkt liegt dabei auf QFD (technisches Entwicklungsmarketing), welches eine Methode ist, Kundenwünsche zu erfassen, zu bewerten und im Fokus des ausschließlichen Kunden-nutzens im Unternehmen umzusetzen.

Anhand von Beispielen wird gezeigt, wie Kundenforderungen ermittelt, strukturiert, priorisiert und in Entwicklungsvorgaben mit begleitendem Controlling umgesetzt werden. Das be-stimmende Werkzeug dazu ist das »House of Quality« bzw. die vierstufige Prozesskaskade, welche um Benchmarking-, Marketing- und Kostenbestandteile erweitert wird. QFD ist damit zu einem universellen Instrument einer integrierten Planung weiterentwickelt worden und schließt so alle Lücken der Produktplanung. Das dargestellte Konzept ist praktisch erprobt und wird mittlerweile in vielen Unternehmen mit zunehmendem Erfolg angewandt. Im Zusammen-hang mit der Höherbewertung des Qualitätsmanagements nach VDA 6.1 und QS-9000 gehört QFD zu den Schlüsselmethoden, die als Anwendungsnachweis gefordert werden.

Inhalt:

Japanische Managementmethoden – Kundenorientierung als Unternehmensziel – QFD als Strategieelement der Produktplanung und -entwicklung – Systematische Erfassung von Kundenwünschen – Benchmarking und Target-Costing – QFD als integriertes Planungsinstrument – QFD zur Geschäftsprozessoptimierung – Wettbewerbliche Differenzierung – Betrieblicher Nutzen und Umsetzung von QFD – Softwareeinsatz mit CD: LbK_QFD – Fallbeispiele

Blätterbare Leseprobe und einfache Bestellung unter:
www.expertverlag.de/3088

Die Interessenten:

Zielgruppe des Buches sind Führungskräfte und Umsetzer, und zwar
– Marketingleiter
– Designer, Entwickler und Konstrukteure
– Fertigungsplaner und Qualitätsmanagement-Beauftragte,
aber auch
– Geschäftsführer und Inhaber von Dienstleistungs- oder Produktionsunternehmen aller Branchen.

Der Autor:

Prof. Dr.-Ing. DI Bernd Klein lehrt an der Universität Kassel die Fächer Leichtbau-Konstruktion, CAD/FEM sowie Betriebsfestigkeit. Neben seiner Hochschultätigkeit ist er Obmann im VDI/GPP sowie Seminarleiter an Technischen Akademien. Das vorliegende Buch ist im Wesentlichen aus Vortrags- und Beratertätigkeit hervorgegangen. Viele Unternehmen nutzen mittlerweile sein QFD-Konzept.

Bestellhotline:
Tel: 07159 / 92 65-0 • Fax: -20
E-Mail: expert@expertverlag.de